微机原理与接口技术
（第二版）

何小海　严　华　主编

卿粼波　赵成萍　编
杨晓敏　宁　芊

科学出版社

北　京

内 容 简 介

本书以 Intel 微处理器为基础,全面系统地介绍微型计算机的工作原理、实际应用及接口技术。全书共 11 章,内容包括微型计算机概述、微处理器与总线、指令系统、汇编语言程序设计、半导体存储器、输入输出接口技术、定时与计数技术、并行接口、串行接口、中断技术、模拟量输入输出接口等。

本书基础性强,注重基本概念、基本知识的掌握;内容全面,实例丰富,突出电子类专业对接口技术的较多要求;叙述简洁,易学易用。

本书可作为高等院校电子类及计算机类相关专业的本科生教材,通过适当选取章节内容,也可作为非电类专业相关课程的教材,还可作为相关工程技术人员的参考资料。

图书在版编目(CIP)数据

微机原理与接口技术/何小海,严华主编. —2 版. —北京:科学出版社,2018.1
ISBN 978-7-03-055808-4

I.①微… II.①何… ②严… III.①微型计算机-理论 ②微型计算机-接口技术 IV.①TP36

中国版本图书馆 CIP 数据核字(2017)第 300377 号

责任编辑:余 江 张丽花/责任校对:郭瑞芝
责任印制:赵 博/封面设计:迷底书装

科学出版社 出版
北京东黄城根北街 16 号
邮政编码:100717
http://www.sciencep.com

北京天宇星印刷厂印刷
科学出版社发行 各地新华书店经销
*

2006 年 8 月第 一 版 开本:787×1092 1/16
2018 年 1 月第 二 版 印张:18
2025 年 1 月第十四次印刷 字数:449 000

定价:69.00 元
(如有印装质量问题,我社负责调换)

前　　言

　　"微机原理与接口技术"是电子信息类专业的专业基础课与专业主干课，也是相关专业必修的专业基础课和专业主干课。为了适应教学的需要，编者总结了多年的教学经验，重点突出基础知识，跟踪学科发展方向，为电子信息类、电气信息类、计算机技术类专业的本科生编写了本书。

　　本书充分考虑内容的选取与组织，在保证有较大信息量与较新内容的基础上，较好地体现电子信息类专业的特点和要求。本书的主要内容包括：微型计算机概述、微处理器与总线、指令系统、汇编语言程序设计、半导体存储器、输入输出接口技术、定时与计数技术、并行接口、串行接口、中断技术、模拟量输入输出接口等。

　　本书在第一版基础上针对目前技术的发展和教学工作的实际情况进行了改写、修订，在总体风格与第一版基本一致的情况下，增加一些扩展内容，通过扫描二维码可以在线阅读。本书的编写是采用集体讨论、分工协作、交叉修改的方式进行的，参加编写的主要人员有何小海、严华、卿粼波、赵成萍、杨晓敏、宁芊等，蔡锦成、余艳梅老师参与了编写的讨论。全书由何小海、严华担任主编，卿粼波负责最后的校稿工作。

　　本书的编写工作得到四川大学精品课程建设项目、四川大学及电子信息学院教材建设项目、四川大学新世纪教改工程项目、四川大学"教学名师奖励与培养计划"的支持，还得到四川省高等教育教学改革工程人才培养质量和教学改革项目的支持。在工作中得到了四川大学电子信息学院领导和教师的大力支持与帮助，借本书出版之机，向他们表示真诚的感谢！

　　在此，也特别感谢科学出版社在本书的出版过程中对编者的大力支持！

　　根据具体的教学情况和内容的选取，本书适合 56～72 学时的教学安排，本书未附实验部分，教师在编排实验时可以参考相关的指导书。为方便教学，本书可提供配套电子课件供任课教师参考，可与出版社联系，也可与编者联系，编者的电子邮箱为 nic5602@scu.edu.cn。

　　在本书的编写过程中，编者参考了大量的文献、资料及网站等，在参考文献中都已尽量列出，但由于有些资料和文献没有详细的原始出处，可能会有遗漏，在此表示歉意。对这些作者的辛勤工作致以由衷的敬意！

　　由于时间仓促，加上编者学识水平所限，书中难免有疏漏之处，希望读者批评指正。

编　者

2017 年 10 月于四川大学电子信息学院

目　　录

第1章　微型计算机概述

1.1　微型计算机发展过程简介

在当今的信息社会中，计算机已成为人们生活、工作中必不可少的工具或设备之一，并且在一定程度上标志着生产力水平的高低。自从 1946 年世界上第一台电子计算机问世以来，随着逻辑元器件的不断更新，计算机已经历了电子管、晶体管、中小规模集成电路以及大规模和超大规模集成电路等四代发展时期。20 世纪 80 年代初，冯·诺依曼计算机和神经计算机的研制计划也已启动。

微型计算机是建立在大规模和超大规模集成电路的技术基础上的计算机的总称，它有体积小、重量轻、功能日益强大、更新发展迅速、应用面广等特点。构成微机的最重要的部件是什么呢？是它的中央处理器（也称微处理器），即通常所说的 CPU（central processing unit），CPU 是一台计算机的核心所在，相当于人的大脑。CPU 通常包括计算机的控制器和运算器，而目前已经把 Cache（高速缓冲存储器）集成到 CPU 内部了。CPU 作为整个微机系统的核心，已经成了各种档次微机的代名词，如 286、386、486、Pentium Ⅲ、Pentium 4、酷睿等。下面就微处理器的发展历程作简单介绍。

1971 年，美国 Intel 公司成功地研制出 Intel 4004 微处理器，这不但是第一个用于计算器的 4 位微处理器，也是第一款个人有能力买得起的计算机微处理器。4004 含有 2300 个晶体管，功能相当有限，速度也很慢，当时的蓝色巨人 IBM 以及大部分商业用户对它不屑一顾，但是它毕竟是划时代的产品。从此以后，Intel 便与微处理器结下了不解之缘。可以这么说，近年来 CPU 的发展历程主要就是 Intel 公司的系列 CPU 的发展历程。更多的为计算机发展作出杰出贡献的人物故事可参见扩展阅读。

从 Intel 4004 微处理器开始，微型计算机技术便获得了飞速发展，微处理器及微型计算机的发展日新月异。纵观其发展历史，仅仅 30 多年的时间，已经推出了数代微处理器产品。

扩展阅读

第一代（1971～1972 年）：这一时期微处理器是以 Intel 公司 1971～1972 年推出的 4 位微处理器 4004 和 8008 作为典型代表，其集成度为两千多只晶体管/片，时钟频率为 2MHz。

第二代（1973～1977 年）：这一时期微处理器的代表产品是美国 Intel 公司的 8080/8085、Motorola 公司的 6800 和 Zilog 公司研制的 Z80，其集成度为 9000 只晶体管/片，时钟频率为 5MHz，而且它们的 CPU 总线已扩展至 8 位，是高性能的 8 位微处理器。

第三代（1978～1981 年）：1978 年，Intel 公司首次生产出 16 位的微处理器 8086/8088，这一时期的代表产品是美国 Intel 公司的 8086/8088,Zilog 公司的 Z8000 和 Motorola 公司的 68000，它们均为 16 位微处理器，又称为第一代超大规模集成电路的微处理器。其集成度为 2.9 万只晶体管/片，时钟频率为 8MHz，它们采用 HMOS 高密度工艺，运算速度比 8 位机快 2～5 倍,赶上或超过了 20 世纪 70 年代小型机的水平。1981 年 8088 芯片首次用于 IBM

PC机中，开创了全新的微机时代。也正是从8088开始，PC机(个人计算机)成为全新的概念在全世界范围内流行起来。

第四代(1981~1992年)：20世纪80年代以后，微处理器进入第四代产品，向系列化方向发展。1982年，Intel公司推出了划时代的最新产品——80286芯片，该芯片比8086和8088都有了飞跃的发展，虽然它仍然是16位的结构，但在CPU内部有13.4万个晶体管，时钟频率由最初的6MHz提高到20MHz。其内部和外部数据总线均为16位，地址总线是24位，可寻址16MB内存。从80286开始，CPU的工作方式也演变出两种：实模式和保护模式。到1985年以后Intel公司又相继推出了性能更高、功能更强的80386和80486微处理器，它们与8086向下兼容，是32位微处理器，80386的内部和外部数据总线都是32位，地址总线也是32位，可寻址达4GB内存。

第五代(1993~2005年)：奔腾(Pentium)系列微处理器时代。典型产品是Intel公司的奔腾系列芯片及与之兼容的AMD的K6系列微处理器芯片。内部采用了超标量指令流水线结构，并具有相互独立的指令和数据高速缓存。随着MMX(multimedia extension)微处理器的出现，微机的发展在网络化、多媒体化和智能化等方面跨上了更高的台阶。2000年3月，AMD与Intel分别推出了时钟频率达1GHz的Athlon和Pentium Ⅲ。2000年11月，Intel又推出了Pentium 4微处理器，集成度高达每片4200万个晶体管，主频为1.5GHz。2002年11月，Intel推出的Pentium 4微处理器的时钟频率达到3.06GHz。对于个人计算机用户而言，多任务处理一直是使人困扰的难题，因为单处理器的多任务以分割时间段的方式来实现，此时的性能损失巨大。2005年Intel推出的双核心处理器，在双内核处理器的支持下，真正的多任务得以应用，而且越来越多的应用程序也会为之优化，进而奠定扎实的应用基础。

第六代(2005年至今)：酷睿(Core)系列微处理器时代。"酷睿"是一款领先节能的新型微架构，设计的出发点是提供卓然出众的性能和能效，提高每瓦特性能，也就是所谓的能效比。早期的酷睿是基于笔记本处理器的。酷睿2：英文名称为Core 2 Duo，是Intel在2006年推出的新一代基于Core微架构的产品体系统称，于2006年7月27日发布。酷睿2是一个跨平台的构架体系，包括服务器版、桌面版、移动版三大领域。其中，服务器版的开发代号为Woodcrest，桌面版的开发代号为Conroe，移动版的开发代号为Merom。2011年Intel又发布了新一代处理器微架构SNB(sandy bridge)，同时还加入了全新的高清视频处理单元。2012年基于IVB(ivy bridge)的22nm CPU发布，执行单元的数量翻一番，性能上得到了进一步跃进。

目前，微处理器还在飞速发展中，各种高档次微机的出现使计算机在多媒体、网络、科学计算、智能化发展等领域的应用越来越深入和普遍。随之而来的是在各种领域都出现了专用的微处理器或计算机，如PowerPC、ARM、GPU、DSP等。随着科学技术的发展，社会各领域将不断地对微处理器提出新的要求，新型、新概念的微处理器定会层出不穷。

在介绍各部分内容之前，我们先简单介绍几个重要的概念。

1)位

位(bit)是计算机所能表示的最基本最小的数据单元。计算机采用的是二进制数据，每一个"位"只能有两种状态：0和1。

2)字和字长

字(word)是计算机内部进行数据处理的基本单位，每一个字所包含的二进制数的位数称为字长，通常它与计算机内部的寄存器、运算装置、总线的宽度一致，也是计算机性能的一个重要的表现，字长越长，代表计算机的性能越高。

目前各种字长的微机，从 8 位、16 位、32 位到 64 位都有，Intel 公司的 Pentium 到 Pentium 4 均为 32 位的 CPU，目前已有字长为 64 位的微型计算机系统应用。

3）字节

为了表达上的方便，把相邻的 8 位二进制数称为一字节（byte），即 1byte＝8bit。可见，字节的长度是固定的，是人为约定的，这和字长是不同的。例如，8 位机的字长等于一字节，16 位机的字长等于 2 字节，64 位微机的字长等于 8 字节等。

4）单板机

单板机是一种功能简单、价格低廉、专为特殊应用（如简单的控制）而将 CPU、ROM、RAM、I/O 口及其他辅助电路全部印刷在一块电路板上的低档微机。例如，全亚公司于 1977 年推出以 Z80 为中央处理器的单板微电脑学习机，型号 EDU-80。

5）单片机

单片机是将 CPU、ROM、RAM、I/O 口电路全部集成在一块芯片上，具有基本功能的特殊的计算机。它具有体积小（高度集成为一块芯片）、可靠性高、价格低、易开发等优点，被广泛地用于智能仪器仪表、工业实时控制、智能终端、家电、汽车等领域，目前发展势头迅猛，如 80C51 单片机。

6）微机

微机即我们常用的计算机的简称，其发展最为迅速，功能最为强大，应用最为广泛，也是本书将要讨论的对象。

7）嵌入式系统

嵌入式系统是以应用为中心，以计算机技术为基础，并且软硬件可裁剪，适用于应用系统对功能、可靠性、成本、体积、功耗有严格要求的专用计算机系统。它一般由嵌入式微处理器、外围硬件设备、嵌入式操作系统以及用户的应用程序等四个部分组成，用于实现对其他设备的控制、监视或管理等功能。嵌入式芯片有 ARM、PowerPC 等，嵌入式操作系统有 Linux/Rtlinux、uClinux、Vxworks 等。

1.2　微型计算机系统的组成

微型计算机系统与任何其他计算机系统一样，包括**硬件**与**软件**两个部分。

硬件是其骨架，从外观上讲它通常包括**主机**（CPU 和主板等重要部件所在地）、**输入输出设备**（提供人机交互如键盘、鼠标、CRT 终端、打印机、扫描仪、软盘等）、**电源**三个部分。

计算机软件是指控制计算机完成操作任务的程序系统，一般可分为**系统软件**和**用户软件**。系统软件的作用是调动机器的硬件，使其生成、准备和执行其他程序，也可以说是执行其他程序的平台，并提供一个用户界面，让用户可以方便地"指挥"计算机去完成自己所指定的工作，如操作系统、各种高级语言及其编译处理程序、汇编程序、系统程序库等。用户软件是用户为某项任务所编制的程序，如各种财务软件、各种管理软件以及游戏软件等。

典型的微型计算机系统组成如图 1-1 所示。

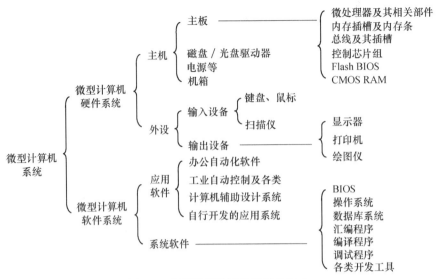

图 1-1 典型微型计算机系统的组成

1.2.1 微型计算机硬件系统的组成

我们用代表一般性的微机的硬件组成来说明这一问题。如图 1-2 所示,一般的微机由**微处理器、总线、存储器、输入输出设备**以及各种**接口**模块等组成。

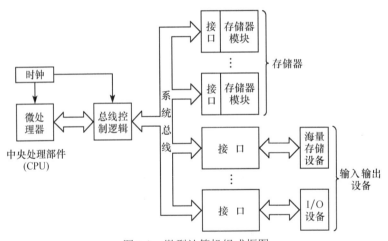

图 1-2 微型计算机组成框图

1. 微处理器(CPU 或 MPU)

微处理器的结构图如图 1-3 所示。由图可见一个微处理器主要包括**运算器、控制器**和**寄存器组**。

1)运算器

运算器又称**算术逻辑单元**(arithmetic logic unit, ALU),用来进行算术或逻辑运算以及位移和循环等操作。ALU 是一种以累加器为核心的具有多种运算功能的组合逻辑电路。通常,参加运算的两个操作数,一个来自累加器 AL,另一个来自内部数据总线,可以是数据寄存器 DR(data register)中的内容,也可以是寄存器组 RA 中某个寄存器的内容。运算结果往往

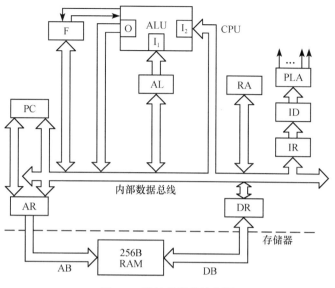

图 1-3　微处理器结构框图

也送回累加器 AL 暂存。为了反映数据经 ALU 处理之后的结果特征,运算器设有一个状态标志寄存器 F,用来存放操作结果的一些特征,如运算结果有无进位、借位,结果为正、为负等。

2) 控制器

控制器主要由**程序计数器 PC、指令寄存器 IR、指令译码器 ID 和控制逻辑 PLA** 等部件组成。

控制器是整个计算机的控制、指挥中心,它把人们预先编写好的程序先存入程序存储器,让程序计数器 PC 指向存放程序的首地址,然后根据 PC 指定的地址,依次从存储器中取出指令,放在指令寄存器中,通过指令译码器进行译码(分析),确定应该进行什么操作,然后通过控制逻辑在确定的时间往某部件发出确定的控制信号,使运算器和存储器等各部件自动而协调地完成该指令所规定的操作。当一条指令完成以后,再顺序地从存储器中取出下一条指令,并同样地分析与执行该指令。如此重复,直到完成所有的任务为止。因此,控制器的主要功能有两个:一是按照程序逻辑要求,控制程序中指令的执行顺序;二是根据指令寄存器中的指令码控制每一条指令的执行过程。

控制器中各部件的功能可以简单地归纳如下:

(1) 程序计数器 PC。

程序计数器 PC 中存放着下一条指令所存放的地址。控制器利用它来指示程序中指令的执行顺序。当计算机运行时,控制器根据 PC 中的指令地址,从存储器中取出将要执行的指令送到指令寄存器 IR 中进行分析和执行。

通常情况下,程序是按顺序逐条执行的。因此,PC 大多数情况下,可以通过**自动加 1**计数功能来实现对指令执行顺序的控制。当遇到程序中的转移指令时,控制器则会用转移指令提供的转移地址来代替原 PC 自动加 1 后的地址。这样,计算机就可以通过执行转移指令来改变指令的执行顺序。

(2)指令寄存器 IR。

指令寄存器 IR 用于暂存从存储器中取出的将要执行的指令码,以保证在指令执行期间能够向指令译码器 ID 提供稳定可靠的指令码。

(3)指令译码器 ID。

指令译码器 ID 用来对指令寄存器 IR 中的指令进行译码分析,以确定该指令应执行什么操作。

(4)控制逻辑部件 PLA。

控制逻辑部件又称为可编程逻辑阵列 PLA。它依据指令译码器 ID 和时序电路的输出信号,产生执行指令所需的全部微操作控制信号,控制计算机的各部件执行该指令所规定的操作。由于每条指令所执行的具体操作不同,所以每条指令都有一组不同的控制信号的组合,以确定相应的微操作系列。

(5)时序电路。

由于计算机工作是周期性的,取指令、分析指令、执行指令……这一系列操作的顺序,都需要精确地定时。时序电路用于产生指令执行时所需的一系列节拍脉冲和电位信号,以定时指令中各种微操作的执行时间和确定微操作执行的先后次序。在微型计算机中,由石英晶体振荡器产生基本的定时脉冲。两个相邻的脉冲前沿的时间间隔称为一个时钟周期或一个 T 状态,它是 CPU 操作的最小时间单位。

此外,还有地址寄存器 AR,它用来保存当前 CPU 所要访问的内存单元或 I/O 设备的地址。由于内存和 CPU 之间存在着速度上的差别,所以必须使用地址寄存器来保持地址信息,直到内存读/写操作完成为止。数据寄存器 DR 用来暂存微处理器与存储器或输入输出接口电路之间待传送的数据。地址寄存器 AR 和数据寄存器 DR 在微处理器的内部总线和外部总线之间,还起着隔离和缓冲的作用。

3)寄存器组 RA

寄存器组 RA 通常由多个寄存器组成,是微处理器中的一个重要部件。寄存器组主要用来暂存 CPU 执行程序时的常用数据或地址,以便减少微处理器芯片与外部的数据交换,从而可加快 CPU 的运行速度。因此,可以把这组寄存器看成设置在 CPU 内部工作现场的一个小型、快速的"RAM 存储器"。

2. 系统总线(Bus)

微型计算机在组织形式上采用了总线结构,即各个部分通过一组公共的信号联系起来,实现计算机各模块之间以及计算机与外设之间的数据传输,这组信号线称为**系统总线**。通常微机中的总线根据功能不同可分为三种:地址总线、数据总线、控制总线。

(1)地址总线(**AB**)用于传送 CPU 输出的地址信号,以寻址存储器单元和外设接口(关于寻址的概念在以后的章节详细介绍)。

(2)数据总线(**DB**)用于在 CPU 与存储器和 I/O 接口之间传输数据,是双向的,也是三态的。微处理器数据总线的条数决定 CPU 和存储器或 I/O 设备一次能交换数据的位数,是区分微处理器是多少位的依据,如 8086 CPU 的数据总线是 16 条,我们就说 8086 CPU 是 16 位微处理器(即前面所说的 16 位机)。8080 CPU 和 Z80 CPU 的数据总线是 8 条,所以 8080 CPU 和 Z80 CPU 是 8 位微处理器。

(3)控制总线(**CB**)用于传送各种控制信号,也即用于 CPU 与其他设备之间的通信,CPU

发出的命令和接收的请求信号由控制总线传送。

综上，CPU 通过地址总线输出地址码从而选中某一存储单元或某一 I/O 端口的寄存器，接着向控制总线发出控制信息，进而通过数据总线发送或者获取数据。

采用总线结构形式的优点是：

(1)可以减少机器中的信息传送线的根数，从而简化了系统结构，提高了机器的可靠性。

(2)可以方便地对存储器芯片及 I/O 接口芯片进行扩充。

当然，这些优点是以系统中各部件之间必须采用**分时**传送操作为代价而换取的，因而降低了系统的工作速度。

应当注意，总线上的信号必须与连到总线上的各个部件所产生的信号协调。将总线信号接至某个部件或设备的电路称为**接口**。图 1-2 中的总线控制逻辑是总线与 CPU 的接口。用于实现存储器与总线相连接的电路称为存储器接口，而用于实现外围设备和总线连接的电路称为 I/O 接口。

3. 存储器

迄今为止，微机在体系结构上仍然基于**冯·诺依曼**建立的存储程序概念，即将程序和数据事先写入存储器中，由 CPU 访问存储器。CPU 对存储器的访问约占 CPU 时间的 70%，所以存储器对微机的工作效率影响很大。形象地说，存储器是具有记忆功能的物理器件，它用电子元件的两种物理状态来表示二进制数码"0"和"1"。

目前，根据存储器在计算机中所处的位置不同，可分为**内存储器**和**外存储器**。常用内存储器(以下简称内存)为半导体器件，安装在主机内部的主机板上。计算机运行时内存可直接与 CPU 交换数据。常用的外存储器有磁盘和光盘等，计算机运行时外存储器可以和内存交换信息。内存按照工作原理可分为 RAM(可读可写存储器)、ROM(只读存储器)两大类。

4. 输入输出接口及外部设备

微型计算机使用的输入输出设备种类繁多，输入设备有：键盘、鼠标、扫描仪、摄像机、触摸屏等；输出设备有：显示器、打印机、绘图仪、音响设备等。通常把输入输出设备以及外存储器如软盘、硬盘、光盘存储器以及网络终端和通信设备等称为**外部设备**。它们的工作速度较之 CPU 内部的数据处理速度一般要慢得多。所有外部设备都要通过 I/O 接口与 CPU 相连，如图 1-4 所示。

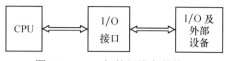

图 1-4　CPU 与外部设备的接口

1.2.2　微型计算机软件系统的组成

一台能够正常工作的计算机一定包括硬件和软件，硬件是其骨架，软件则负责调动和协调计算机硬件之间的动作以完成各种任务。没有软件系统，计算机只能是摆在桌上的一堆废铁。软件对于计算机来说是非常重要的，因此我们必须要了解计算机的软件系统的构成。

计算机软件是程序、数据和有关文档的集合，其中程序是完成任务所需要的一系列指令序列，文档则是为了便于了解程序所需要的阐述性资料。计算机软件非常丰富，从不同的角度有不同的分类方法。一般我们将计算机软件分为系统软件和应用软件两大类。

系统软件是面向计算机系统的软件，它的功能是组织计算机各个部分协调工作，使计算机能接受人的支配，更好地为人服务。系统软件又可分为操作系统和语言处理程序等。

1. 操作系统

操作系统是计算机软件最核心的部分，我们只有通过操作系统的管理和支持，才能实现对计算机硬件资源和各种软件资源的管理与应用。操作系统是每一台计算机必须配置的软件。操作系统的种类很多，按照硬件系统的大小可分为大型机操作系统和微型机操作系统。按照用户的多少又可分为单用户操作系统和多用户操作系统。最常见的分类方法是按操作系统的功能把它分为单用户操作系统、批处理操作系统、分时操作系统、实时操作系统、网络操作系统、分布式操作系统等。下面介绍我们常见的一些操作系统以及操作系统的发展。

1) DOS

DOS(disk operating system)是一种磁盘操作系统，最早由美国的 Microsoft 公司(简称微软)开发，称为 MS-DOS。后来 IBM 公司正式把它作为 IBM PC 微机的标准操作系统，称为 PC-DOS。这种操作系统的主要功能是命令处理、文件管理和设备管理。它的特点是内核小、硬件资源占用少等。缺点是用户界面不好、不直观、命令难以理解和掌握等。因此，很多非专业人士对它是望而生畏。

2) Windows

最早由微软推出的 Windows 32，开创了操作系统的新境界。Windows 32 是基于 DOS 平台运行的多任务操作系统。在 Windows 32 以后的一系列 Windows 操作系统如 Windows 95、Windows 98、Windows NT、Windows 2000、Windows XP、Windows 7、Windows 8、Windows 10 等是不依赖于 DOS 的视窗操作系统。这一系列的操作系统提供给使用者更友好的界面和更简单的使用方式，并且为用户提供了多任务处理的功能，同时显示并运行多个应用程序，每个应用程序都各有各的窗口，用户可以方便地在屏幕上移动这些窗口、改变它们的尺寸并在应用程序之间进行数据交换。同时，它们还支持多媒体与 Internet 等多种功能，使用起来非常方便。目前广为使用的是 Windows 10 操作系统，是美国微软公司所研发的新一代跨平台及设备应用的操作系统。Windows 10 操作系统被誉为迄今为止最好的 Windows，较前一系列 Windows 7 等操作系统，Windows 10 的关键特点是：

(1)史上最全面的操作系统，提供给 4～80in(1in = 2.54cm)设备统一的搜索、购买和更新应用体验；

(2)同时整合传统、Modern 开始菜单，这种样式结合了 Windows 7 和 Windows 8 两种风格，并且在二者之间找到了合适的平衡点；

(3)搜索引擎全面改善，开始菜单支持全局搜索，并且可以直接提供网页上的搜索结果；

(4)改进多窗口模式切换功能，能够根据不同使用环境需求定制不同的桌面；

(5)集成语音助理 Cortana(小娜)，不仅能够查找天气、调取用户的应用和文件、收发邮件、在线查找内容，还能了解到较为口语化的用户表达，掌握用户的习惯，提醒用户；

(6)针对企业用户的针对性优化，体现了企业价值。

3)UNIX

这是一种多任务的分时操作系统，每个用户通过分时方式共享主机，是当前国际上最为流行且公认为最优秀的操作系统之一，可配置在各种不同型号的计算机中使用。尤其是近几年来，随着微型计算机的功能不断增强，不少高档微机已配置了 UNIX 操作系统。考虑微型计算机的使用特点，UNIX 操作系统有多种变形，常见的有 SCO-UNIX、XENIX 等，这些变形在功能和使用上与标准的 UNIX 操作系统没有多大差别。

4)Linux

Linux 继承了 UNIX 的诸多优点，是一种比 UNIX 更灵活、更高效的操作系统，是真正的多用户、多任务、多平台的系统软件，同时适用于服务器和工作站以及 PC 机。Linux 拥有强大的网络功能，使得 Internet 以及许多局域网的服务器都被 Linux 占据。这不仅因为它的稳定性相当出色，而且也因它的系统效率非常高。Linux 的源代码是开放的，任何人均可用它自带的 C/C++编辑器编写自己的软件。我国中国科学院软件研究所成功研制开发了红旗 Linux，并于 2001 年下半年正式推出。红旗 Linux 的推出标志着我国软件业在计算机操作系统方面有较大的进展，加速了我国软件业的发展。

2. 各种计算机语言及其编译处理系统

1)计算机语言

人和计算机之间交换信息必须有一种语言，这种语言就叫作"计算机语言"，或称为程序设计语言。计算机语言是根据实际问题的需要并随着计算机科学技术的发展而逐步发展起来的，按照语言对计算机硬件的直接依赖程度可分为三类，即机器语言、汇编语言和高级语言。

（1）机器语言。

计算机的基本操作是由二进制代码实现的，能完成计算机基本操作的二进制代码串，称为**机器指令**。全部机器指令的集合就是计算机的机器指令系统。由于这个指令系统能够直接被机器理解和执行，因此称它为机器语言。

机器语言是一种直接面向机器的程序设计语言，用它编写的程序能够直接在计算机上运行，不需要翻译。用机器语言编写的程序全是 0 和 1 代码的组合，不仅难学、难记、难读、难改，而且不同的计算机有不同的机器语言，因此它只能为少数专业人员所掌握，这就大大影响了计算机的推广使用。

（2）汇编语言。

为了克服机器语言难学、难记、难读、难改等缺点，人们采用了一些英文单词或英文单词的缩写表示机器指令。这样学习和编写程序也容易多了。

汇编语言是第二代程序设计语言，但它仍然是一种面向机器的语言，不同的机器采用不同的指令助记符，并且与机器语言一样，每一条汇编语言的指令对应计算机的一个基本操作。也就是说汇编语言的指令是与机器指令一一对应的，不同的只是汇编语言的指令采用了帮助记忆的符号而已。从这里我们也不难理解，汇编语言是不能直接在机器上运行的，它只是为了改善程序的可读性和可记忆性而设计的。因此，为了能够在计算机中运行用汇编语言编写的程序，必须把它翻译成相应的机器指令。

无论机器语言还是汇编语言，由于它们都是面向机器的语言，每一条语句对应计算机的一个基本操作，速度快、效率高，因此在运行速度要求高、内存空间比较小的实时控制和实时处理等应用中获得了非常广泛的应用。

(3)高级语言。

机器语言和汇编语言都是面向机器的语言，受机型限制，通用性差，一般只适合于专业人员使用。随着计算机应用的不断普及，人们又进一步创造了一些更接近人们习惯的计算机编程语言，如 BASIC 语言、C 语言、C++语言、Python 语言、Java 语言、数据库语言、VC、VF、VB 等。高级语言是第三代程序设计语言，它不再依赖机器，而是面向过程的。换句话说，人们无须了解计算机的内部结构，只要告诉计算机"做什么"以及"怎么做"即可。至于计算机用什么指令去完成，人们是不需要关心的。程序员只要把每一个操作步骤按照高级语言程序设计的语法规则编写为程序，让计算机一步一步地去执行即可。因此，高级语言不仅易学易用，通用性强，而且具有良好的可移植性。

2) 语言编译处理系统

(1)汇编程序。

汇编程序(assembler)是汇编语言源程序的翻译器。整个汇编过程实质上是对汇编指令进行逐条处理的过程，翻译后产生的机器指令与汇编语言的符号指令一一对应。我们目前常用的 MASM 就是用于 80X86 系列的宏汇编程序。

(2)解释程序。

解释程序是把高级语言编写的源程序按动态运行顺序逐句进行翻译并执行，即每翻译一句，就产生一系列完成该语句功能的机器指令并立即执行这一系列机器指令，直至源程序运行结束。在翻译过程中，若出现错误，系统立即显示出错信息，待修改后才能继续往下进行。利用解释程序翻译计算机源程序时，一边对源程序扫描，一边翻译执行，因此速度较慢，尤其是对重复执行的语句，每次执行前都要重复地对它进行扫描、翻译，效率就很低，目前较少使用。

(3)编译程序。

编译程序是把高级语言编写的源程序翻译成用汇编语言或机器语言表示的目标程序的工具。在翻译过程中，编译程序对源程序的词法、句法以及整个程序的逻辑结构进行检查，若无错误，则使每一条高级语言源程序的语句产生相应的目标代码。需要说明的是，不同的高级语言，其编译程序是不相同的，编译程序是同该语言的编辑器同时装在计算机里的。例如，C 语言同时提供用户编辑源程序的窗口和编译窗口。

3. 应用软件和工具软件

应用软件是软件开发人员利用某种程序设计语言，开发设计的面向某个或某些应用领域、为解决某些具体问题的软件。例如，科学计算、财会软件、绘图软件、人事档案管理软件、办公处理软件等。应用软件非常之多，并且随着科技的不断进步和社会的不断发展，应用软件将越来越多，划分会越来越细，这将让人们的工作更轻松、效率更高。一些工具软件也可以归为应用软件，例如，用于测试和诊断计算机的软件、用于系统管理的软件等。

1.2.3 微型计算机的主板

在现实生活中，微型计算机硬件系统除了外部设备，其余重要硬件都被集成到位于主机箱内底部的一块大型多层印刷电路板上，并通过总线将它们按照一定要求连接在一起，这个线路板就称为主机板，简称主板。由于主机板是微型计算机硬件系统的核心，所以又称为系统板。以 Intel 为代表的 CPU 或兼容 CPU 构成的微型计算机都采用了主板（母板）结构。

1. 微机主板的特性

开放式结构是微机主板的显著特性之一。主板上有若干个 I/O 扩展插槽，供微机外围设备的控制卡（适配器）插接，通过更换这些插卡，可以对微机的相应子系统进行局部升级，使厂家和用户在配置机型方面有更大的灵活性。而一台新购买的微机也不会因某个子系统的快速过时而导致整个系统性能明显下降。

主板发展的另一个特点是集成化程度不断提高，使单位面积的性能得以不断提升。

2. 主板的主要部件

主板的主要部件有：微处理器、BIOS、存储器模块、I/O 控制模块及各种插槽（或插座）等，下面简要介绍几种重要部件。

（1）微处理器。

微处理器（CPU）是微机系统主板中最为重要的部件，完成各种运算及控制整个计算机自动、协调地完成操作。

（2）控制芯片组。

这类芯片也称主板系统管理芯片，负责维持整个系统的正常运转。其中芯片组中有两个重要的芯片，即北桥芯片（主控芯片）和南桥芯片（I/O 管理芯片）。CMOS、中断控制器、系统定时/计数器等功能已集成到芯片中。

（3）I/O 控制芯片。

I/O 控制芯片提供对并行接口、串行接口、USB 接口以及 CPU 风扇等的管理与支持。另外还不断增加新的功能，如提供对 PS2 接口、游戏或虚拟现实操纵杆的支持以及微处理器过电压保护等。

（4）BIOS。

BIOS（basis I/O system，基本输入输出系统）存放在主板上的 ROM 区，BIOS 在汇编语言级上向系统程序、应用程序提供一些主要外设的控制功能，包括开机自检、引导装入，显示器、通信接口、键盘、打印机的字符传送、图形发生等。此外，BIOS 还提供时间、内存容量及设备配置情况等数据。BIOS 的应用通过中断调用实现。

目前，主板大多采用 Flash 存放 BIOS 程序。BIOS 程序主要功能有：支持自动识别功能卡，支持磁盘和光驱动器等外设，能用带有系统程序的光盘启动计算机（CD-ROM Boot），实现即插即用（PnP），具有自动电源管理（APM）等功能，并可以使用生产商提供的软件进行 BIOS 程序升级。

（5）内存条。

内存条是计算机系统中重要的组成部分，用来存储程序、数据等信息。内存条有 SDRAM、DDR、DDR2 等不同形式，支持的种类和频率取决于主板的芯片组。

（6）主板上的插槽。

主板上的各种插槽（插座）是计算机系统安装和连接的机械基础，主要有微处理器插座、总线扩展插槽、内存条插槽、键盘与鼠标接口、并/串行口插座、电源插座等。另外，根据微机系统配置的不同，还有 LAN 插座、USB 插座、MIDI 插座、音频/视频插座等。

1.3 计算机中的数的表示方法

我们把计算机能够处理的信息，如文字、数据、声音、图形图像等统称为数据。具有数值大小和正负特征的数据称为**数值数据**，文字、图形图像、声音之类的数据称为**非数值数据**。

1.3.1 计算机中的数制

数制是人们利用符号来计数的科学方法。数制有很多种，在日常生活中常用的是十进制数，包含 10 个基数 0~9。而计算机是电子元器件组成的硬件，它的数制是以电子元器件的物理状态来表示的，如电路中开关的开、关两种状态，或者电压的高、低两种状态，分别用 1、0 两个数来表示，这就构成了计算机中的二进制数。为了书写和阅读的方便，还采用了八进制和十六进制数。它们都有共同的特点：**均为进位计数制而且相互之间可以转换**。我们一定要熟练地掌握各种进制数的表示方法、进位方法以及各种进制数之间的转换方法。

1. 数制的基与权

在一种计数制中，表示每个数位上可用字符的个数称为该计数制的基数，例如，十进制计数制中有 0 到 9 等十个字符，基数为 10；二进制计数制中只有 0 和 1 两个字符，基数为 2。一个数值中的每一个数码表示的值不仅取决于该数码本身的值，还取决于它所处的位置，如十进制中的个、十、百、千、万等位，每一位都有自己的权。

例如，$(3428)_{10}=3\times10^3+4\times10^2+2\times10^1+8\times10^0$，其中 10^n 为相应各位的权。

又如，$(10011)_2=1\times2^4+0\times2^3+0\times2^2+1\times2^1+1\times2^0$，其中 2^n 为相应各位的权。

以此类推，八进制（octave system）的基数为 8，使用的数为 0、1、2、3、4、5、6、7 共 8 个数；各位的权是以 8 为底的幂，即 8^0，8^1，8^2，8^3，…

十六进制（hexadecimal system）的基数为 16，使用的数为 0、1、2、3、4、5、6、7、8、9、A、B、C、D、E、F 共 16 个数；各位的权是以 16 为底的幂，即 16^0，16^1，16^2，16^3，… 在十六进制中，A、B、C、D、E、F 分别代表 10 进制数中的 10、11、12、13、14、15。

2. 数制之间的转换

在任一计数制中的一个数都可用它的权展开表示，即

$$S = \sum_{i=-m}^{n-1} r_i R^i$$

式中，r 为该计数制中的任一个数字；R 为基数，如十进制中 $R=10$，二进制中 $R=2$，以此类推。

将某种进制数按权展开，算得的值就是该数转换为十进制的等价值，即任意进制数转换成十进制数的方法。

1）十进制转换成二进制

整数用"**除 2 取余**"的方法，小数部分用"**乘 2 取整**"的方法，如$(25.78)_{10}$转换成二进制的方法如下：

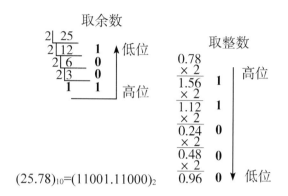

$$(25.78)_{10} = (11001.11000)_2$$

从上面可以看出，十进制小数转换成二进制小数时可能会无限进行，一般转换到所要求的精度即可。

二进制转换成十进制数的方法，如同上面所说的按权展开即可。

十进制和二进制之间的转换是我们学习各类进制数之间转换的基础和根本所在，因为八进制和十六进制数均是二进制的不同书写形式而已，它们和十进制之间的转换，既可以直接进行，也可以先转换成二进制后再转换成十进制。所以掌握二进制和十进制之间的转换方法，是非常重要的。

2）十进制转换成十六进制

十进制转换成十六进制的方法类似于上面的方法，即整数部分用"**除 16 取余**"法，小数部分用"**乘 16 取整**"法。同样，十进制转换成八进制也类同此法。

3）十六进制转换为二进制

不论是十六进制的整数或小数，只要把每一位十六进制数用相应的四位二进制代替即可，如$(A6C.7E)_{16} = (1010\ 0110\ 1100.0111\ 1110)_2$。

二进制转换成十六进制：整数部分由小数点向左每四位一组，小数部分由小数点向右每四位一组，不足四位的补 0，然后用四位二进制的相应的十六进制数代替即可，如

$$(10,\ 1000,\ 0101,\ 0110.1011,\ 01)_2 = (2856.B4)_{16}$$

$$\downarrow\quad\ \downarrow\quad\ \downarrow\quad\ \downarrow\quad\ \downarrow\quad\ \downarrow$$

$$0010\quad 1000\quad 0101\quad 0110.1011\quad 0100$$

$$2\qquad\ 8\qquad\ 5\qquad\ 6\ .\ B\qquad\ 4$$

4）二进制转换成八进制

整数部分由小数点向左分成每三位一组，最后不足三位的在左边补 0；小数部分自小数点向右分成每三位一组，最后不足三位的在右边补 0，然后每组用相应的八进制数代替即可，小数点位置不变。

八进制转换成二进制，只需将每位用相应的二进制数代替即可。

表 1-1 列出了各种数制的对照关系。

另外，在平时的书写中，为了便于区别不同数制表示的数，约定在数字后面用一个 H

表 1-1　各种数制的对照表

十进制数	二进制数	十六进制数	八进制数	十进制数	二进制数	十六进制数	八进制数
0	00000000	0	0	9	00001001	9	11
1	00000001	1	1	10	00001010	A	12
2	00000010	2	2	11	00001011	B	13
3	00000011	3	3	12	00001100	C	14
4	00000100	4	4	13	00001101	D	15
5	00000101	5	5	14	00001110	E	16
6	00000110	6	6	15	00001111	F	17
7	00000111	7	7	16	00010000	10	20
8	00001000	8	10	17	00010001	11	21

表示十六进制数，用 Q 表示八进制数，用 B 表示二进制数，用 D（或不加标志）表示十进制数，如 64H、37Q、1101B、256D 分别表示十六进制、八进制、二进制和十进制数。另外规定当十六进制数以字母开头时，为了避免与其他字符相混淆，在书写时前面加一个数 0，如十六进制数 F9H，应写成 0F9H。

1.3.2　计算机中常用的编码

计算机需要识别和处理各种字符与数据，如英文大小写字母、标点符号、各种特殊符号等，以便于人机交互。这样就要把各种文字和符号转换成计算机能认识的二进制数，我们把各种符号、各种数字、字符等编写成二进制数组合的过程称为**二进制编码**。

1. BCD 码

机器内部的数采用二进制数，但在实际应用中希望输入、输出还是采用十进制数，一种典型方案是用二进制编码来表示十进制数，即一位十进制的数用 4 位二进制编码表示，这就是二进制编码的十进制数，简称 BCD（binary-coded decimal）码。

4 位二进制数码有 16 种组合，原则上可任选其中的 10 种作为代码，分别代表十进制 0～9 这 10 个数字。为便于记忆和比较直观，最常用的方法是 8421BCD 码，8、4、2、1 分别是 4 位二进制数的位权值。表 1-2 给出了十进制数和 8421BCD 编码的对应关系。

表 1-2　十进制数和 8421BCD 码的对应关系

十进制数	8421BCD 码	十进制数	8421BCD 码
0	0000	5	0101
1	0001	6	0110
2	0010	7	0111
3	0011	8	1000
4	0100	9	1001

这种 BCD 码与十进制数的关系直观，其相互转换也很简单。

如十进制数的 58，用 BCD 码表示时，5 用 0101 代替，8 用 1000 代替，58 的 BCD 码表示应为 01011000。可以看出，BCD 码只是用二进制代码表示的十进制数，它并不是等价的二进制数，58 的等价的二进制数应是 111010（可以还原：$1×2^5+1×2^4+1×2^3+0×2^2+1×2^1+0×2^0=58$），即 58=(111010)$_2$=111010B。另外，BCD 码和十六进制数也不同，十六进制与二进制都是进位计数制的一种，而 BCD 码仅仅是一种代码表示法，是人为约定的一种十进制数的表示方法。又如十进制数 239 与二进制、十六进制及 8421BCD 码的关系如下：

十进制	二进制	十六进制	8421BCD 码
239	11101111	0EFH	001000111001

BCD 码的优点是与十进制数转换方便，容易阅读；缺点是用 BCD 码表示的十进制数的数位要较纯二进制表示的十进制数位更长。

当希望计算机直接用十进制数进行运算时，应将数用 BCD 码来存储和运算。例如，4+3 应是 0100+0011=0111，而 7 的 BCD 码刚好也是 0111。但若是改为 4+8，直接运算结果为 0100+1000=1100，但 12 的 BCD 数表示为 0001 0010。在经过广泛的研究后发现，在这种情况下，只要对二进制数的运算结果(1100)进行一次调整即可。这种调整称为**十进制调整**，其内容有两条：

(1)若两个 BCD 数相加，结果大于 1001，亦即大于十进制数 9，则应作加 0110(加 6)调整。

(2)若两个 BCD 数相加，结果在本位上并不大于 1001，但却产生了进位，相当于十进制运算大于等于 16，也要作加 0110(加 6)调整。

如上面提到的 4+8，直接运算结果为 0100+1000=1100，作加 6 调整后所得结果为 1100+0110=0001 0010，亦即十进制数 12。

又如 8+9，直接运算结果为 10001，加 6 调整为 10001+0110=00010111，结果正确。因此，BCD 数运算一定要作十进制调整。

【例 1-1】 用 BCD 数完成 54+48 的运算。

```
        0101   0100
    +)  0100   1000
        ────────────
        1001   1100
    +          0110       加6调整
        ────────────
        1010   0010
    +)  0110               高4位加6调整
    ────────────────
    0001  0000   0010
```

此时，低 4 位之和为 1100，应作加 6 调整，调整后高 4 位又为 1010，还应作一次加 6 调整，故最后结果为 0001 0000 0010(即 102 的 BCD 码)。

若是两个 BCD 数相减，也要进行十进制调整，其规律是：当相减时，若低 4 位向高 4 位有借位，在低 4 位就要作减 0110(减 6)调整。

2. 字符编码

在计算机中，除数字外，还需处理各种字符，如字母、运算符号、标点符号、命令符号等。这些字符都要用代码来表示。最常用的代码是 ASCII 码(美国标准信息交换码的缩写,即 American national standard code for information interchange)。通常是 7 位二进制码。例如,字母 A 的 ASCII 码为 41H,字母 a 的 ASCII 码为 61H,表 1-3 列出了一些常用字符的 ASCII 码值。

表 1-3 ASCII(美国标准信息交换码)表(7 位码)

位 654→	↓3210	0	1	2	3	4	5	6	7
		000	001	010	011	100	101	110	111
0	0000	NUL	DLE	SP	0	@	P	、	p
1	0001	SOH	DC1	!	1	A	Q	a	q
2	0010	STX	DC2	"	2	B	R	b	r
3	0011	ETX	DC3	#	3	C	S	c	s
4	0100	EOT	DC4	$	4	D	T	d	t
5	0101	ENQ	NAK	%	5	E	U	e	u
6	0110	ACK	SYN	&	6	F	V	f	v
7	0111	BEL	ETB	'	7	G	W	g	w
8	1000	BS	CAN	(	8	H	X	h	x
9	1001	HT	EM	)	9	I	Y	i	y
A	1010	LF	SUB	*	:	J	Z	j	z
B	1011	VT	ESC	+	;	K	[	k	{
C	1100	FF	FS	,	<	L	\	l	|
D	1101	CR	GS	-	=	M	]	m	}
E	1110	SO	RS	.	>	N	↑	n	~
F	1111	SI	US	/	?	O	←	o	DEL

查找字符的 ASCII 码时,首先从表中找到相应的字符,从该字符垂直向上查得十六进制的高位,再从该字符水平向左查得其十六进制的低位,两者合并起来,即得该字符的 ASCII 码。

由表 1-3 可见,ASCII 码是由 7 位二进制数所表示的,那么第 8 位作何用途呢?第 8 位常用作**奇偶校验位**,以确定数据传输是否正确。该位的数值由所要求的奇偶类型确定。偶数奇偶校验是指每个代码中所有 1 位的和(包括奇偶校验位)总是偶数。例如,传递的字母是 G,则 ASCII 代码是 1000111,因其有 4 个 1,所以奇偶位是 0,8 位代码将是 01000111。奇数奇偶校验是指每个代码中所有 1 位的和(包括奇偶校验位)是奇数,若用奇数奇偶校验传送 ASCII 代码中的 G,其二进制表示应为 11000111。表 1-4 为常用代码所代表的含义。

表 1-4 常用代码所代表的含义

代码	含义	代码	含义
NUL	空	DLE	数据链换码
SOH	标题开始	DC1	设备控制 1
STX	正文结束	DC2	设备控制 2
ETX	本文结束	DC3	设备控制 3
EOT	传输结果	DC4	设备控制 4

代码	含义	代码	含义
ENQ	询问	NAK	否认
ACK	承认	SYN	空转同步
BEL	报警符(有声信号)	ETB	信息组传送结束
BS	退一格	CAN	作废
HT	横向列表(穿孔卡片指令)	EM	纸尽
LF	换行	SUB	减
VT	垂直制表	ESC	换码
FF	走纸控制	FS	文字分隔符
CR	回车	GS	组分隔符
SO	移位输出	RS	记录分隔符
SI	移位输入	US	单元分隔符
SP	空格	DEL	作废

3. 汉字的编码

我国是使用汉字的国家，而汉字的数量很多。当计算机被我们用于管理、办公等领域时，就要求计算机能输入、输出和处理汉字。我们知道，汉字在计算机中也只能用若干位二进制编码来表示，其位数取决于计算机要处理的汉字的个数。我们国家根据汉字的常用程度定出了一级和二级汉字字符集，并规定了相应的编码，这就是中华人民共和国国家标准《信息交换用汉字编码字符集 基本集》（GB 2312—1980），即**国标码**。这个字符集中的任何一个图形、符号及汉字都可以用两个 7 位的字节表示(而计算机中每个字的长度是两个 8 位字节，每字节的最高位用 0 来表示)。国标码的每一字节的定义域在 21H 到 7EH。如"啊"的国标编码为 30H，21H，即为 00110000，00100001 这两字节。国标码中汉字的排列顺序为：一级汉字按汉语拼音字母顺序排列，同音字母以笔画顺序为序；二级汉字按部首顺序排列。

为了将汉字的编码与常用的 ASCII 码相区别，在机器中，汉字是以内码形式存储和传输的。一台计算机常用多种汉字输入方法，但其**内码是统一的**。

1.3.3 计算机中带符号数的表示方法

前面我们提到的二进制均未涉及符号，我们称它们为**无符号数**。但实际的数值是带有符号的，既可能是正数，也可能是负数；而数值本身可以是整数，也可能包括小数。那么，在计算机中如何来表示数的正负号和确定小数点的位置呢？

1. 数的符号表示法和真值

数的符号在机器中也要数码化。我们称带有数码化的正负号的数为**机器数**。习惯上约定机器数的最高位是其符号位，0 表示正数，1 表示负数。下面我们以字长为 8 位的模型机为例来介绍。

带符号数在机器中的表示形式为

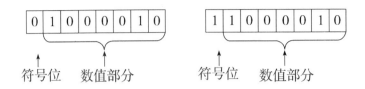

符号位　数值部分　　　　符号位　数值部分

前者表示+66，后者表示-66。

机器数是计算机所能识别的数。而我们把这个数本身，即用"+""-"号表示的数称为该数的**真值**。

2. 原码、反码和补码

机器数有 3 种不同的编码形式，即原码、反码及补码。现分述如下。

1）原码

最高位为 0 表示正数，为 1 则表示该数为负数，其余各位为该数的二进制数值，带符号数的这种表示法称为**原码**，在机器中的表示形式为

正数 0 取原值不变　　负数 1 取原值不变

符号位　数值部分　　　　符号位　数值部分

【**例 1-2**】　写出 54 和 - 67 的原码。

$$(54)_原 = 0 \quad 0110110, \quad (-67)_原 = 1 \quad 1000011$$

符号　数值　　　　符号　数值

原码是后面我们学习反码和补码的基础，反码和补码都是在原码的基础上作一些变化而得到的。假设用原码将两个异号数相加或两个同号数相减，就要作减法，这样，在 CPU 中还需加一个比较电路和一个减法电路，这样就增加了运算电路的复杂性。为了把上述运算转换成加法运算，在计算机中引入了反码和补码的概念。

2）反码

正数的反码的表示法与原码相同：最高位为符号位，用 0 表示，其余各数值位不变。例如

$$(54)_反 = 0 \quad 0110110$$

$$(127)_反 = 0 \quad 1111111$$

负数的反码表示，除符号位仍为"1"外，其余各数值位在原码的基础上"按位取反"得到，即

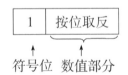

1 按位取反

符号位 数值部分

【例1-3】 $(-67)_反=1\quad 0111100$

以-10、-127为例，并与+10、+127的反码相对照：

$$[+10]_反=00001010$$
$$[-10]_反=11110101$$
$$[+127]_反=01111111$$
$$[-127]_反=10000000$$

3）补码

引入补码的概念，目的是可以将减法运算转化为加法运算。

（1）正数的补码与原码相同，最高位为符号位，用0表示，其余各数值位不变。至此，正数的三种码制之间的关系为：$(X)_原=(X)_反=(X)_补$。

【例1-4】
$$(54)_补=0\quad 0110110$$
$$(127)_补=0\quad 1111111$$

（2）负数的补码等于该数的反码+1，即符号位仍为1，后面各位在原码的基础上"**按位取反再加1**"。

例如，$(-67)_原=11000011$，保留符号位不变，后面各位按位取反后为10111100，再加1为10111101，此即该数的补码，所以$(-67)_补=10111101$。

当负数用补码表示以后，就可以把减法转换为加法。例如

$$X=35-23=35+(-23)$$
$$[X]_补=[35]_补+[-23]_补$$

需要注意：对8位二进制数来说，所能表示的数的范围是+127～-128。当运算结果超出该范围时，答案就不正确了，称为**溢出**。例如，74+77=151=10010111，而补码为同样数值10010111的数时，其真值为-1101001=-105，这显然不正确。因为151＞+127，这称为正向溢出。同样，若某两个数相加的结果＜-128，也会出现溢出现象，称为反向溢出，答案都不会正确。表1-5对8位字长机器数的各种表示方法进行了对照。

表1-5 8位字长机器数的对照表

二进制数码表示	无符号十进制数	原码	反码	补码
0000 0000	0	+0	+0	+0
0000 0001	1	+1	+1	+1
0000 0010	2	+2	+2	+2
⋮	⋮	⋮	⋮	⋮
0111 1100	124	+124	+124	+124
0111 1101	125	+125	+125	+125
0111 1110	126	+126	+126	+126
0111 1111	127	+127	+127	+127
1000 0000	128	-0	-127	-128
1000 0001	129	-1	-126	-127
1000 0010	130	-2	-125	-126
⋮	⋮	⋮	⋮	⋮
1111 1100	252	-124	-3	-4

二进制数码表示	无符号十进制数	原码	反码	补码
1111 1101	253	-125	-2	-3
1111 1110	254	-126	-1	-2
1111 1111	255	-127	-0	-1

3. 数的小数点表示法

在一般书写中，小数点是用记号"."来表示的，但在计算机中表示任何信息只能用 0 或 1 两种数码，如果计算机中的小数点用数码表示，则与二进制数位不易区分，所以在计算机中小数点就不能够用记号表示，那么在计算机中小数点的位置又如何确定呢？

为了确定小数点的位置，在计算机中，数的表示有两种方法：定点表示法和浮点表示法。定点表示法就是小数点在数中的位置是固定不变的，而浮点表示法是小数点的位置是浮动的。

1) 定点表示法

所谓**定点表示法**，是指小数点的位置是人为约定的。这样，小数点的位置就不必用记号"."表示出来了，也即小数点是隐含的，不占任何位置，无须再用二进制数值来表示。一般地说，小数点可约定固定在任何数位之后，但常用下列两种形式。

(1) **定点纯小数**：约定小数点位置固定在符号位之后，最高数值位之前，如：

小数点隐含处

(2) **定点纯整数**：约定小数点位置固定在最低数值位之后，如：

小数点隐含处

由此可见，定点纯小数和定点纯整数在表达形式上是没有区别的。给定一个数值，只有知道了约定的小数点的位置才可能知道它的真值。另外，相同位数、不同编码的定点数表示的数的范围有所不同，如表 1-6 所示。

表 1-6　n 位定点数范围

码制	n 位定点整数	n 位定点小数	8 位整数	8 位小数
原码	$-(2^{n-1}-1)\sim 2^{n-1}-1$	$-(1-2^{-(n-1)})\sim 1-2^{-(n-1)}$	$-127\sim 127$	$-0.9921875\sim 0.9921875$
反码	$-(2^{n-1}-1)\sim 2^{n-1}-1$	$-(1-2^{-(n-1)})\sim 1-2^{-(n-1)}$	$-127\sim 127$	$-0.9921875\sim 0.9921875$
补码	$-2^{n-1}\sim 2^{n-1}-1$	$-1\sim 1-2^{-(n-1)}$	$-128\sim 127$	$-1\sim 0.9921875$

2) 浮点表示法

为了在位数有限的前提下，尽量扩大数的表示范围，同时又保持数的有效精度，计算机往往采用**浮点数**表示数值。在浮点表示法中，小数点的位置是浮动的，不固定的。浮点数的表示方法不是唯一的。目前众多计算机厂家采用的是 IEEE 标准规定的浮点数表示方式。Intel 的 Pentium 系列处理器采用的就是这种浮点数表示方法。可以用下面的公式来表示：

$$(-1)^S 2^E (b_0 \triangledown b_1 b_2 \cdots b_{p-1})$$

式中，$(-1)^S$ 是该数的符号位，当 $S=0$ 时为正数，$S=1$ 时为负数；E 为指数，是一个带偏移量的整数，表示成无符号的整数；$(b_0 \triangledown b_1 b_2 \cdots b_{p-1})$ 是尾数，其中 b_i 是二进制的数位，$\triangledown$ 表示隐含的小数点的位置；p 为尾数的长度，表示尾数共有 p 位。

在 Pentium 处理器中浮点数有三种类型，即单精度浮点数、双精度浮点数以及扩充精度浮点数，如表 1-7 所示。

表 1-7　Pentium 处理器中浮点数的表示

浮点数中的参数	单精度浮点数	双精度浮点数	扩充精度浮点数
浮点数长度	32	64	80
尾数 p 长度	23	52	64
符号位 S 长度	1	1	1
指数 E 长度	8	11	15
最小指数	-126	-1022	-16382
最大指数	+127	+1023	+16383
指数的偏移量	+127	+1023	+16383

【例 1-5】　将 209.125 表示成单精度浮点数。

步骤 1：将十进制数转化成二进制数，209.125=11010001.001。

步骤 2：将上面的二进制数化成规格化形式，11010001.001=1.1010001001×2^7。

步骤 3：由二进制规格化的形式可得该浮点数的指数为 7，故 $E=7+127=134=10000110B$。此处注意，E 是一个带偏移量的指数，由表 1-7 可知单精度浮点数的指数偏移量为+127，因此 $E=7+127$。

写出二进制表示的规格化的浮点数形式：

0	10000110	1010000100100 ···	0000000
S	E(8 位)	$b_1 b_2 b_3 b_4 b_5 b_6 b_7$ ···	$b_{22} b_{23}$

尾数 23 位，隐去 b_0 和小数点(因为当用二进制规格化表示时，b_0 后面即为小数点，而且 $b_0=1$)。

【例 1-6】　已知单精度浮点数为 0 10010100 10101101011000000000000，求其对应的真值。

由给定的浮点数格式知 $S=0$，此为正数，$E=10010100=148$，所以指数为 148-127=21，尾数为后 23 位的数(b_0 隐去)，舍去后面无效的"0"，因此该数的真值为：1.10101101011×2^21。

可见，采用浮点数运算的计算机的运算精度要高得多，特别是双精度浮点算法。

在以前的机器中，把一个浮点数表示成 2 的 P 次幂和绝对值小于 1 的数 S 的乘积形式：

$$N = 2^P \times S$$

式中，N 为浮点数；S 是 N 的**尾数**，是数值部分的有效位，通常用带符号的定点小数表示，一般用原码表示；P 是指数，也称为**阶码**。这种格式的浮点数在机器中的表示形式如下：

P_f		S_f	
阶符	阶码	尾符	尾数

↑小数点隐含处

设两个浮点数为

$$N_1 = 2^{P_1} \times S_1$$
$$N_2 = 2^{P_2} \times S_2$$

如 $P_1 \neq P_2$，则两数就不能直接相加、减，必须首先对齐小数点（即对阶）后，才能作尾数间的加、减运算。对阶时，小阶向大阶看齐，即把阶小的小数点左移，在计算机中是尾数数码右移，右移 1 位，阶码加 1，直到两数阶码相同为止，然后两数才能相加、减。也就是说，浮点数的乘除法，阶码和尾数要分别进行运算，这种算法在目前的高档微机中不再采用。

由于浮点数运算复杂，运算部件和控制部件等相应复杂一些，故浮点机的设备增多，成本较高。目前的计算机都配备有浮点运算功能，对于主要用于图像处理和三维动画处理等特定应用的计算机来说，浮点运算能力在很大程度上决定了其总体的运行速度。

1.4 微型计算机的工作过程

计算机的结构复杂，功能繁多，我们用最简单的例子来说明计算机工作的基本原理及过程。前面提到计算机是采用"**存储程序与程序控制**"的工作方式，即事先把程序装载到计算机的存储器中，当启动运行后，计算机便会自动按照程序的要求进行工作。

为了进一步说明微机的工作过程，我们先了解一下计算机的存储器结构和指令系统。

首先要知道，计算机之所以能脱离人的直接干预，自动地进行计算，是因为我们已把实现这个计算所需的每一步操作用命令的形式，也即一条条指令预先输入存储器中，在执行时，机器把这些指令一条条地取出来，加以翻译和执行。

一个 8 位字长模型机存储器的结构如图 1-5 所示。它由 256 个单元组成，每个单元可分别用两位十六进制数来表示它的**地址**，而把每个地址所对应的单元所装载的 8 位二进制数称为**单元内容**。可见，每一单元的地址和它的内容是完全不同的。

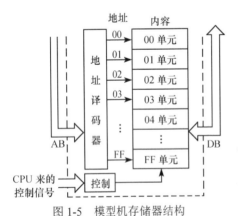

图 1-5 模型机存储器结构

存储器中的不同存储单元地址，是由地址总线上送来的地址信号，经过存储器中的地址译码器来寻找的。

当 CPU 要执行某一项任务时，给出要操作的存储单元地址，该地址信号通过地址总线送到存储器的地址译码器译码后，在 256 个单元中找到对应于该地址的存储单元，然后 CPU 通过控制总线输出读或写的控制信号，对该单元进行读或写。读出的内容通过数据总线送到 CPU 的数据寄存器，要写入的内容则由 CPU 发出指令，经由数据寄存器通过数据总线写入存储单元。

我们用两数相加这一最简单的例子来说明这一过程。

第一步：把第一个数从它所在的存储单元中取出来，送至运算器（假设要运算的数已在

存储器中);

第二步：把第二个数从它所在的存储单元中取出来，送至运算器；

第三步：相加；

第四步：把加完的结果送至存储器所指定的单元。

所有这些取数、送数、相加、存数等都是一种操作，我们把要求计算机执行的各种操作用命令的形式写下来，这就是指令。通常一条指令对应着一种基本操作。

计算机只能识别二进制数码，所以所有指令最终都要转换成二进制编码输送到计算机的功能单元，这种二进制编码称为指令的**机器码**。

我们知道，计算机程序是预先存放到存储器的某个区域中的，而程序通常是顺序执行的，所以指令也是顺序存放的。那么计算机如何知道程序存放的起始地址呢？这就要靠程序计数器地址指针来指向，即 PC 指针。在开始执行时，给 PC 赋以程序中第一条指令所在的地址，然后每取出一条指令，PC 的值自动加 1，即指向下一条指令的地址。只有当遇到用户设置的转移或特殊指令需作跳转时，才转到所需地址去。

我们来具体讨论一个模型机怎样执行一段简单的程序。例如，计算机如何具体计算 7+10=？虽然这是一个相当简单的加法运算，但计算机需要一步一步去做。

(1)首先用助记符号指令编写程序，即源程序。

(2)由于机器不能识别助记符号，需要翻译(汇编)成机器语言指令。

假设上述(1)、(2)两步我们已经做了，如表 1-8 所示。

表 1-8　指令表

名称	助记符	机器码	十六进制	说明
立即数取入累加器	MOV AL, 07H	10110000	B0H	这是一条双字节指令，把指令第 2 字节的立即数 07H 取入累加器 AL 中
		00000111	07H	
加立即数	ADD AL, 0AH	00000100	04H	这是一条双字节指令，把指令第 2 字节的立即数 0AH 与 AL 中的内容相加，结果暂存 AL
		00001010	0AH	
暂停	HLT	11110100	F4H	停止所有操作

(3)将数据和程序通过输入设备送至存储器中存放，整个程序一共 3 条指令，5 个字节，假设它们存放在存储器从 00H 单元开始的相继 5 个存储单元中。

在执行时，给 PC 赋以第一条指令的地址 00H，然后就进入第一条指令的取指阶段，用下列步骤来说明：

(1)第一条指令的取指过程。

① 指令指针 PC 的内容(00H)送至地址寄存器；

② 当 PC 的内容已送入地址寄存器后，PC 的内容自动加 1，此时 PC=01H；

③ 地址寄存器把地址号 00H 通过地址总线送至存储器。经地址译码器译码，选中 00H 号单元；

④ CPU 发出读命令；

⑤ 所选中的 00H 号单元的内容 B0H 读至数据总线上；

⑥ 读出的内容经过数据总线送至数据寄存器；

⑦ 因为是取指阶段，取出的为指令，故 DR 把它送至指令寄存器 IR，然后经过译码发出执行该指令的各种控制命令，第一条指令的取指过程如图 1-6 所示。

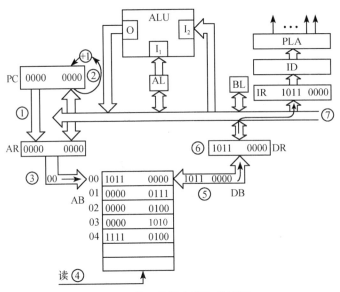

图 1-6　第一条指令的取指过程

(2) 第一条指令的执行过程。

接上面的过程，当 DR 把第一条指令送至指令寄存器 IR 后，经过译码器译码后知道，这是一条把操作数送至累加器 AL 的指令，而操作数在指令的第二字节。所以，执行第一条指令就必须把存储器单元中的第二字节中的操作数取出来。取操作数的过程如下：

① 将程序计数器 PC 的内容 01H 送至地址寄存器 AR；

② PC+1→PC，即程序计数器的内容自动加 1 变为 02H，为取下一条指令作准备；

③ 地址寄存器 AR 将 01H 通过地址总线送至存储器，经地址译码选中 01H 单元；

④ CPU 发出"读"命令；

⑤ 选中的 01H 存储单元的内容 07H 读至数据总线 DB 上；

⑥ 通过数据总线，把读出的内容 07H 送至数据寄存器 DR；

⑦ 因为经过译码已经知道读出的是立即数，并要求将它送到累加器 AL，故数据寄存器 DR 通过内部数据总线将 07H 送至累加器 AL。

上述过程如图 1-7 所示。

第一条指令执行完毕以后，进入第二条指令的取指和执行过程。

(3) 取第二条指令阶段。

这个过程与取第一条指令的过程相似，如图 1-8 所示。

第二条指令的取指过程如下：

① 指令指针 PC 的内容（02H）送至地址寄存器；

② 当 PC 的内容已送入地址寄存器后，PC 的内容自动加 1，此时 PC = 03H；

③ 地址寄存器把地址号 02H 通过地址总线送至存储器。经地址译码器译码，选中 02 号单元；

④ CPU 发出"读"命令；

⑤ 所选中的 02H 号单元的内容 04H 读至数据总线上；

⑥ 读出的内容经过数据总线送至数据寄存器；

⑦ 因为是取指阶段，取出的为指令，故 DR 把它送至指令寄存器 IR，然后经过译码

发出执行该指令的各种控制命令。

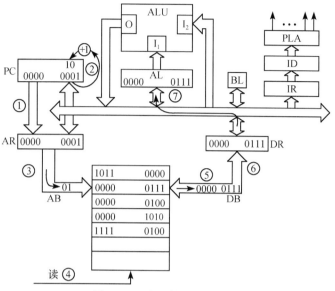

图 1-7 取立即数操作示意图

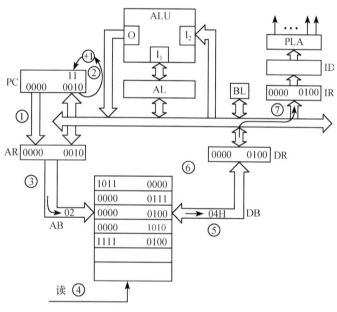

图 1-8 第二条指令的取指过程

(4)执行第二条指令阶段。

经过对指令操作码 04H 的译码以后，知道这是一条加法指令，它规定累加器 AL 中的内容与指令第二字节的立即数相加。所以，紧接着执行把指令的第二字节的立即数 0AH 取出来与累加器 AL 相加，其过程如下：

① 把 PC 的内容 03H 送至 AR；

② 当把 PC 内容可靠地送至 AR 以后，PC 的值自动加 1，指向下一指令单元；

③ AR 通过地址总线把地址 03H 送至存储器，经过译码，选中相应的单元；

④ CPU 发出"读"命令；

⑤ 选中的 03H 存储单元的内容 0AH 读出至数据总线；

⑥ 数据通过数据总线送至 DR；

⑦ 因由指令译码已知读出的为操作数，且要与 AL 中的内容相加，故数据由 DR 通过内部数据总线送至 ALU 的另一输入端；

⑧ 累加器 AL 中的内容送至 ALU，且执行加法操作；

⑨ 相加的结果由 ALU 输出至累加器 AL 中。

第二条指令的执行过程如图 1-9 所示。至此，第二条指令的执行阶段结束了，就转入第三条指令的取指阶段。

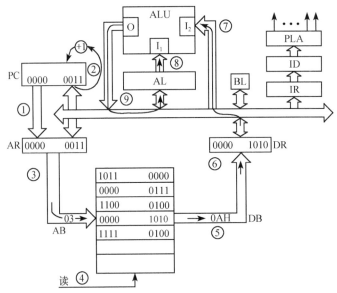

图 1-9　第二条指令的执行过程

按上述类似的过程取出第三条指令 HLT，经译码后就停机。

取指令阶段是由一系列相同的操作组成的，因此，取指令阶段的时间总是相同的。而执行指令的阶段是由不同的事件顺序组成的，它取决于被执行指令的类型。执行完一条指令后接着执行下一条指令，即取指→执指，取指→执指，如此反复，直至程序结束。

总之，计算机的工作过程就是执行指令的过程，而计算机执行指令的过程可看成控制信息在计算机各组成部件之间的有序流动过程。信息在流动过程中得到相关部件的加工处理。因此，计算机的主要功能就是如何有条不紊地控制大量信息在计算机各部件之间有序地流动。

思考题与习题

1.1　微型计算机硬件一般包含哪些部分？

1.2　计算机硬件和软件的构成原理以及各自的分类有哪些？

1.3　CPU 在内部结构上由哪几部分组成？各部分的功能是什么？

1.4　$(110)_X = 272$，基数 $X = $ _____。

1.5 将下列十进制数分别转换成十六进制、二进制、八进制数：

  563   6571   234   128

1.6 将下列十进制小数转换成十六进制数（精确到小数点后 4 位数）：

  0.359   0.30584   0.9563   0.125

1.7 计算 $(10101.01)_2 + (11001.01)_{BCD} + (17.4)_{16} = ($ $)_{10}$。

1.8 将下列二进制数转换成十进制数、十六进制数和八进制数：

(1)101011101.11011； (2)11100011001.011； (3)1011010101.00010100111。

1.9 将下列十六进制数转换成十进制数和二进制数：

  AB7.E2   5C8.11FF   DB32.64E

1.10 判断下列带符号数的正负，并求出其绝对值（负数为补码）：

  10101100 01110001 11111111 10000001

1.11 设字长为 8 位，请写出下列数的原码、反码、补码。

  15   −20   −27/32

1.12 已知数的补码表示形式如下，分别求出数的真值与原码。

(1)$[X]_{补}$= 79H；   (2)$[Y]_{补}$= 98H；

(3)$[Z]_{补}$= FFFH；   (4)$[W]_{补}$= 600H。

1.13 用 8421 BCD 码进行下列运算：

  43+99   45+19   15+36

1.14 已知 X_1=+25，Y_1=+33，X_2=−25，Y_2=−33，试求下列各式的值，并用其对应的真值进行验证：

(1)$[X_1+Y_1]_{补}$；(2)$[X_1−Y_2]_{补}$；(3)$[X_1−Y_1]_{补}$；(4)$[X_2−Y_2]_{补}$；(5)$[X_1+Y_2]_{补}$；(6)$[X_2+Y_2]_{补}$。

1.15 简述 CPU 执行程序的过程。

1.16 试将两个带符号数 10001000 和 11100110 相加，判断结果是否溢出？为什么（设字长为 8 位）？

1.17 回答下列各机器数所表示数的范围：

(1)8 位二进制无符号定点整数；

(2)8 位二进制无符号定点小数；

(3)16 位二进制无符号定点整数；

(4)用补码表示的 16 位二进制有符号整数；

(5)用浮点数表示（阶码是两位原码，尾数是 8 位原码）。

第 2 章 微处理器与总线

本章首先以 8088/8086 为例，描述微处理器的内部结构与工作机制，仔细介绍系统总线的有关问题。从硬件系统角度来说，构成系统的其他部分均连接在本章所描述的、围绕CPU 形成的系统总线上。在此基础上，以 Intel 微处理器发展为主线，介绍主流微处理器系列的结构及特点。

2.1 8086/8088 微处理器的特性

8086/8088 CPU 较其同时代的其他微处理器具有较好的性能，在介绍 8086/8088 CPU各种内外特性之前，首先在这里介绍 8086/8088 CPU 的一些性能与特点。

(1) 字长：8088 为准 16 位，8086 为 16 位。

(2) 时钟频率：8088/8086 标准主频为 5MHz。

(3) 数据、地址总线复用。

(4) 内存容量：1MB。

(5) 基本寻址方式：8 种。

(6) 指令系统：99 条基本汇编指令，除能完成数据传送、算术运算、逻辑运算、控制转移和处理器控制功能外，还设有硬件支持乘除法指令和串操作指令，可以对位、字节、字、字节串、字串、压缩和非压缩 BCD 码等多种数据类型进行处理。

(7) 端口地址：16 位 I/O 端口地址最多可寻址 64K 个端口地址。

(8) 中断功能：可处理内部软件中断和外部硬件中断，中断源多达 256 个。

(9) 支持单片 CPU 或多片 CPU 系统工作。

(10) 具有取指令、执行指令重叠并行(指令流水线)，结构上和指令设置方面支持多微处理器系统等增强功能。

2.2 8086/8088 微处理器结构及寄存器

2.2.1 8086/8088 的内部结构

8086/8088 由两个独立的处理部件组成：**执行部件 EU**(execution unit) 和**总线接口部件BIU**(bus interface unit)。8086 和 8088 两者执行部件 EU 完全相同，而总线接口部件 BIU 略有不同。8086 BIU 中的指令队列是 6 字节，外部数据总线是 16 位；而 8088 指令队列只有4 字节，外部数据总线是 8 位，如图 2-1 所示。

1. 执行部件 EU

它包括 8 个 16 位寄存器(**通用寄存器** AX、BX、CX、DX，指针寄存器 SP、BP，变址寄存器 SI、DI)，算术逻辑部件 **ALU**，标志寄存器 **FR**，暂存器和 **EU** 控制系统。

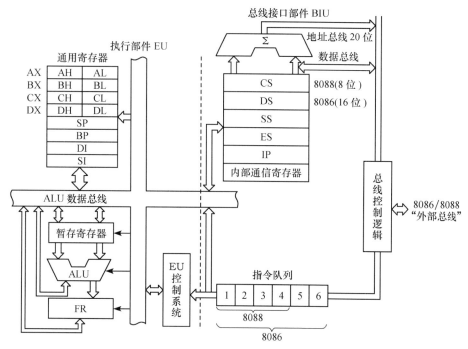

图 2-1   8086/8088 CPU 内部结构示意图

EU 负责全部指令的执行，同时向 BIU 输出数据(操作结果)，并对寄存器和标志寄存器进行管理。在 ALU 中进行 16 位运算，数据传送和处理均在 EU 控制下进行。

EU 工作过程是：从 BIU 指令队列中取出指令操作码，通过译码电路分析要进行什么操作，发出相应的控制指令，控制数据经过"ALU 数据总线"的流向。如果是运算操作，操作数经过暂存寄存器送入 ALU，运算结果经"ALU 数据总线"送到相应寄存器，同时标志寄存器 FR 根据运算结果改变标志位。如果执行指令需从外界取数据，则 EU 向 BIU 发出请求，由 BIU 通过 8086/8088 外部数据总线访问存储器或外部设备，通过 BIU 的内部通信寄存器向"ALU 数据总线"传送数据。

2. 总线接口部件 BIU

它由四个**段寄存器**(CS、SS、DS、ES)，**指令指针寄存器 IP**，内部通信寄存器，**指令队列**(queue)，总线控制逻辑和地址加法器组成。

BIU 负责执行所有的"外部总线"周期，提供系统总线控制信号，还将段寄存器中的段基地址与偏移量寄存器中的偏移地址送到地址加法器中，形成 20 位存储器的物理(实际)地址。当 EU 执行指令要求与内存或输入输出(I/O)接口传送数据时，BIU 根据 EU 要求去访问相应内存单元或 I/O 设备，将取出的数据送入指令队列中，供 EU 执行指令用。

指令队列是 8088/8086 较以前标准的 8 位微处理器的增强功能。如图 2-1 所示，BIU 中指令预取队列为先进先出(FIFO)队列，每当指令预取队列中有 2/1(8086/8088)字节以上的空闲，且 EU 也没有要求 BIU 进入总线周期(即不是与外界交换数据的机器周期)时，BIU 就自动执行取指令周期，把指令预取队列填满，以保证 EU 能够连续地执行指令。

图 2-2 所示为 8086/8088 基于指令队列进行重叠执行指令的实例。开始时，指令预取队列中是空的，执行部件 EU 处于等待状态。当 BIU 取出第 1 条指令放入指令队列后，EU

控制系统便从指令队列中取出指令并由 EU 开始执行第 1 条指令。同时，BIU 又取第 2 条指令，并存入队列中。在此例中，由于 EU 第 1 条指令尚未执行完，队列未满，于是 BIU 又开始取第 3 条指令，这时，EU 才从队列中取出第 2 条指令并执行。在执行第 2 条指令时需要操作数，于是 BIU 又从内存中取第 2 条指令的操作数直接送到 EU 使用。接着 BIU 又取第 4 条指令、第 5 条指令，而 EU 在执行完第 2 条指令后又从指令队列中取出第 3 条指令执行，以此类推。可见，这一指令预取技术使得取指令和执行指令的操作可以重叠进行。这种在当前指令执行时，预取下一条指令的技术称为指令流水线(instruction pipeline)技术。由于减少了 CPU 等待取指令的时间，可以加快 CPU 的运行速度。

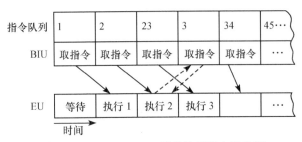

图 2-2   8086/8088 CPU 重叠执行指令示意图

2.2.2   8086/8088 的内部寄存器

在 8086/8088 微处理器中，用户可以用指令改变其内容的主要是一组内部寄存器，其配置如图 2-3 所示。

1. 数据寄存器

8086/8088 有 4 个 16 位的数据寄存器，可以存放 16 位的操作数。通常它们用来存放操作数和中间结果，其中 AX 为累加器，BX、CX、DX 寄存器还有一些特殊用途：BX 寄存器可在计算地址时用作基地址寄存器；CX 寄存器在串操作指令中用作计数器；DX 寄存器在某些输入输出操作期间用来保存输入输出端口地址。它们的用途具体说明如表 2-1 所示。

从图 2-3 中可以看到 4 个 16 位的寄存器在需要时，可分为 8 个 8 位寄存器来用，这样就大大增加了使用的灵活性。一般当处理字节指令时，用 8 位寄存器；而处理字指令时，用 16 位寄存器。

表 2-1   内部数据寄存器的主要用途

寄存器	用途
AX	字乘法、字除法、字 I/O
AL	字节乘、字节除、字节 I/O、转移、十进制算术运算
AH	字节乘法、字节除法
BX	间接寻址和基地址寄存器
CX	串操作、循环次数
CL	变量移位或循环控制
DX	字乘法、字除法、间接 I/O

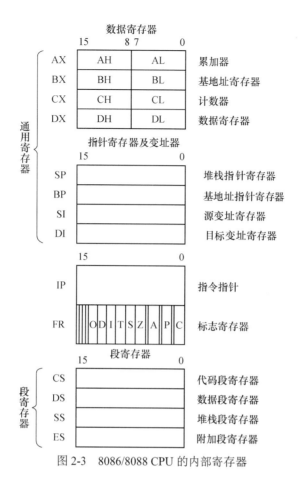

图 2-3 8086/8088 CPU 的内部寄存器

2. 指针寄存器

8086/8088 有两个指针寄存器：SP 和 BP。SP 是**堆栈指针寄存器**，由它和堆栈段寄存器一起来确定堆栈在内存中的位置。BP 是**基数指针寄存器**，通常用于存放基地址，以使 8088 的寻址更加灵活。

3. 变址寄存器

SI 是**源变址寄存器**，DI 是**目的变址寄存器**，都用于指令的变址寻址。SI 通常指向源操作数，DI 通常指向目的操作数。

4. 控制寄存器

8088 有两个控制寄存器：IP 和 FR。IP 是**指令指针寄存器**，用来控制 CPU 的指令执行顺序。它和代码段寄存器 CS 一起可以确定当前所要取的指令的内存地址。顺序执行程序时，CPU 每取一个指令字节，IP 自动加 1，指向下一个要读取的字节。

当 IP 单独改变时，会发生段内转移。当 CS 和 IP 同时改变时，会产生段间的程序转移。

FR 是程序状态标志寄存器，也称作**程序状态字 PSW** 或标志寄存器，用来存放 8086/8088 CPU 在工作过程中的状态。FR 各位的标志如图 2-4 所示。

状态标志寄存器是一个 16 位的寄存器，空着的各位暂未使用。8086/8088 中所用的这

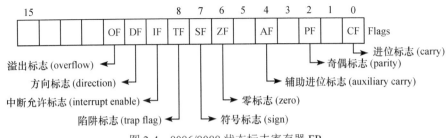

图 2-4 8086/8088 状态标志寄存器 FR

9 个标志位对了解 CPU 的工作机制，以及用汇编语言编写程序是很重要的。这些标志位的含义如下：

(1)**CF**：进位标志位。作加法时出现进位或作减法时出现借位，该标志位置 1；否则清 0。位移和循环指令也影响进位标志。

(2)**PF**：奇偶标志位。当结果的低 8 位中 1 的个数为偶数时，则该标志位置 1；否则清 0。

(3)**AF**：半加标志位。在加法时，当位 3 需向位 4 进位，或在减法时位 3 需向位 4 借位时，该标志位置 1；否则清 0。该标志位通常用于对 BCD 运算结果的调整。

(4)**ZF**：零标志位。运算结果所有各位均为 0 时，该标志位置 1；否则清 0。

(5)**SF**：符号标志位。当运算结果的最高位为 1 时，该标志位置 1；否则清 0。

(6)**TF**：陷阱标志位(单步标志位)。当该位置 1 时，将使 8088 进行单步指令工作方式。在每条指令执行结束时，CPU 总是去测试 T 标志位是否为 1。如果为 1，那么在本指令执行后将产生陷阱中断，从而执行陷阱中断处理程序。该程序的首地址由内存的 0004H～0007H 4 个单元提供。该标志通常用于程序的调试。例如，在系统调试软件 DEBUG 中的 T 命令，利用它进行程序的单步跟踪。

(7)**IF**：中断允许标志位。如果该位置 1，则处理器可以响应可屏蔽中断请求；否则就不能响应可屏蔽中断请求。

(8)**DF**：方向标志位。当该位置 1 时，串操作指令为自动减量指令，即从高地址到低地址处理字符串；否则串操作指令为自动增量指令。

(9)**OF**：溢出标志位。在算术运算中，带符号的数的运算结果超出了 8 位或 16 位带符号数所能表达的范围时，即字节运算大于+127 或小于-128 时，字运算大于+32767 或小于-32768 时，该标志位置位。

5. 段寄存器

8086/8088 微处理器具有 4 个 16 位段寄存器：**代码段寄存器 CS**(code segment)、**数据段寄存器 DS**(data segment)、**堆栈段寄存器 SS**(stack segment)和**附加数据段寄存器 ES**(extra segment)。这些段寄存器的内容与有效的地址偏移量一起可确定内存的物理地址。通常，CS 规定并控制程序区，DS 和 ES 控制数据区，SS 控制堆栈区。

2.3 8086/8088 微处理器的存储器寻址机制

对于 8 位微处理器，存储器的段、段寄存器、段内偏移地址等都是新的概念。要想弄清楚为什么 8086/8088 能寻址 lMB 的内存空间，并知道如何确定实际的物理地址，都必须理解这些概念及相互的关系。只有做到了这一点，才能正确地组织存储器和使用存储器。

微机内存中存放着三类信息：**代码**，即指令操作码，指出 CPU 执行什么操作；**数据**，即数值和字符等，程序加工对象；**堆栈**，即临时保存的返回地址和中间结果。为了避免混淆，这三类信息分别存放在各自的存储区域内。段寄存器指示这些存储区域的起始地址，称为**段基地址**。

8086/8088 直接寻址空间为 1MB，有 20 位地址信息，而它内部只能处理 16 位地址信息。为解决这一矛盾，将存储器划分为"段"，每个段的物理(实际)长度是 64KB。表示不同段的起始地址——段基地址，分别存放于四个段寄存器(CS、DS、SS、ES)中。

由于存储器的分段结构，在涉及存储器的地址时，必须分清是物理地址还是逻辑地址。**物理地址**是指 1MB 存储区域中的某一单元的实际地址，地址信息是 20 位的二进制代码，以 16 进制表示是 00000H～FFFFFH 中的一个单元，CPU 访问存储器时，地址总线上送出的是物理地址。编写程序时，则采用**逻辑地址**，逻辑地址由段基地址和偏移地址(偏移量)组成。**偏移地址**是在某段内指定存储器单元到段基地址的距离。为了适应处理各种数据结构的需要，这个段内偏移地址可以有多种组成方式，所以也称为**有效地址 EA**(effective address)。由于访问存储器的操作数类型不同，逻辑地址的来源也不一样，其关系如表 2-2 所示。

表 2-2　访问存储器类型与逻辑地址来源关系

访问存储器类型	默认段寄存器	可指定段寄存器	段内偏移地址来源	物理地址计算式
取指令	CS	/	IP	CS×16+IP
堆栈操作	SS	/	SP	SS×16+SP
访问变量	DS	CS、ES、SS	有效地址 EA	DS×16+EA
源字符串	DS	CS、ES、SS	SI	DS×16+SI
目的字符串	ES	/	DI	ES×16+DI
BP 用作基地址寄存器	SS	CS、DS、SS	有效地址 EA	SS×16+EA

物理地址计算公式为

物理(实际)地址 PA＝段基地址×16+偏移地址

物理地址生成示意图如图 2-5 所示。特别注意，同一物理地址下，有不同逻辑地址。可以通过预置段寄存器的内容，来访问不同的存储区域。

存储器的分段方式并不是唯一的。**存储器各段之间可以连续、分开、部分重叠或完全重叠**。这主要取决于对各段寄存器的预置内容。对于一个具体的存储单元物理地址，可以属于一个逻辑段，也可以同属于几个逻辑段。图 2-6 表示 1MB 内存储器，使用了 4 个逻辑段，每个段寄存器分别指示着当前段基地址。

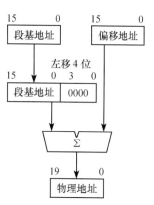

图 2-5　物理地址生成示意图

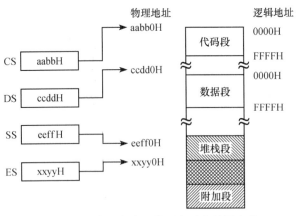

图 2-6 四个段寄存器分别表示当前四个段

2.4 8086/8088 微处理器的外部结构

2.4.1 8086/8088 CPU 引线及其功能

8086/8088 为 40 条引线(PIN)、双列直插式(DIP)封装的集成电路芯片,其各引出线的定义如图 2-7 所示。为了减少芯片的引线,有许多引线具有双重定义和功能,这些引线功能转换分两种情况:一种是分时复用,在总线周期的不同时钟周期内其功能不同;另一种是按工作模式来定义引线的功能,同一引线在单 CPU(最小模式)和多 CPU(最大模式)下,加接不同的信号。利用这些引线的双重功能,可以构成**最小模式**和**最大模式**系统,以及实现段寄存器和存储器分段技术。

可以将 8086/8088 引线按功能及特性分为 4 类:**地址/数据总线、地址/状态总线、控制总线、电源**和**地线**。下面先介绍 8088 的引线功能,再给出 8086 与 8088 引线功能的区别。

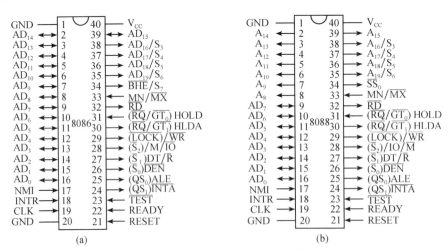

图 2-7 8086/8088 CPU 引线图

( )为多 CPU 模式(最大模式)中用

1. 8088 CPU 引线功能

1）地址/数据总线

$AD_7 \sim AD_0$：地址/数据总线，双向（入/出），三态，8 个分时复用多功能引线。在每个总线周期 T_1 状态用作地址总线低 8 位 $A_7 \sim A_0$，输出访问存储器或 I/O 口地址，然后内部的多路转换开关将它们转换为数据总线 $D_7 \sim D_0$，用来传送数据，直到总线周期结束。在 DMA 方式时，这些引线成浮空状态。

$A_8 \sim A_{15}$：地址总线，输出，三态。在整个总线周期内保持有效，即输出稳定 8 位地址。在 DMA 方式时，这些引脚成浮空状态。

2）地址/状态总线

$A_{19}/S_6 \sim A_{16}/S_3$：地址/状态总线，输出，三态，4 根分时复用多功能引线，担负着双重任务，在每个总线周期 T_1 状态用作地址总线高 4 位。访问 I/O 端口时，为低电平，因为 I/O 端口只用 16 位地址。在总线周期 $T_2 \sim T_4$ 期间，输出状态信息：S_6 总是低电平；S_5 是可屏蔽中断允许标志，可在每个时钟周期开始时修改；S_4 和 S_3 表示当前访问存储器所用段寄存器，用来提供段地址。S_4 和 S_3 编码与段寄存器对应关系如表 2-3 所示。在 DMA 方式时，这些引线成浮空状态。

表 2-3　S_4，S_3 编码表示段寄存器

S_4	S_3	性能	对应段寄存器
0	0	数据交替	使用附加段寄存器 ES
0	1	堆栈操作	使用堆栈段寄存器 SS
1	0	代码	使用代码段寄存器 CS
1	1	数据	使用数据段寄存器 DS

3）控制总线

ALE（address latch enable）：地址锁存允许信号，输出，高电平有效。当地址/数据总线分时传送地址信息时，ALE 用来作为把地址信号锁存入 8282/8283 或 74LS373 锁存器的锁存控制信号。在总线周期的 T_1 期间，ALE 出现高电平，而 ALE 的下降沿将出现在地址/数据总线上，地址信息锁存入锁存器。在 DMA 方式中，ALE 不能浮空。

NMI（non-maskable interrupt）：非屏蔽中断请求，输入，上升沿有效，不能由软件进行屏蔽。只要该引脚上出现一个从低到高的电脉冲就能使 CPU 当前指令结束，立刻进入中断响应，自动形成中断类型 2。用中断向量表中的 08H 和 09H 单元的内容送入指令寄存器 IP，用 0AH 和 0BH 单元的内容送入段寄存器 CS，形成非屏蔽中断服务子程序入口地址，转去执行 NMI 中断处理。

INTR（interrupt request）：可屏蔽中断请求，输入，高电平有效。INTR 靠电平触发，CPU 在每条指令的最后一个时钟周期对 INTR 信号线采样，若发现 INTR 引脚信号为高电平，同时 CPU 内部中断允许标志 IF＝1，CPU 就进入了中断响应周期。若中断允许标志位 IF＝0，即使 INTR 引脚信号为高，CPU 对外界送来的此中断请求信号也不响应。这样可以通过软件复位的方法使 IF＝0，以达到屏蔽中断请求 INTR。

$\overline{\text{INTA}}$（interrupt acknowledge）：中断响应信号，输出，三态，低电平有效。当 CPU 响应外部中断请求后，发给请求中断的设备回答信号。在每个中断响应周期 T_2、T_3 和 T_w 期间，它变为有效低电平，通知中断源送出中断向量码。外部设备可以用此信号作为读取向

量码的选通信号。

CLK：时钟信号，输入。CLK 为 CPU 和总线控制器提供定时基准。具有 33%高电平持续期间的脉冲提供内部定时。

RESET：复位信号，输入，高电平有效。每当 RESET 为高电平时，CPU 将停止正在进行的操作，把内部标志寄存器 FR、段寄存器 DS、SS、ES 以及指令指针 IP 置 0，使指令队列复位成空状态，如表 2-4 所示。为保证对 CPU 可靠初始化，RESET 高电平信号至少保持 4 个时钟周期。

表 2-4　初始化操作时寄存器状态

复位操作影响部分	内容	复位操作影响部分	内容
标志寄存器 FR	0000H	堆栈段寄存器 SS	0000H
指令指标器 IP	0000H	附加段寄存器 ES	0000H
代码段寄存器 CS	FFFFH	指令队列	空
数据段寄存器 DS	0000H		

READY：准备就绪信号，输入，高电平有效。READY 用来使 CPU 和慢速存储器或 I/O 设备之间速度实现匹配，完成数据传送。当被访问部件无法在 CPU 规定的时间内完成数据传送时，应使 READY 信号处于低电平，这时 CPU 进入等待状态，插入 1 个或几个等待周期 T_w 来延长总线周期。当被访问的部件可以完成数据传送时，READY 输入高电平，CPU 继续运行。

$\overline{\text{TEST}}$：测试信号，输入，低电平有效。当执行 WAIT 指令时，每隔 5 个时钟，CPU 就对 $\overline{\text{TEST}}$ 信号进行采样。若 $\overline{\text{TEST}}$ 为高电平，就使 CPU 重复执行 WAIT 指令而处于等待状态，一直等到它变为低电平时，CPU 才脱离等待状态，继续执行下一条指令。通常，$\overline{\text{TEST}}$ 引线和 WAIT 指令结合使用，主要用于多处理器环境。

$\overline{\text{DEN}}$：数据允许，输出，三态，低电平有效。在单 CPU 系统中，如果用 8286/8287 作为数据总线的双向驱动器，用 $\overline{\text{DEN}}$ 作为驱动器的选通信号。在每个存储器或 I/O 访问周期以及中断响应周期，$\overline{\text{DEN}}$ 变为有效低电平。DMA 方式时，它处于浮空状态。

DT/$\overline{\text{R}}$：数据发送/接收控制，输出，三态。在单 CPU 系统中，如果用 8286/8287 作为数据总线的双向驱动，这时要用 DT/$\overline{\text{R}}$ 来控制 8286/8287 的数据传送方向。DT/$\overline{\text{R}}$ = 1 时，CPU 发送数据，DT/$\overline{\text{R}}$ = 0 时，CPU 接收数据。DMA 方式时，它处于浮空状态。

IO/$\overline{\text{M}}$：外设/内存访问控制，输出，三态。输出高电平时，表示总线周期为 I/O 访问周期；输出低电平时，表示总线周期为存储器访问周期。在 DMA 工作方式时，为浮空状态。

$\overline{\text{WR}}$：写信号，输出，三态，低电平有效。$\overline{\text{WR}}$ 信号有效时，表示 CPU 正进行写存储器或写 I/O 端口的操作。由 IO/$\overline{\text{M}}$ 信号的状态决定数据是写入存储器还是写入 I/O 端口。DMA 方式时处于浮空状态。

$\overline{\text{RD}}$：读信号，输出，三态，低电平有效；$\overline{\text{RD}}$ 信号有效时，表示 CPU 在读存储器或读 I/O 口的数据。IO/$\overline{\text{M}}$ 为低电平时，CPU 读存储器。DMA 方式时处于浮空状态。

HOLD：保持请求信号，输入，高电平有效。当 DMA 操作或外部处理器要求通过总线传送数据时，HOLD 信号为高电平，表示外界请求现有主 CPU 让出对总线的控制权。

HLDA（hold acknowledge）：保持响应信号，输出，高电平有效。当 CPU 同意让出总线控制权时，输出 HLDA 高电平信号，通知外界可以使用总线。同时现有主 CPU 所有具有"三态"的线，都进入浮空状态；当 HOLD 变为低电平时，现有主 CPU 也把 HLDA 变为低电平，此时它又重新获得总线控制权。

$\overline{SS_0}$：状态信号，输出，三态。在逻辑上等同于多 CPU（最大模式）系统中的 $\overline{S_0}$。$\overline{SS_0}$ 只用在单 CPU（最小模式）系统。$\overline{SS_0}$、$IO/\overline{M}$、$DT/\overline{R}$ 一起表示的单 CPU 系统总线周期状态对应关系如表 2-5 所示，在多 CPU 系统下，$\overline{SS_0}$ 总是输出高电平。

表 2-5 单 CPU 系统总线周期状态

$IO/\overline{M}$	$DT/\overline{R}$	$\overline{SS_0}$	操作
1	0	0	中断响应
1	0	1	读 I/O 口
1	1	0	写 I/O 口
1	1	1	暂停
0	0	0	取指令
0	0	1	读存储器
0	1	0	写存储器
0	1	1	无效

$MN/\overline{MX}$：单 CPU/多 CPU 方式控制，输入。决定是构成单处理器（最小模式）还是多处理器（最大模式）系统。当 $MN/\overline{MX} = V_{CC}$ 时，按单处理器（最小模式）工作，这时 8088 的 24～31 引脚功能如上面所述；若 $MN/\overline{MX} = GND$，系统按多处理器（最大模式）方式工作，8088 的 24～31 引线定义如图 2-7 括号内所示。

下面这些引脚在单 CPU 和多 CPU 系统下具有不同的功能。由于 IBM PC/XT 具有协处理器 8087，硬件扩展功能强，所以通常设计 8088 工作于多 CPU（最大模式）系统方式。下面主要介绍最大模式时图 2-7 括号内引线功能。

$\overline{S_2}$、$\overline{S_1}$、$\overline{S_0}$：总线周期状态标志，输出，三态，低电平有效。这三条引脚状态信号的不同组合，表示 CPU 总线周期的操作类型。这些信号送入 8288 总线控制器对应输入端，8288 利用这些信号的不同组合，产生访问存储器或 I/O 的控制信号或中断响应信号。这些信号在每个总线周期 T_1 有效，而在 T_3 或 T_w 后半周期且 READY 为高电平时，则返回无效状态，表示总线周期结束。$\overline{S_2}$、$\overline{S_1}$ 和 $\overline{S_0}$ 的编码和总线周期关系如表 2-6 所示。在 DMA 方式时，它们进入浮空状态。

表 2-6 总线周期状态标志

$\overline{S_2}$	$\overline{S_1}$	$\overline{S_0}$	操作类型
0	0	0	中断响应
0	0	1	读 I/O 口
0	1	0	写 I/O 口
0	1	1	暂停
1	0	0	取指令操作码

$\overline{S_2}$	$\overline{S_1}$	$\overline{S_0}$	操作类型
1	0	1	读存储器
1	1	0	写存储器
1	1	1	无效状态

$RQ/\overline{GT_0}$、$RQ/\overline{GT_1}$：请求/允许控制信号，双向，三态，低电平有效。供外部主控设备(协处理器)用来请求获得总线控制权。首先由外部主控设备向 8088 输入请求使用总线的信号(保持信号 HOLD)，然后在同一条线上，8088 输出允许外部主控设备使用总线的回答信号(保持响应 HLDA)。两条控制线可同时接两个外部主控设备(协处理器)，但 $RQ/\overline{GT_0}$ 的优先权高于 $RQ/\overline{GT_1}$。

请求/允许控制信号工作时序如图 2-8 所示。

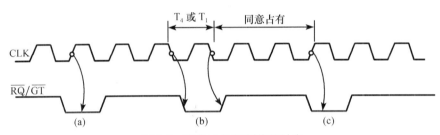

图 2-8 请求/允许控制信号时序

$\overline{LOCK}$：封锁信号，输出，三态，低电平有效，用来封锁外部主控设备请求。当 8088 的 $\overline{LOCK}$ 信号为低电平时，外部主控设备不能占用总线。这个信号是用指令在程序中设置的，如果一条指令加上前缀指令 LOCK，则 8088 执行这条指令时，$\overline{LOCK}$ 引脚为低电平，并保持到指令结束，防止这条指令执行过程中被打断。在 DMA 工作方式时，$\overline{LOCK}$ 为浮空状态。

QS_1、QS_0：指令队列状态，输出，高电平有效。QS_1 和 QS_0 的不同编码状态，反映了 CPU 内部当前的指令队列状态，如表 2-7 所示，以便外部主控设备对 8088 进行跟踪。

表 2-7 指令队列状态

QS_1	QS_0	意义
0	0	无操作
0	1	取指令队列中第一操作码
1	0	队列空
1	1	取指令队列中后续字节

4) 电源和地线

电源线 V_{CC} 接入的电压为+5V±10%。8088/8086 有两根地线 GND，均接地。

2. 8086 CPU 引线功能

8086 与 8088 引线仅有以下几点区别：

（1）8086 共有 16 条地址/数据引脚 $AD_{15} \sim AD_0$。8086 的数据总线是 16 位宽，16 条引脚是地址与数据分时复用；而 8088 只有 $AD_7 \sim AD_0$ 分时复用。

（2）8086 的第 34 脚为 $\overline{BHE} / S_7$（8088 为 $\overline{SS_0}$），它是高 8 位数据总线的允许和状态信息复用引脚。$\overline{BHE}$ 可以看作一根附加的地址总线，用来访问存储器的高字节，而 A_0 用来访问存储器的低字节。所以 $\overline{BHE}$ 通常作为接在高 8 位数据总线上设备的片选信号，而 A_0 作为接在低 8 位数据总线上设备的片选信号。$\overline{BHE}$ 和 A_0 的状态与数据总线传送的数据关系如表 2-8 所示。

表 2-8　$\overline{BHE}$、A_0 编码和数据传送状态

$\overline{BHE}$	A_0	数据传送状态
0	0	传送 16 位 $D_{15} \sim D_0$
0	1	传送高 8 位 $D_{15} \sim D_8$
1	0	传送低 8 位 $D_7 \sim D_0$
1	1	无操作

在总线周期的 T_1 期间 $\overline{BHE}$ 输出有效信息，而在 T_2、T_3、T_w 和 T_4 期间，这条引脚用来输出 S_7 状态信息。S_7 低电平有效。在 DMA 工作方式时它为浮空状态。

（3）8086 的第 28 引线为 $M / \overline{IO}$，存储器/输入输出信号，输出，三态。当 $M / \overline{IO} = 1$ 时，表示访问存储器；当 $M / \overline{IO} = 0$ 时，访问 I/O 端口。它和 8088 第 28 引线（$\overline{M} / IO$）意义相反。

2.4.2　CPU 的工作时序

1. 指令周期、总线周期、时钟周期

前面已经提到，由指令集合而成的程序放在内存中，CPU 从内存中将指令逐条读出并执行。将 CPU 完整地执行一条指令所用的时间称作一个**指令周期**。在后面的章节中可以看到，有的指令很简单，执行时间就比较短，而有的指令很复杂，执行的时间就比较长，但都称为一个指令周期，只是时间长短不同。

如果再细分，一个指令周期还可以分成若干个总线周期，即一条指令是由若干个总线周期来完成的。什么是总线周期呢？CPU 通过其系统总线对存储器或接口进行一次访问所需的时间称为一个**总线周期**。这里主要是指 CPU 将一字节写入一个内存单元或写入一个接口地址，或 CPU 由内存或接口读出一字节到 CPU 的时间，均为一个总线周期。

在正常情况下，一个总线周期由 4 个时钟周期 T 来完成，称为 T_1、T_2、T_3 和 T_4 状态。**时钟周期**就是加在 CPU 芯片引线 CLK 上的时钟信号的周期，也称为 **T 状态**。基本的总线周期与时钟周期 T 的关系如图 2-9 所示。

可以看到，一条指令由若干个总线周期来完成，而一个总线周期又由 4 个（一般情况下）时钟周期来实现，从而建立了指令周期、总线周期和时钟周期的关系。

时钟周期是 CLK 中两个时钟脉冲上升沿之间持续的时间，它是 CPU 最小时间单位，通常称为一个 T 状态。例如，IBM PC/XT 中 8088 的时钟频率为 4.77MHz，则一个时钟周期为 210ns。

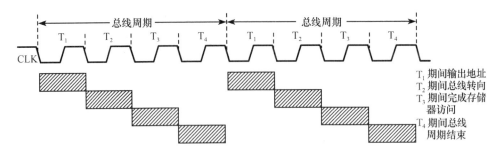

图 2-9　基本的总线周期与时钟周期

2. 学习 CPU 时序的目的

从微机的应用角度，学习 CPU 的时序十分重要。

(1)学习时序有利于深入了解指令的执行过程。

(2)学习时序有利于在编写程序时选用适当指令，以减小指令的存储空间和缩短指令的执行时间。

(3)当 CPU 与存储器或 I/O 端口连接时，要考虑如何正确实现时序上的配合。

(4)当微机用于实时控制时，必须估计或计算 CPU 完成操作所需要的时间，以便与控制过程相配合。

3. 8086/8088 典型时序分析

1) 8086 存储器读时序

图 2-10 是 8086 单 CPU 存储器读总线周期时序图。在 T_1 时钟周期开始，首先用 M/$\overline{\text{IO}}$ 信号指出 CPU 是访问内存还是 I/O 端口。若是从存储器读数据，则 M/$\overline{\text{IO}}$ 为高；如果是从 I/O 端口读数据，则 M/$\overline{\text{IO}}$ 为低。M/$\overline{\text{IO}}$ 信号的有效电平一直保持到整个总线周期结束。

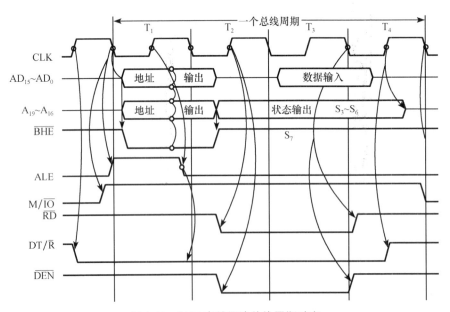

图 2-10　8086 存储器读总线周期时序

在 T_1 开始 BIU 把访问存储器(或 I/O 口)的物理地址 $A_{19}/S_6 \sim A_{16}/S_3$ 及 $AD_{15} \sim AD_0$ 连同 $\overline{BHE}$ 送至总线上。即从 T_1 开始，地址信息通过这些引脚送到存储器或 I/O 端口。

地址信息必须被锁存起来，这样才能把总线周期的其他状态往这些引脚上传送数据和状态信息。为实现对地址锁存，CPU 在 T_1 状态从 ALE 引脚上输出一个正脉冲作为地址锁存信号。在 ALE 的下降沿到来之前，M/$\overline{IO}$ 信号、地址信号均已有效。8282 锁存器是用 ALE 的下降沿对地址进行锁存。

$\overline{BHE}$ 信号也在 T_1 状态通过 $\overline{BHE}/S_7$ 引脚送出，它用来表示高 8 位数据总线上的信息可以使用。$\overline{BHE}$ 作为奇地址存储体的选择信号，配合地址信号来实现存储单元寻址，这是因为奇地址存储体中的信息是通过高 8 位数据线传输的。而偶地址存储体的选择信号就是用最低位地址 A_0。

系统中常常接有数据总线收发器 8286，要用到 DT/$\overline{R}$ 和 $\overline{DEN}$ 作为控制信号，在 T_1 状态，DT/$\overline{R}$ 端输出低电平，表示本总线周期为读周期，即让数据总线收发器 8286 接收数据。

在 T_2 状态，地址信号消失，此时，$AD_{15} \sim AD_0$ 进入高阻状态，以便为读入数据作准备；而 $A_{19}/S_6 \sim A_{16}/S_3$ 及 $\overline{BHE}/S_7$ 引脚上输出状态信息 $S_7 \sim S_3$。

$\overline{DEN}$ 信号在 T_2 状态变为低电平，在系统中接有 8286 总线收发器时，获得数据允许信号。

$\overline{RD}$ 信号在 T_2 状态变为低电平，被地址信号选中的内存单元(或 I/O 口)，才被 $\overline{RD}$ 信号从中读出数据，将其送到数据总线上。

在 T_3 状态，将内存单元的数据或 I/O 口送到数据总线上，CPU 通过 $AD_{15} \sim AD_0$ 接收数据。

在 T_4 状态和前一个状态交界下降沿处，CPU 对数据总线采样，从而获得数据。

2)8086 存储器写时序

图 2-11 为 8086 存储器写时序。写总线周期和读总线周期的时序类似，主要不同的是在 T_2 前半周期开始 $\overline{WR}$ 输出低电平，在 T_3 周期结束才变为高电平，而在读周期中 $\overline{RD}$ 在 T_2 的后半周期才变为低电平。DT/$\overline{R}$ 在整个写总线周期都输出高电平。

3)8088 访问存储器时序

8088 与 8086 总线周期的时序非常相似，参见图 2-12，主要区别在于：

（1）8088 数据总线是 8 位的，所以只有 $AD_7 \sim AD_0$ 是地址/数据复用线，而 $A_{15} \sim A_8$ 是 8 根地址线。

（2）8088 没有 $\overline{BHE}$ 信号。

4)8086/8088 访问输入输出端口的时序

8086/8088 访问外设的时序与 CPU 访问存储器的时序类似，两者唯一区别是：8086 区分存储器和 I/O 端口的引脚是 M/$\overline{IO}$，而 8088 是 IO/$\overline{M}$，二者刚好相反。

5)中断响应周期

当外部设备通过 CPU 的 INTR 引脚输入 1 个高电平，向 CPU 提出中断请求，且 CPU 允许中断时，CPU 在当前指令执行完后就响应中断，进入中断响应时序。

中断响应时序中有两个连续的中断响应周期，如图 2-13 所示。在第一个中断响应周期，CPU 输出 $\overline{INTA}$ 负脉冲，表示 CPU 响应外设中断请求，并用以撤销外设提出的 INTR 信号。在第二个中断响应周期，CPU 又输出 $\overline{INTA}$ 负脉冲，通知外设向数据线上送 1 字节中断向量码，CPU 读入中断向量码后，自动从中断向量表中取出与该中断向量码所对应的中断服务程序入口地址并转入中断服务程序。

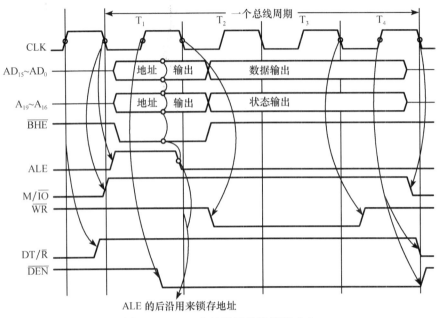

ALE 的后沿用来锁存地址

图 2-11　8086 存储器写总线周期时序

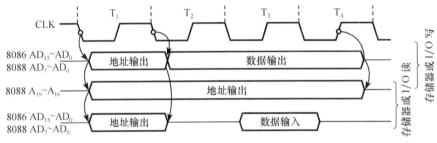

图 2-12　8088 与 8086 总线周期比较

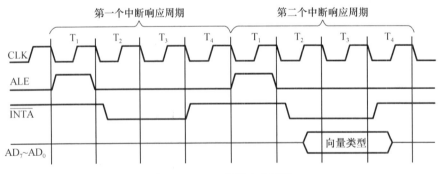

图 2-13　8088 中断响应周期

6) 8086/8088 等待（WAIT）状态时序

当存储慢速设备（存储器或 I/O 设备）的数据时，必须插入等待状态来延长总线周期，这个任务由 READY 信号来实现。当被访问对象的数据传输速度与 CPU 存取数据的速度匹配时，则 READY 线处于高电平；只有当被访问对象的数据传输速度慢于 CPU 的存取速度时，READY 信号才在 T_2 结束的下降沿之前，变为低电平。CPU 在 T_3 的上升沿采样 READY 线。若 READY 为低电平，则自动插入 1 个 T_w 状态；若 READY 为高电平，则不插入 T_w 状态，并在 T_3 结束进入 T_4。当插入 T_w 时，在每个 T_w 状态的上升沿继续采样 READY 线，若仍为低电平，则继续插入一个 T_w，直到采样到高电平为止，才结束等待状态进入 T_4 状态，结束总线周期，其时序如图 2-14 所示。

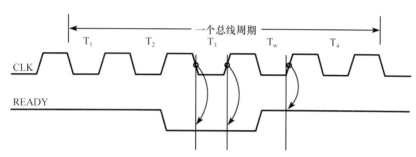

图 2-14　READY 信号插入 T_w 状态示意图

7) 8086/8088 总线空闲周期

只有当 CPU 和存储器、I/O 端口之间传送数据时，CPU 才执行总线周期。CPU 在不执行总线周期时，BIU 就不和总线打交道，此时进入总线空闲周期。

总线空闲周期中，状态信号 $S_6 \sim S_3$ 和前一个总线周期(可能为读周期，也可能为写周期)一样。如果前一个总线周期是写周期，在空闲周期中，地址/数据复用脚上还会继续有驱动前一个总线周期的数据 $D_{15} \sim D_0$。如果前面一个总线周期是读周期，则 $AD_{15} \sim AD_0$ 在空闲周期中处于高阻态。

在空闲周期中，尽管 CPU 对总线进行空操作，但在 CPU 内部，仍然进行着有效的操作。例如，执行某个运算，在寄存器之间传输数据等。实际上，这些动作都是在执行部件 EU 中进行的。所以总线空操作是总线接口部件 BIU 对执行部件的等待。

2.5　总线的形成与标准

2.5.1　总线概述

广义地说，总线就是连接两个以上数字系统元器件的信息通路。从这个意义上讲，微型计算机系统中使用的芯片内部、元器件之间、插件板卡间乃至系统到外设、系统到系统间的连线均可理解为总线。总线按传送信号性质的不同可分为地址总线、数据总线和控制总线。根据所处位置不同，总线可分为片内总线、片间总线、内总线和外总线，如图 2-15 所示。

1) 片内总线(host bus)

集成电路芯片内部各功能元件之间的连接，是 CPU 芯片内各功能单元电路之间传输信息和进行连接用的总线，有单总线和多总线之分。

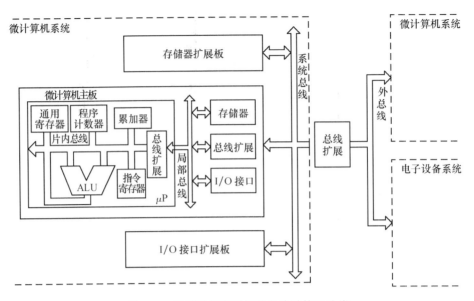

图 2-15 微型计算机系统的总线结构及分类

2)片间总线

也称元件级总线、**片总线**或局部总线,是微型计算机主板上实现 CPU 与各组成芯片间传输信息和进行连接的总线。元件级总线介于 CPU 片内总线和系统总线之间,一侧直接面向片内总线,另一侧面向系统总线,分别由桥接电路连接。由于元件级总线离 CPU 片内总线更近,因此外部设备通过它与 CPU 之间的数据传输速率将大大加快。

3)内总线

也称**系统总线**,是微型计算机系统内部的插件板(卡)与插件板间,即各模块之间传输信息和进行连接的总线,各模块分时共享总线。不同的机器系统可有自己的系统总线。

4)外总线

也称**通信总线**或接口标准,是微型计算机系统相互之间,或微机系统和其他电子系统之间实现通信与连接的总线。这种总线不是微机系统所特有的,而往往是采用电子工业已有的总线标准,如 RS-232C、IEEE-488、USB、IEEE1394、VXI 等总线。

2.5.2 常用总线支持芯片

8086/8088 CPU 必须加上必要的支持芯片,如时钟电路、地址锁存器、总线驱动器以及存储器和 I/O 接口电路及基本外围设备,才能形成系统及通信总线,构成完整的微型计算机系统。为了更好地说明总线的形成,介绍几种常用的总线支持集成电路芯片。为了更好地进行微型计算机的工程应用,记住或理解一些必要的芯片是十分有益的。

1. 8284 时钟发生器

8086/8088 CPU 内部没有时钟发生器。8284 是 Intel 公司专门为 8086/8088 系统设计配套的单片时钟发生器。它能为 CPU 提供时钟、准备就绪(READY)、复位(RESET)信号,还可向外提供晶体振荡信号(OSC)、外围芯片所需时钟 PCLK 等其他信号。

8284 引脚及内部结构如图 2-16 所示，采用 18 个引线(PIN)、双列直插封装(DIP)。

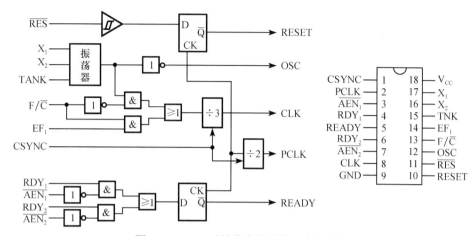

图 2-16　8284 时钟发生器引脚及内部结构

CLK：输出，系统时钟，频率为晶体频率或外接输入端 EF1 信号频率的 1/3。

$F/\overline{C}$：输入，频率/晶振选择。$F/\overline{C}=0$，选择 CLK 为晶体产生；$F/\overline{C}=1$，CLK 由外接输入频率产生。

X_1、X_2：晶体输入，直接接晶体的两个引线，晶体的频率(14.318MHz)为 CPU 所需时钟频率的 3 倍(4.77MHz)。

PCLK：输出，外部设备时钟。频率约为 CLK 的 1/2。

EF_1：外接输入频率。

$\overline{AEN_1}$、$\overline{AEN_2}$：输入，地址允许信号，其状态分别控制 RDY_1 和 RDY_2。

RDY_1、RDY_2：输入，总线准备好信号。若系统总线上某个设备已收到数据或已准备好数据，则该设备可使 RDY_1 或 RDY_2 有效。

READY：输出，准备好信号，由 RDY_1 或 RDY_2 形成。高电平表示已准备好，低电平时，使 CPU 产生等待周期。

$\overline{RES}$：输入，外部复位信号。

CSYNC：输入，实现多片 8284 相位相同的时钟信号。

一般情况下，8284 与 8086/8088 CPU 的连接如图 2-17 所示。

2. 8282/8283 8 位三态输出锁存器

8086/8088 的 $AD_{15}\sim AD_0/AD_7\sim AD_0$ 既作为低 16 位/8 位地址线，又作为 16 位/8 位数据线，为了把地址信息分离出来保存，为外接存储器或外设提供 16 位/8 位地址信息，一般需外加三态锁存器，并由 CPU 产生的地址锁存允许信号 ALE 的下跳边将地址信息锁存入 8282/8283 锁存器中。

8282 引脚及真值表如图 2-18 所示。采用 20 个引线(PIN)、双列直插封装(DIP)。

STB：输入，选通信号，高电平有效。当 STB 为高电平时，输出 $DO_7\sim DO_0$ 随输入 $DI_7\sim DI_0$ 而变，即起传输作用；当 STB 由高电平变到低电平时，将输入数据锁存。

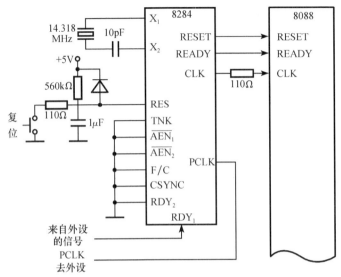

图 2-17　8284 与 8088 连接的一种方案

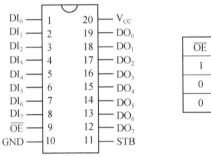

OE	STB	输出
1	X	高阻
0	1	$DO_i=DI_i$
0	⤓	锁存

8282 真值表

图 2-18　8282 三态锁存器及真值表

$\overline{OE}$：输出允许，低电平有效。$\overline{OE}$ 低电平时，将被锁存的信号输出；$\overline{OE}$ 高电平时，8282/8283 输出呈高阻状态。在系统中，$\overline{OE}$ 接地，保证总是允许输出状态。

8282 接入系统中如图 2-19 所示。8283 的功能与 8282 完全相同，仅是输入输出反相。

3. 8286/8287 并行双向总线驱动器

8 位并行双向总线驱动器用来将数据总线上的数据接收到 CPU 或把 CPU 的数据发送到数据总线上，另一方面用以增加数据总线的负载能力。

8286 引线及内部结构如图 2-20 所示，采用 20 引线(PIN)、双列直插封装(DIP)。下面简单介绍控制信号 $\overline{OE}$、T 的作用。

T：输入，传输方问控制端。T 高电平时，数据由 A→B(发送)；T 低电平时，数据由 B→A(接收)。

$\overline{OE}$：输出，允许输出端。$\overline{OE}$ 低电平时，允许输出；$\overline{OE}$ 高电平时，输出呈高阻状态。

8286 接入微机系统如图 2-21 所示。8287 功能与 8286 完全相同，仅是输入输出相反。

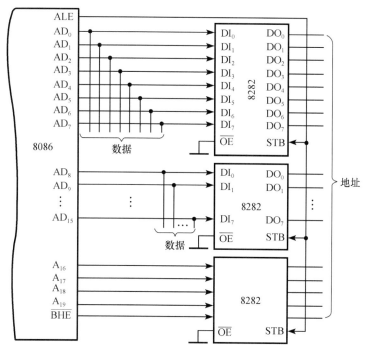

图 2-19　8282 锁存器和 8086 的连接

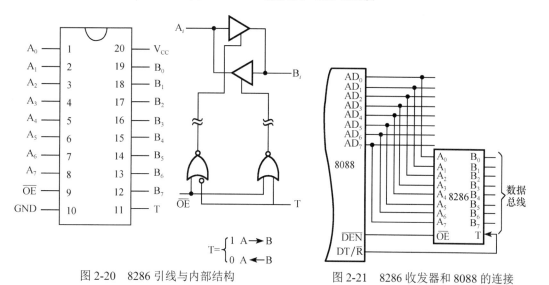

$$T=\begin{cases}1 & A \to B \\ 0 & A \leftarrow B\end{cases}$$

图 2-20　8286 引线与内部结构

图 2-21　8286 收发器和 8088 的连接

4. 8288 总线控制器

8288 总线控制器是专门为 8086/8088 微处理器构成多 CPU 模式(最大模式)而设计的,用以提供有关的总线命令并具有较强的驱动能力, 使整个系统性能大大提高。

图 2-22 是 8288 引线及与 CPU 连接的两组输入信号和输出信号。下面对这两组信号作简要介绍。

$\overline{S_2}$、$\overline{S_1}$、$\overline{S_0}$:输入,状态译码信号。8288 通过对这些状态译码,产生相应总线命令信号和输出控制信号。

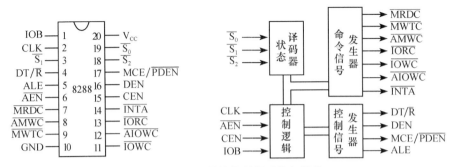

图 2-22 8288 总线控制器引线与结构

CLK：输入，时钟信号。通常接 8284 CLK 端。

$\overline{\text{AEN}}$：输入，地址允许信号。

CEN：输入，命令允许信号。

IOB：输入，总线方式输入控制信号。IOB 低电平时，8288 工作于系统总线方式；IOB 高电平时，工作于 I/O 总线方式。

$\overline{\text{AIOWC}}$：输出，超前 I/O 写命令信号。在总线周期中提早由 AIOWC 发出一个 I/O 写命令，以便较早地通知 I/O 设备执行的是写命令。

$\overline{\text{AMWC}}$：输出，超前存储器写命令。

$\overline{\text{IOWC}}$：输出，I/O 写命令。通知 I/O 外设读取数据总线上的数据。

$\overline{\text{IORC}}$：输出，I/O 读命令。通知 I/O 外设将数据放于数据总线上。

$\overline{\text{MWTC}}$：输出，存储器写命令。

$\overline{\text{MRDC}}$：输出，存储器读命令。

MCE/$\overline{\text{PDEN}}$：输出，具有双功能。当 IOB 为低电平时，MCE 高电平有效。在中断控制器级联工作时，MCE 用于从主中断控制器读出级联地址送到级联总线上。当 IOB 为高电平时，用于控制外设数据，控制 I/O 总线上的数据收发器，此时 PDEN 低电平有效。

$\overline{\text{INTA}}$、DT/$\overline{\text{R}}$、ALE 及 DEN 与 8086/8088 CPU 相应引线类似。

2.5.3 8088 最小模式下系统总线的形成

8088 CPU 上有 MN/$\overline{\text{MX}}$ 输入引线，用以决定 8088 CPU 工作在哪种工作模式之下。当 MN/$\overline{\text{MX}}=1$ 时，8088 CPU 工作在最小模式之下。此时，构成的微型机中只包括一个 8088 CPU，且系统总线由 CPU 的引线形成，微型机所用的芯片少。当 MN/$\overline{\text{MX}}=0$ 时，8088 CPU 工作在最大模式之下。在此模式下，构成的微型计算机中除了有 8088 CPU 之外，还可以接另外的 CPU（如 8087），构成**多微处理器系统**。这时的系统总线要由 8088 CPU 的引线和总线控制器（8288）共同形成，以构成更大规模的系统。

8088 最小模式下系统总线形成如图 2-23 所示。

由图 2-23 可知，在最小模式下，20 条地址线用 3 片 8282（或 3 片 74LS373）锁存器形成。双向数据总线用一片 8286（或 74LS245）形成。控制总线信号由 8088 CPU 提供。这样就实现了最小模式下的系统总线。相关说明如下：

(1) 系统总线的控制信号是 8088 CPU 直接产生的。若 8088 CPU 驱动能力不够，可以加上 74LS244 进行驱动。

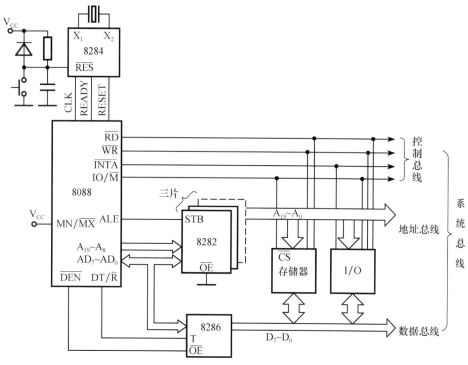

图 2-23　8088 最小模式下系统总线的形成

（2）在目前形成的系统总线上不能进行 DMA 传送，因为未对系统总线形成（8282、8286）进行进一步控制。

2.5.4　8088 最大模式下系统总线的形成

当 $MN/\overline{MX}$ 低电平时，8088 CPU 工作在最大模式之下。此时，除引线 24～34 外，其他引线与最小模式完全相同。如图 2-7，括号内的信号就是最大模式下重新定义的信号。

S_2、S_1、S_0：最大模式下由 8088 CPU 经三态门输出的状态信号。如果这些状态信号加到 Intel 的总线控制器（8288）上，可以产生系统总线所需要的各种控制信号。

为了实现最大模式，需使用总线控制器 8288 形成系统总线的一些控制信号。最大模式下系统总线形成如图 2-24 所示。

如前所述，当系统总线形成之后，构成微型计算机的内存及各种接口就可以直接与系统总线相连接，从而构成所需的微型计算机系统。

图 2-24 中，8282 和 8286 可以分别用 74LS373 和 74LS245 代替。在这里，同样没有考虑在系统总线上实现 DMA 传送。有关 DMA 传送的内容将在后面章节中说明。

2.5.5　8086 系统总线的形成

前面介绍了 8088 系统总线的形成。现在再就 8086 系统总线的形成作简要说明，两者只有很少的差异。对于 8086，最大模式下的系统总线的形成如图 2-25 所示。

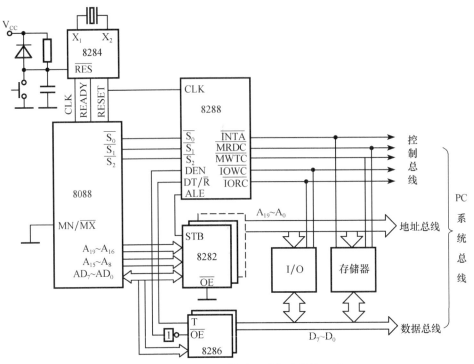

图 2-24 8088 最大模式下系统总线的形成

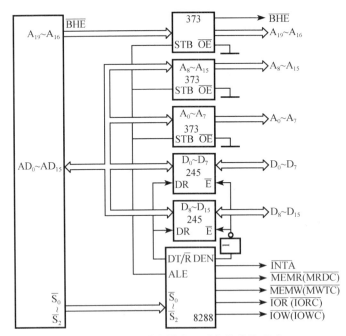

图 2-25 8086 最大模式下系统总线的形成

由图 2-25 可知，它与 8088 最大模式下系统总线形成的不同主要有三个方面：一是地址锁存器上要锁存 $\overline{BHE}$ 信号；二是 $A_8 \sim A_{15}$ 必须进行锁存；三是数据总线是 16 位的，必须用两片 74LS245(或其他类似器件)进行驱动，同时对两片驱动器的 DR 和 $\overline{\text{E}}$ 控制端进行控制，实现数据的双向传送。

2.5.6 总线标准

总线标准是指芯片之间、插件板之间及系统之间，通过总线进行连接和传输信息时，应遵守的一些协议与规范，包括硬件和软件两个方面，如总线工作时钟频率、总线信号线定义、总线系统结构、总线仲裁机构与配置机构、电气规范、机械规范和实施总线协议的驱动与管理程序。有时说的总线实际上是指总线标准，不同的标准形成了不同类型和同一类型不同版本的总线标准。

为了方便微机系统的扩展及各厂家产品的互换或互连，国际上根据微机的发展制定了许多总线标准。到目前，系统总线(内总线)标准和通信总线(外总线)标准各有百种之多，针对不同应用领域，有多种民用机内总线标准、工业机内总线标准和军用级总线标准。下面介绍系统总线、局部总线与通信总线中的一些常用标准。

1. 系统总线

由图 2-15 可知，系统总线将微型计算机的各个部件连接起来。CPU 与微机内部各部件的通信是依靠系统总线来完成的。因此，系统总线的吞吐量(或称带宽)对微型机的性能产生直接的影响。自微型机出现以来，许多人致力于系统总线的研究，并先后制定出大量的系统总线标准。这里，首先以 8088 CPU 为核心，介绍一种简单的系统总线是如何形成的，然后介绍其他系统总线。

系统总线有专用系统总线和标准系统总线。系统总线的性能直接影响计算机的性能。自计算机发明，尤其是微型机诞生以来，系统总线的标准已超过百种。常见的系统总线标准举例如下。

1)PC 总线

PC 总线是 PC 机中采用的系统总线标准，适用于 8 位数据的传送。最大通信速率为 5MB/s。它有 62 根引线，插槽引线如图 2-26(a)所示，可以插入符合 PC 总线的各种扩展板，以扩展微机的功能。

PC 总线实际上是 8088 CPU 核心电路总线的扩充和重新驱动，所以它和最大模式下的 8088 引线有许多相似之处，但也有其特点，例如，PC 总线上不再具有三态信号线，数据总线和地址总线不再分时使用等。

2)ISA 总线

ISA(industry standard architecture)是 16 位工业标准总线，向上兼容 PC/XT 总线，在 PC/XT 总线 62 个插座信号的基础上，再扩充另一个 36 个信号的插座构成 ISA 总线。ISA 总线包括 24 条地址线、16 条数据线、控制总线(内存读写、接口读写、中断请求、中断响应、DMA 请求、DMA 响应等)，±5V、±12V 电源、地线等。ISA 总线新增加了 8 条数据线、4 条地址线、7 个中断请求、4 个 DMA 请求、4 个 DMA 响应等信号，数据传输率最高为 8MB/s，可寻址 16MB 内存。

为了和 PC 总线兼容，在 PC 总线的基础上，ISA 总线延伸出一段插槽，如图 2-27 所示。

(a) PC 总线

B 信号	B	A	A 信号
GND	1	1	$\overline{\text{I/O CH CK}}$(I)
(O)RESET DRV	2	2	D_7(I/O)
+5Vdc	3	3	D_6(I/O)
(I) IRQ$_2$	4	4	D_5(I/O)
−5Vdc	5	5	D_4(I/O)
(I) DRQ$_2$	6	6	D_3(I/O)
−12Vdc	7	7	D_2(I/O)
RESERVED	8	8	D_1(I/O)
+12Vdc	9	9	D_0(I/O)
$\overline{\text{GND}}$	10	10	I/O CH RDY (I)
(I/O)$\overline{\text{MEMW}}$	11	11	AEN (O)
(I/O)$\overline{\text{MEMR}}$	12	12	A_{19}(O)
(I/O)$\overline{\text{IOW}}$	13	13	A_{18}(O)
(I/O)$\overline{\text{IOR}}$	14	14	A_{17}(O)
(O) $\overline{\text{DACK}_3}$	15	15	A_{16}(O)
(I) DRQ$_3$	16	16	A_{15}(O)
(O) $\overline{\text{DACK}_1}$	17	17	A_{14}(O)
(I) DRQ$_1$	18	18	A_{13}(O)
(O) $\overline{\text{DACK}_0}$	19	19	A_{12}(O)
(O)CLK	20	20	A_{11}(O)
(I) IRQ$_7$	21	21	A_{10}(O)
(I) IRQ$_6$	22	22	A_9(O)
(I) IRQ$_5$	23	23	A_8(O)
(I) IRQ$_4$	24	24	A_7(O)
(I) IRQ$_3$	25	25	A_6(O)
(O) $\overline{\text{DACK}_2}$	26	26	A_5(O)
(O)T/C	27	27	A_4(O)
(O)ALE	28	28	A_3(O)
+5Vdc	29	29	A_2(O)
(O)OSC	30	30	A_1(O)
GND	31	31	A_0(O)

(a) PC 总线

(b) ISA 总线与 PC 总线兼容部分

B 信号	B	A	A 信号
GND	1	1	$\overline{\text{I/O CH CK}}$ (I)
(O)RESET DRV	2	2	SD_7(I/O)
+5Vdc	3	3	SD_6(I/O)
(I)IRQ$_2$	4	4	SD_5(I/O)
−5Vdc	5	5	SD_4(I/O)
(I) DRQ$_2$	6	6	SD_3(I/O)
−12Vdc	7	7	SD_2(I/O)
(I) $\overline{\text{OWS}}$	8	8	SD_1(I/O)
+12Vdc	9	9	SD_0(I/O)
$\overline{\text{GND}}$	10	10	I/O CH RDY (I)
(I/O)$\overline{\text{SMEMW}}$	11	11	AEN (O)
(I/O)$\overline{\text{SMEMR}}$	12	12	SA_{19}(O)
(I/O)$\overline{\text{IOW}}$	13	13	SA_{18}(O)
(I/O)$\overline{\text{IOR}}$	14	14	SA_{17}(O)
(O) $\overline{\text{DACK}_3}$	15	15	SA_{16}(O)
(I) DRQ$_3$	16	16	SA_{15}(O)
(O) $\overline{\text{DACK}_1}$	17	17	SA_{14}(O)
(I) DRQ$_1$	18	18	SA_{13}(O)
(O)$\overline{\text{REFRESH}}$	19	19	SA_{12}(O)
(O) CLK	20	20	SA_{11}(O)
(I) IRQ$_7$	21	21	SA_{10}(O)
(I) IRQ$_6$	22	22	SA_9(O)
(I) IRQ$_5$	23	23	SA_8(O)
(I) IRQ$_4$	24	24	SA_7(O)
(I) IRQ$_3$	25	25	SA_6(O)
(O) $\overline{\text{DACK}_2}$	26	26	SA_5(O)
(O) T/C	27	27	SA_4(O)
(O) BALE	28	28	SA_3(O)
+5Vdc	29	29	SA_2(O)
(O)OSC	30	30	SA_1(O)
GND	31	31	SA_0(O)

(b) ISA 总线与 PC 总线兼容部分

图 2-26　PC 总线及 ISA 总线兼容部分

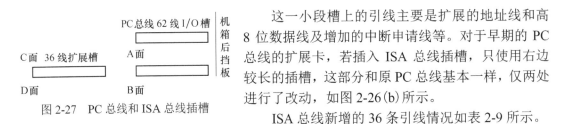

图 2-27　PC 总线和 ISA 总线插槽

这一小段槽上的引线主要是扩展的地址线和高 8 位数据线及增加的中断申请线等。对于早期的 PC 总线的扩展卡，若插入 ISA 总线插槽，只使用右边较长的插槽，这部分和原 PC 总线基本一样，仅两处进行了改动，如图 2-26(b)所示。

ISA 总线新增的 36 条引线情况如表 2-9 所示。

表 2-9　ISA 总线后 36 个信号排列

引线	名称	引线	名称
C1	$\overline{\text{SBHE}}$	C10	$\overline{\text{MEMW}}$
C2	LA_{23}	C11	SD_8
C3	LA_{22}	C12	SD_9
C4	LA_{21}	C13	SD_{10}
C5	LA_{20}	C14	SD_{11}
C6	LA_{19}	C15	SD_{12}
C7	LA_{18}	C16	SD_{13}
C8	LA_{17}	C17	SD_{14}
C9	$\overline{\text{MEMR}}$	C18	SD_{15}

引线	名称	引线	名称
D1	MEMCS16	D10	$\overline{DACK_5}$
D2	I/OCS16	D11	DRQ_5
D3	IRQ_{10}	D12	$\overline{DACK_6}$
D4	IRQ_{11}	D13	DRQ_6
D5	IRQ_{12}	D14	$\overline{DACK_7}$
D6	IRQ_{13}	D15	DRQ_7
D7	IRQ_{14}	D16	+5V
D8	$\overline{DACK_0}$	D17	$\overline{MASTER}$
D9	DRQ_0	D18	GND

3）EISA 总线

EISA（extension industry standard architecture）是在 ISA 总线的基础上发展起来的 32 位总线。该总线定义 32 位地址线、32 位数据线，以及其他控制信号线、电源线、地线等共 196 个节点。总线传输速率达 33MB/s。

为了保持与 ISA 标准兼容，EISA 总线槽的物理尺寸与 ISA 相同。EISA 采用了纵向加深方法，针脚分为两层，上层为 ISA 兼容结构，连接脚的信号定义与 ISA 完全相同，使得 ISA 扩展卡很方便地用在 EISA 系统中；下层用于扩展方式，包含全部新增的 EISA 信号，这些信号在横向位置上错开 ISA 信号，在下层某些地方设置几个卡键（称为 POSITION STOP 定位器），用来阻止 ISA 扩展卡滑入深处的 EISA，而 EISA 扩展卡在 POSITION STOP 相对位置有一个称为 ACCESS NOTCH 的缺口，使 EISA 扩展卡不受定位器阻挡而能插入层深处，使槽中的上下两排针完全与卡上的两排引脚相接触，保持了扩展性。

2. 局部总线

1）PCI 总线

外围部件互连总线 PCI（peripheral component interconnect），是 1992 年以 Intel 公司为首的集团设计的一种先进的高性能局部总线。PCI 支持突发读写和并发工作方式，并支持多个主控设备，主要特点如下：

（1）PCI 总线标准支持的数据线为 32 位，可扩充到 64 位。即在 32 位总线的系统中，可以设计为 32 位总线，传送数据的最高速度为 133MB/s。在 64 位总线的系统中，允许扩充设计成 64 位总线，传送数据的最高速度为 264MB/s。通用的 PCI 卡既可以在 32 位总线的系统上工作，也可以在 64 位总线的系统上工作。

（2）PCI 总线与 CPU 异步工作，总线的工作频率固定为 33MHz，与 CPU 的工作频率无关，可适合各种不同类型和频率的 CPU。因此，PCI 总线不受处理器的限制，不仅可用于台式机，也可用于便携机、服务器和一些工作站中。

（3）支持多主控设备。支持并发工作，即 PCI 总线上的外设可与 CPU 并发工作。还支持无限读写突发方式，也就是一次寻址后，就将周围的单元同时选通，周围的数据无须进一步寻址就可以直接传输，并且突发的长度可以是任意长度。这样在一次突发周期只要寻址一次就可以传送一个数据块，这种方式特别适用于图形显示等要求高速数据传输的应用场合。

（4）PCI 支持 3.3V 电压操作，可延长便携机中电池寿命，也可缩小零件尺寸，减少零件数目，节省线路板空间。

(5) 具有**即插即用**(plug-and-play) 功能。PCI 总线的规范保证了自动配置的实现，用户在安装扩展卡时，无须用手工调整跨接线、DIP 开关或系统中断。PCI 部件内置有配置寄存器，一旦 PCI 插卡插入 PCI 槽，系统 BIOS 将根据读到的关于该扩展卡的信息，结合系统实际情况自动为插卡分配存储地址、端口地址、中断和某些定时信息，从根本上免除人工操作。

(6) PCI 独立于处理器的结构形成一种独特的中间缓冲器设计，将中央处理器子系统与外围设备分开，用户可随意增设多种外围设备。

在 PCI 总线体系结构中，关键技术是 PCI 总线控制器，或称 PCI 桥，将中央处理器子系统与外围设备分开，使 CPU 脱离了对 I/O 的直接控制。CPU 与 PCI 总线上的设备交换信息时，是通过 PCI 总线控制器传输的，PCI 总线控制器成为中央处理器及高速外围设备的一道桥梁。例如，CPU 要访问 PCI 总线上的设备，它可以把一批数据快速写入 PCI 缓冲器中，缓冲器中的数据写入 PCI 总线上的外设过程中，CPU 可以去执行其他的操作，使 PCI 总线上的外设与 CPU 并发工作，从而提高了整体性能。一般情况下，在 CPU 总线上增添更多的设备或部件，会降低性能和可靠性。但通过缓冲器设计，用户可随意增设多种外围设备。PCI 总线支持无限突发读写方式，它和 Pentium 的突发方式相似。**突发读写**方式是指一次寻址后，就将周围的单元同时选通，而不必再在附近区域重新寻址，也即周围的数据无须进一步寻址就可以直接传输。这样一次突发周期只要寻址一次就可以传送一个数据块，大大加快了数据传输速度。这种方式是建立在页操作模式和多体交替操作模式基础上的一种寻址方式。突发的长度可以是任意长度，由始发设备和目标设备商定。每次突发传送由以下两个阶段组成：

(1) 地址阶段。

地址总线上发出目标设备的端口地址，同时，C/#BE0～C/#BE3 发出操作类型码，指明本次操作是何种类型的操作。由于这些线均为复用线，故目标设备必须将上述信息进行锁存，以进行地址和命令译码。被选中的目标设备必须输出一个用于该操作目的的应答信号。如果始发设备在预定的时间内没有发现这个信号就中止该次操作。

(2) 数据阶段。

数据阶段是指在始发设备和目标设备之间传送数据的一段时间。由于是突发传送方式，在这一阶段，可连续传送一个数据块，此时地址锁存器中的地址并没有变化，C/#BE0～C/#BE3 信号切换为字节使能信号，指明各字节的存储地址或通路；PCI 总线为始发设备和目标设备都定义了表示就绪的信号线，如果未准备就绪则在该数据阶段扩展一个时钟周期。整个突发方式传送的持续期成帧信号(#FRAME)来标识。这个信号由始发设备地址阶段开始处发出，保持到最后一个数据阶段。始发设备通过取消这个信号来指明突发传送的最后一次数据传输正在进行之中，接着发出就绪信号，表示已准备好最后一次数据传输。当最后一次数据传输完成后，始发设备取消就绪信号，使 PCI 总线回到空闲状态。

2) PCIE

2001 年春季，在 IDF(intel developers forum) 上 Intel 公司宣布采用新的技术取代 PCI 总线和多种芯片的内部连接，即第三代 I/O 总线技术(3rd generation I/O，3GIO)。2001 年底，Intel、AMD、DELL、IBM 等 20 多家业界主导公司加入 PCI-SIG，开始起草 3GIO 规范的草案，2002 年草案完成，并把 3GIO 正式命名为 PCI-Express，简称 PCIE。

PCIE(PCI-Express) 自从发布以来，被视为适用于更高带宽条件的新型 I/O 接口协议，以取代原有的 PCI 接口，可以作为具有丰富功能的新式图形框架，大幅提高了 CPU 和图形处理器(GPU)之间的带宽。下面简要介绍 PCIE 的特性。

（1）PCI-Express 的串行连接。

相对于以前总线的共享并行架构来说，PCI-Express 采用点对点的串行连接(serial interface)技术，支持每个设备的独享带宽。PCI-Express 连接是一种单双单工连接，4 线，其中 2 线用于发送信号，2 线用于接收信号，易于提高数据的传输速度。

并行总线可以通过提高传输的数据量来提高性能，主流的有 32bit 和服务器的 64bit 的传输。理论上可以通过更多的并行数据来进一步提高传输速度，但是在针脚、接头、线缆、布线等方面随着速度的提高很难解决同步的问题。这样就限制了并行总线速度的进一步提高。PCI-Express 的串行总线则没有上述的问题，只需要两条线路就可以组成一个电路。2002年第一代 PCI-Express 可以提供 2.5Gbit/s 的单向连接传输速率，2004 年提高到 5Gbit/s。理论上可以达到 10Gbit/s 的速度。

（2）PCI-Express 的 8bit/10bit 编码。

PCI-Express 串行连接内嵌时钟技术(8bit/10bit 模式)，时钟信号被直接植入数据流中，而不是作为独立信号存在。8bit/10bit 编码每个字符占据 10bit，比并行连接多出 20%。相较于并行总线要额外传输保持同步的时钟信号来说，更能节省传输的通道和提高传输效率。串行连接大大减少电缆间的信号干扰和电磁干扰，并且屏蔽良好，缠绕方式降低了电容值，能耗小、干扰低、路线稳定、传输的距离更远。

（3）数据的分层分包协议和处理。

PCI-Express 采用分层协议的数据通信，分为 3 个协议层：处理层(transaction)、数据链接层(data link)和物理层(physical)，数据从一个设备传输到另外一个设备时，每个设备都会被看成一个协议栈(protocol stack)。数据包在一个处理层的发送端的高层上生成，每传输到一个低层就增加一些信号。然后通过物理层传输到接收设备，被程序接收。

在发送端，数据先在处理层被分成数据包，然后传输到下一层数据链接层和物理层。每一层都在原有的数据上加入新的信息，最后通过物理层传输到接收端设备的协议栈中。在接收端，接收的信息通过物理层→数据链接层→处理层合成数据包。其中，处理层负责合成和分解处理级的数据包，同时控制连接结构以及信号，利用有效的数据防止终端到终端的通信错误。这样，合法的数据从发送端传输到整个 PCI-Express 架构，然后达到接收端。数据链接层确保点对点传输的正确无误，由于采用了 ACK/NACK 协议技术，能进行错误监测并加以校正。

（4）PCI-Express 的分类和带宽。

PCI-Express 有 x1/x2/x3/x4/x16 等不同的格式，对应不同的带宽，以适用于不同需要。例如，PCI-Express x1 有一个通道，一个通道有两条数据传输通道，单向最大带宽为 250MB/s，双向最大带宽为 500MB/s。PCI-Express 的分类与带宽如表 2-10 所示。

表 2-10　PCIE 的分类与带宽

PCI-Express 类型	单向带宽	双向带宽
PCI-Express x1	250MB/s	500MB/s
PCI-Express x2	500MB/s	1000MB/s
PCI-Express x4	1000MB/s	2000MB/s
PCI-Express x8	2000MB/s	4000MB/s
PCI-Express x12	3000MB/s	6000MB/s
PCI-Express x16	4000MB/s	8000MB/s

3. 通信总线

前面提到，通信总线也称外总线或接口标准，是微型计算机系统相互之间，或微机系统与其他电子系统之间实现通信与连接的总线。一般是采用电子工业已有的总线标准，如串行总线(或串行接口)RS-232C、RS-422、RS-423、RS-485、USB、IEEE1394 等；并行总线(或并行接口)IEEE-488 等；可编程并行接口芯片 8255A 等。这里简单介绍一下 USB、IEEE1394，其余将在后面章节详细介绍。

1) USB 通用串行总线

USB(universal serial bus)是由 DEC、IBM、Intel、Microsoft 以及 NEC 等 7 家高技术企业制定的串行接口总线标准。多媒体计算机刚问世时，外接式设备的传输接口各不相同，如打印机只能接 LPT port、调制解调器只能接 RS-232、鼠标键盘只能接 PS/2 等。繁杂的接口系统，加上必须安装驱动程序并重启才能使用的限制，都会造成用户的困扰。因此，创造出一个统一且支持易插拔的外接式传输接口，便成为无可避免的趋势。而利用 USB 则可以把这些不同的接口统一起来。从 1994 年 11 月 11 日发表了 USB v0.7 版本以后，USB 版本经过了多年的发展，已经发展为 3.1 版本，成为 21 世纪计算机中的标准扩展接口。2016 年主板中主要是采用 USB 2.0 和 USB 3.0 接口，各 USB 版本间能很好地兼容。USB 用一个 4 针(USB 3.0 标准为 9 针)插头作为标准插头，采用菊花链形式可以把所有的外设连接起来，最多可以连接 127 个外部设备，并且不会损失带宽。USB 接口的版本及相关参数如表 2-11 所示，其中最新一代的 USB 3.1，传输速度为 10Gbit/s，三段式电压 5V/12V/20V，最大供电 100W，另外除了旧有的 Type-A、B 接口之外，新型 USB Type-C 接头不再分正反。

表 2-11 USB 接口的版本分类与参数

USB 版本	理论最大传输速率	速率称号	最大输出电流
USB 1.0	1.5Mbit/s(192KB/s)	低速(low-speed)	5V/500mA
USB 1.1	12Mbit/s(1.5MB/s)	全速(full-speed)	5V/500mA
USB 2.0	480Mbit/s(60MB/s)	高速(high-speed)	5V/500mA
USB 3.0	5Gbit/s(500MB/s)	超高速(super-speed)	5V/900mA
USB 3.1 Gen 2	10Gbit/s(1280MB/s)	超高速+(super-speed+)	20V/5A

2) IEEE1394 高性能串行总线

IEEE1394 是 Apple 公司于 1993 年首先提出，用以取代 SCSI 的高速串行总线"Fire Wire"，后经 IEEE 于 1995 年 12 月正式接纳成为一个工业标准，全称为 IEEE1394 高性能串行总线标准(IEEE1394 high performance serial bus standard)。IEEE1394 总线有如下特征：

(1)遵从 IEEE1212 控制和状态寄存器结构标准。

(2)总线传输类型包括块读写和单个 4 字节读/写。传输方式有同步(等时)和异步两种。

(3)自动地址分配，支持即插即用功能与热插拔。

(4)采用公平仲裁和优先级相结合的总线访问，保证所有节点有机会使用总线。

(5)提供两种环境，即电缆环境和底板环境，使其拓扑结构非常灵活。

(6)支持多种数据传输速率，如从 400Mbit/s、800Mbit/s、1600Mbit/s 直到 3.2Gbit/s。

(7)两个设备之间最多可相连 16 个电缆单位，每个电缆单位的单距可达 4.5m，这样最多可用电缆连接相距 72m 的设备。IEEE1394 总线上可接 63 个设备。

(8) IEEE1394 标准的接口信号线采用 6 芯电缆和 6 针插头,其中 4 根信号线组成两对双绞线传送信号,两根电源线向被连设备提供电源,为 1500mA 的电源。

3) IEEE1394 和 USB 的比较

(1) 目前 IEEE1394 的传输速度为 100～400Mbit/s,因此它可连接高速设备如 DVD 播放机、数码相机、硬盘等;而 USB 受到 12Mbit/s 传输速度限制,只能连接低速的键盘、软驱、电话等设备。目前 USB 2.0 的速度理论上已可达 480Mbit/s。

(2) IEEE1394 的拓扑结构中,不需要集线器(Hub)就可连接 63 台设备,并且可以由桥(Bridge)再将一些功能独立的子模块连接起来。IEEE1394 并不强制一定要用 PC 机控制这些设备,即这些设备可以独立工作。而在 USB 的拓扑结构中,必须通过 Hub 来实现多层连接,每个 Hub 有 7 个连接头,USB 整个系统中最多可连接 127 台机器,而且一定要有 USB 主机的存在,作为总线主控。

(3) IEEE1394 在其外部设备增减时,会自动重新配置,其中包括系统短暂的等待状态;而 USB 则以 Hub 来判明其连接设备的增减,因此可以减少 USB 系统动态重设的状况。

(4) USB 和 IEEE1394 在功能和设计思想方面有许多相似的地方,主要是它们的传输速率不同。性能上 USB 有很多方面不如 IEEE1394,但由于 USB 有着比 IEEE1394 更大的价格优势,所以,在一段时间内 USB 将与 IEEE1394 共存,分别占据低速和高速外设应用领域。

目前对简单的、速度不高的通信总线用一般集成电路便可实现,对于复杂的、速率高的则一般用专用芯片来实现。对于 USB 或 IEEE1394 有多个厂家提供的多种专用芯片可选用,也可以利用 FPGA 或 CPLD 来实现它们的接口。

2.6 Intel 微处理器发展介绍

从 1978 年 Intel 公司设计开发的 8086 一直发展到 80X86/Core I,在基本结构上采用**向下兼容**的方法,即新开发出的微处理器与前期微处理器兼容,这一设计思想获得巨大成功,致使其成为当今世界上最具代表性的主流机型,广泛应用于桌面计算机中。而针对移动应用、嵌入式应用等,也出现了各种新型微处理器,如 PowerPC、ARM、GPU、DSP 等,更多的各种处理器的特点可参见扩展阅读,本章主要对 Intel 微处理器的发展进行介绍。

总的来说,从 8086 到 80X86/Core I 微处理器,内部各结构单元均采用并行处理技术,即微处理器内部多个处理单元可分别进行同步、独立并行操作,以实现高效流水线工作,避免串行处理,最大限度地发挥处理器性能。但新的芯片较前一期的芯片,在内部核心和基本原理不变的基础上,结构和功能得到改进与增强。

扩展阅读

2.6.1 Intel 80X86

1. 80286

图 2-28 为 80286 内部结构,它有 16 根数据线、24 根地址线,内部结构由四部分组成:执行单元 EU、地址单元 AU、总线单元 BU 和指令单元 IU。286 采用流水线工作方式,并行操作,速度比 8086 快 5 倍。更重要的是,80286 能支持两种工作模式,即**实地址模式**和

保护地址（虚地址）模式，而 8086/8088 仅有实地址工作模式。

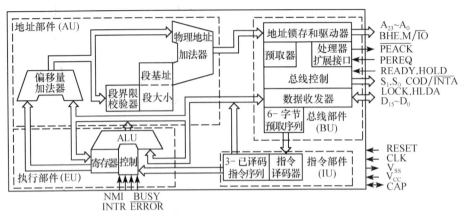

图 2-28　80286 微处理器内部结构示意图

当 80286 工作在实地址模式时，和 8086 的工作模式完全一样，产生 20 位物理地址（使用 24 位地址中的低 20 位 $A_{19} \sim A_0$），寻址能力为 1MB，其两种地址（即逻辑地址与物理地址）的含义也与 8086 一样。当 80286 工作在保护模式下时，能够支持多任务，处理器提供了虚拟内存管理和多任务的硬件控制，可在各个任务间来回快速切换处理。在保护方式下 80286 可产生 24 位物理地址，使用到 16MB 内存，并产生 1024MB（1GB）虚拟内存，暂不立即执行的程序和数据先移到虚拟内存中，当要执行虚拟内存中的程序或读取其中数据时，再将其转入内存中。

2.　80386

图 2-29 为 80386 内部结构，其内部、外部的数据总线均为 32 位，地址总线也是 32 位，直接寻址能力达 4GB，虚地址保护模式下虚拟内存可达 64TB（太字节）。

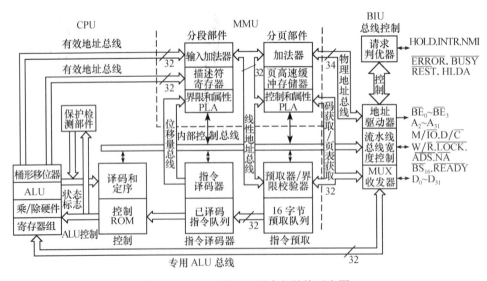

图 2-29　80386 微处理器内部结构示意图

80386 处理器结构比 8086/8088、80286 复杂，有较多的并行处理单元，增强了 80386 性能。依其职能共有六个处理单元：总线单元、指令预取单元、译码单元、执行单元、分段单元、分页单元。

1）总线单元

总线单元是 80386 通往外部世界的接口。总线接口提供了 32 位数据总线、32 位地址总线以及一些传送控制信号的控制总线。与 80286 一样采取多路分解方法实现 8 位、16 位和 32 位数据传送，80386 有独立的引脚用于地址总线和数据总线。地址和数据的多路分解不但改进了性能而且简化了硬件设计。80386 在硬件结构上将数据总线扩大为 32 位，使其性能与 8086 和 80286 相比有较大的改进。

总线单元负责完成所有外部总线操作，包括用于地址总线的锁存器和驱动器，用于数据总线的收发器和产生有关信号的控制逻辑。这些信号在总线周期里发到存储器、输入输出或形成中断响应。从图 2-29 我们看到，在数据访问时，存储地址来源于分页单元；在代码访问时，存储地址由指令预提取单元提供。

2）指令预取单元

指令预取单元实现指令流队列机制，该队列使 80386 可以预取 16 字节的指令代码。某些时候队列中不是满的，总要空出 4 字节或更多字节。与此同时，执行单元没有要求从存储器读出或写入操作数据，则指令预取单元向总线接口单元提供地址，并发出信号预取下一批指令。预先提取的指令保存在 FIFO（先进先出）队列中供指令译码器使用。在队列输入端的字节按 FIFO 规则自动地向输出端移动。具有 32 位数据总线的 80386 在一个存取周期里可提取 4 字节的指令代码。通过预取机制，大多数指令的提取时间被隐藏起来。假如指令预取单元中队列是满的，而且执行单元也不要求存储器提供操作数，则总线接口单元不需要完成总线周期。因此这个时间总线不活动，造成两个总线周期中间的空闲状态。

指令预取单元优先于总线活动，但最高优先权属于执行单元的操作数访问。然而，当执行单元要求从存储器或 I/O（输入输出）读出或写入操作数时，如果总线单元已经处理指令代码的提取，则要让指令提取先完成，再开始操作数据读/写周期。

3）译码单元

从图 2-29 中我们看到，译码单元接受指令预取单元的指令队列的输出，读进机器代码指令并将其译码为微代码指令形式供执行单元使用。执行单元负责卸载译码的指令。80386 的指令单元内，指令队列允许有三条指令被译码以供执行单元使用。这又一次改进了微处理器的性能。

4）执行单元

执行单元内包含算术/逻辑单元（ALU）、80386 寄存器、专用乘法/除法器和移位硬件，还有控制 ROM（只读存储器）。这里寄存器系 80386 的通用寄存器，如 EAX、EBX 和 ECX。控制 ROM 内包含微代码序列，它们是完成 80386 的机器代码指令的微程序。执行单元从指令队列中读出已译码的指令并实现其操作。ALU 可以实现指令所要求的算术、逻辑和移位操作。当指令执行时，如果对于需要段和页单元产生操作数据的地址，并由总线接口单元完成读或写周期，从存储器或 I/O 设备中存取操作数，应用一些硬件来完成乘法、除法、移位和循环移位等操作，使得指令要用这些操作时其性能大大改善。

5）分段和分页单元

分段和分页单元为 80386 提供了存储器管理和保护服务。它们负责地址产生、地址转换和对总线接口单元的段检查，因此，进一步提高了 CPU 的性能。80386 存储器管理的分段模型是用硬件来完成高速地址计算，从逻辑到线性地址的转换和保护性检查。例如，在实模式下，执行单元要求分段单元将代码段(CS)寄存器的内容加上指令指针(IP)中的数值，得到下一批要提取的指令地址，这是一个 20 位的物理地址输出到地址总线，最后到达总线单元。

在保护模式下，分段单元要完成逻辑地址至线性地址的转换并在总线周期内完成多种保护性检查。段寄存器是 6 字×64 位的缓存器，用于保存当前的 80386 的描述符。

分页单元实现 80386 存储器管理的保护模式下分页模型。它具有转换后备缓冲器，用于存放近期使用的页目录和页表。当分页工作被允许时，分段单元产生的线性地址被分页单元当作输入。分页单元把线性地址转换成存储器和 I/O 能接受的物理地址，并输入总线接口单元。

80386 提供了三种工作模式即实地址模式、保护模式、虚拟 86 模式(虚拟 86 模式在本质上也属于保护模式)，其地址种类也有三种，即逻辑地址、线性地址和物理地址。

3. 80486

图 2-30 为 80486 内部结构。80486 是 Intel 公司推出的新型 32 位处理器。

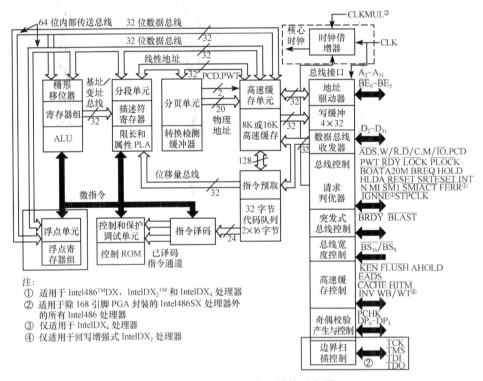

图 2-30 80486 CPU 内部结构示意图

与 80386 相比，80486 的软、硬件体系结构更为先进，它将浮点数学协处理器与代码、数据高速缓存集成在芯片上，这两个重要的改进使微机运行速度大大提高。而 80386 微处理器系列虽然也支持数学协处理器和高速缓存，但这两部分电路是外接的。

80486 虽然在寻址方式、存储管理、数据类型等方面与 80386 相比没有什么新的改变，但在相同主频下其处理速度比 80386 快 2～4 倍，因此人们称它为超级 32 位 CPU。

80486 不但与 8086、80286、80386 保持了二进制兼容，具有 80386 的全部特点，还有如下一些新的特点。

(1)80486 CPU 的设计采用了某些 RISC(精简指令集)技术。

(2)在 80486 内部集成有浮点运算部件 FPU。

(3)采用了片内高速缓存技术。

(4)具有新的内部总线结构。

(5)80486 的时钟采用了倍频技术。

2.6.2　Pentium 系列

1. Pentium

1993 年 Intel 公司推出新一代名为 Pentium 的微处理器。Pentium 是希腊字 Pente(意思是 5)演变来的，该处理器按原来代号顺序排列应取名为 80586，但为了取得商标注册，防止其他公司的兼容产品再以相同的名称命名，Intel 公司按照美国有关法律将这种新一代微处理器取名为 Pentium，并注册专有。

Pentium 处理器采用了全新的设计，它有 64 位数据线和 32 位地址线，与 80486 相比内部结构也作了很大改进，但是依然保持了和 8086、8088、80286、80386、80486 的二进制兼容性，在相同的工作模式上可以执行所有的 80X86 程序。片内存储管理单元(MMU)也与 386、486 兼容，可以在实地址模式引导下转入保护模式和虚拟 86 模式，其指令集包括 80486 的所有指令，并增加了新的指令。

由图 2-31 可见，Pentium 处理器主要由执行单元、指令 Cache、数据 Cache、指令预取单元、指令译码单元、地址转换与管理单元、总线单元以及控制器等组成，其中核心是执行单元，它的任务是高速完成各种算术和逻辑运算，其内部包括两个整数算术逻辑运算单元(ALU)和一个浮点运算器，分别用来执行整数和实数的各种运算。为了提高效率，它们都集成了几十个数据寄存器用来临时存放一些中间结果。

除执行单元外，其他的单元都可认为是一些控制单元。其中主要包括指令预取单元、指令译码单元、地址转换与管理单元(及时形成各种指令需要使用的数据所存放的地址，有效地使用存储器系统)以及总线单元。

总线单元为 Pentium 提供了与周围其他硬件环境的接口，例如，从指令预取单元接收预取指令的请求，从执行单元接收传送数据的请求等。当有多个单元同时发出请求时，总线单元将进行协调，努力为所有请求及时服务。总线单元的基本任务是使 Pentium 能有效使用计算机中的总线。

Pentium 处理器除了具有与 80X86 系列微处理器完全兼容的特点以外，在 CPU 的结构体系上，还有如下一些新的特点：

(1)Pentium 片内高速缓存采用分离式结构。

即 Cache 分为两个成组相连 8KB 指令 Cache 和 8KB 数据 Cache，这种将片内高速缓存分开的做法使各自 Cache 能够加快速度，减少等待时间以及减少搬移数据的次数和时间，从而提高了整体性能。

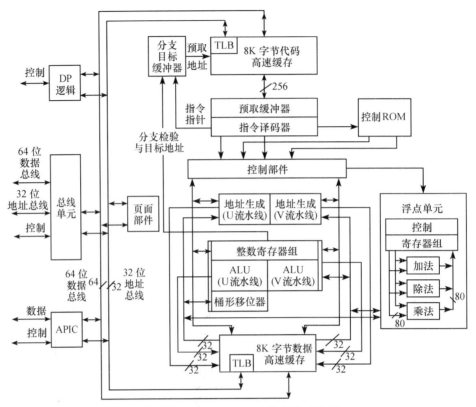

图 2-31　Pentium 处理器内部结构示意图

（2）Pentium 采用 RISC 技术。

　　Pentium 虽然属于 CISC（复杂指令集）处理器，但在执行单元的设计中采用了较多的 RISC 技术，如 Pentium 具有超标量指令流水线功能。超标量指令流水线的基本思想是 RISC 技术的重要内容之一。一个处理器中有多个指令执行单元时，Intel 称之为超标量结构。奔腾处理器有两个执行单元，这些执行单元也称为流水线，用于执行微机程序指令。每个执行单元都有自己的 ALU、地址生成电路以及数据高速缓存接口。

　　在 Pentium 处理器内设计的两条指令流水线，分别叫 U（upipeline）指令流水线与 V（vpipeline）指令流水线，它们是并行但独立的功能单元，在某些条件下可以并行执行两条指令。U 流水线负责所有整数和浮点数指令的执行，V 流水线负责简单的整数指令与 FXCH（交换寄存器内容）浮点指令的执行，每个流水线部件依次由五个执行阶段（又称为步）组成：指令预取、指令译码、地址计算、执行运算、回送结果。在最佳状况下，一个处理器时钟能执行完两条指令，其效率比 80486 的单一指令流水线提高一倍。

　　（3）Pentium 具有高性能的浮点运算部件。

　　Pentium 中的浮点运算部件完全重新设计，根据测试，Pentium 中 FPU 的速度是 486 中 FPU 的两倍，Pentium 中的浮点操作已高度流水线化，并与整数流水线相结合。

　　（4）具有分支指令预测功能。

　　在指令流水线的处理过程中，分支指令（转移指令）有相当大的破坏作用。例如，在某些指令流水线中，第 1 条指令已执行到译码阶段，而此时第 2 条指令已进入预取阶段，如果发现第 1 条指令是分支指令（即需要跳转到程序的某一行），则第 2 条要执行的指令就被迫取消执行，并把分支目的地址处的指令装入流水线，如此将使整个指令流水线混乱或停滞，而大多数程序是每 6 到 10 条指令就有一条分支指令，所以如何处理分支指令就成为高速流水线执行单元的重要问题。

在 Pentium 处理器中设立了能预测分支指令的分支目标缓冲器(branch target buffer，BTB)，如果预测到无分支指令，则预取将继续按顺序执行；如果预测到分支指令，则可在分支指令进入指令流水线之前，根据预测预取指令(BTB)记住分支目的地址，并允许分支发生前预取新指令，从而不致使指令流水线陷于混乱或停滞。

(5) 数据总线位宽增加。

Pentium 处理器内部数据总线与 80486 一样都是 32 位，但处理器与内存进行数据交换的外部数据总线为 64 位，在一个总线周期内将数据传输量增加了一倍。另外 Pentium 还支持多种类型的总线周期，在突发方式下，可以在一个总线周期内读入 256B 的数据。Pentium 的 64 位数据总线与内存数据交换的速度高达 528MB/s，为 80486DX-50 的 3 倍还多。

(6) 常用指令固化。

在 Pentium 处理器中，把一些常用指令(如 MOV、INC、DEC、PUSH 等)改用硬件实现，不再使用微码进行操作，使指令的运行速度进一步加快。

(7) 系统管理模式(SMM)。

SMM 最显著的应用就是电源管理，它可以使处理器和系统外围部件在暂不工作时，休眠一定时间，然后再按下一键唤醒它们，使之继续工作。通过使用引脚的信号，SMM 甚至能完全控制整个系统，包括输入输出和 RAM。

2. Pentium Pro

Intel 公司为了保持住自己的优势，加快了新型高速、高性能芯片的开发和研制，1995年 Intel 公司宣布 Pentium Pro 产品问世，中文名字为"高能奔腾处理器"。Pentium Pro 处理器具有 36 位地址线、64 位数据线(内部供程序控制用的寄存器为 32 位)，它保持了与以前的 80X86 处理器的二进制兼容。其性能的提高，主要是由于采用了下述一些新的设计：

(1) 具有将复杂指令转为精简指令的功能，Pentium Pro 能把 X86(CISC 结构)指令分解为较简单的指令，这些被称为微操作，执行时间很短，并且比较长的 X86 指令更易用并行的方法执行，这既照顾到芯片的兼容性，又提高了运行速度。

(2) Pentium Pro 片内除了有 16KB(数据与指令各 8KB)高速缓存外，还有 256KB 二级高速缓存(二级缓存与 CPU 共置于 387 针双腔 PGA 陶瓷封装内)，并有高速总线与 CPU 紧密相连，因而能够极大地提高程序运行速度，而 Pentium 的二级高速缓存不在芯片上，而是在片外电路中。

(3) 具有最新的指令动态执行技术，包括增强型的分支预测，能向 CPU 核心提供多条指令，这些指令放在图 2-32 所示的指令池中，它采用调度/执行单元和指令释放单元代替传统的指令执行单元。这样指令可以不完全按照顺序执行，但执行结果仍按原有顺序产生。例如，一条正在执行的指令因等待操作数未能执行完，它能从指令池中找出其他的指令并执行，这称为随机执行法。利用数据分流分析方法可找出最佳指令执行顺序，指令不必按照程序为它规定的顺序执行，只要执行条件具备就可以执行。对多分支程序，它可以通过多分支预测技术对程序不同的分支进行预测，按预测结果调整指令执行顺序，这样使指令执行效率更高。

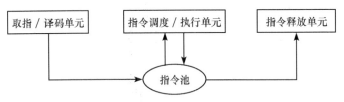

图 2-32　Pentium Pro 指令执行示意图

(4)具有三路超标量结构，因而并行执行指令的能力超过 Pentium，而 Pentium 只有二路超标量结构。

3. Pentium MMX

1997 年 1 月与高能产品类似的具有 MMX 技术的奔腾处理器(Pentium processor with MMX)、在多媒体和通信处理方面具有很高性能的处理器称多能奔腾，在内部结构上作了很多改进。首先，指令中增加了一组 MMX 指令及相关数据类型，含 57 条指令和 4 种新型 64 位数据类型。在指令执行顺序中增加了称为读取级的流水线，并通过改变动态分支预测能力进一步提高其性能。其次片内一级 Cache 代码与数据增加到 16KB，并由两路组相关联方式变为四路组相关联方式，用于提高存储器写操作性能的写缓冲区由原来两个增加到四个，致使 Pentium MMX 性能有很大提高。

4. Pentium II

Pentium II 是在 Pentium Pro 中加入 MMX 技术，所以它汇集了 Pentium Pro 及 Pentium MMX 的全部优点，已成为 1998～1999 年的主流 CPU。

5. Pentium III

1999 年 2 月 Intel 正式公布 Pentium III 处理器，其主要特点是：
(1)CPU 主频为 450MHz、500MHz 和 550MHz。
(2)100MHz 系统总线、Pentium Pro 总线技术。
(3)双重独立总线，动态执行。
(4)32KB 一级 Cache，512KB 二级 Cache。
(5)新增 70 条 SSE 指令。
(6)处理器系列号。

Pentium III 源于 Pentium II，它针对网络功能进行了优化，致使网络世界一改过去单调的平面影像效果，变得更加生动有趣；给用户更丰富的图像、音乐及 3D 动画，使互联网变得更加生动，更加人性化；使语言输入达到更高识别率。例如，使用 Photoshop 5.0 处理图像时，可提高图形处理速度 64%；在视频压缩工作时，可提高速度 41%；三维动画游戏可提高速度 74%。

Pentium III 多媒体功能也大大提高，主要新增 70 条 SSE(streaming SIMD extensions)指令(又称 MMX-2)。该 70 条 SSE 指令分成三组：8 条连续内存数据流优化处理指令，通过采用新的数据预取技术，减少 CPU 处理连续数据流的中间环节，大大提高 CPU 处理连续数据流的效率。50 条单指令多数据(SIMD)浮点运算指令，每条指令一次可处理多组浮点运算数据，原来指令每次只能处理一对浮点运算数据，现可以处理 4 对(32 位浮点)数据，除此之外，还增加了 8 个 128 位浮点寄存器，与新的 SIMD 指令相配合，进一步提高浮点运算速度。12 条多媒体指令，采用改进算法，进一步提高视频处理、图片处理质量。

Pentium Ⅲ 处理器序列号，为每个处理器分配一个独一无二的 128 位 ID 号，这个 ID 号被称为处理器序列号，它可以用来对采用该处理器的 PC 机进行识别，特别在网上浏览时，序列号有可能被某些人或网站所获得，从而暴露 Pentium Ⅲ 拥有者的秘密。为确保金融、政界和军事领域情报的安全，建议这些领域慎用。

6. P4 处理器

2001 年，Intel 发布了全新的 P4 处理器，是为提供卓越的图像和声音性能而专门设计的，主要特性有：

(1)主频从 1.3GHz 到 2.2GHz(2.2GHz 的 P4 处理器于 2002 年 1 月发布)。

(2)Intel® NetBurst™ 微体系结构，这一新平台和新技术使处理器得以高速运行。

(3)总线速度 400MHz。

(4)SIMD 流技术扩展(SSE2)，144 条全新软件指令有助于增强三维、音频和视频性能。

(5)20 个流水线，增强了处理器性能，并能够提高处理器主频。

(6)具有快速执行引擎，以两倍于核心处理器主频的速度执行整数指令，从而提供更优的应用性能。

(7)增强的浮点/多媒体性能，增强的浮点性能有助于提高三维游戏、成像和内容创建时的响应能力。

2.6.3　Core 2 系列

Core 2(中译酷睿 2)是 Intel 推出的第八代 X86 架构处理器，它采用全新的 Intel Core 架构，取代由 2000 年起各 Intel 处理器采用的 NetBurst 架构。Core 2 也同时标志着奔腾(Pentium，由 1993 年沿用至今)品牌的终结，也代表着 Intel 移动处理器及桌面处理器两个品牌的重新整合。和其他基于 NetBurst 的处理器不同，Core 2 不会仅注重处理器时钟频率的提升，它同时就其他处理器的特色，如高速缓存数量、核心数量等进行优化。

Core 2 系列处理器的主要技术特点如下：

(1)多路动态执行，每时钟周期可传递更多的指令，从而节省执行时间并提高能效。Intel 智能功效管理，旨在为笔记本电脑提供更高的节能效果及更卓越的电池使用效率。

(2)智能内存访问，通过优化可用数据带宽的使用率来提高系统性能。

(3)高级智能高速缓存，提供更高的性能以及更有效的缓存子系统。已针对多核处理器和双核处理器作了优化。

(4)高级数字多媒体增强技术，扩大应用范围，包括视频、语音和图像、照片处理、加密、金融、工程和科学等应用领域。

Intel 酷睿 2 处理器能够为政府应用提供效果显著的效能提升，通过跨平台的解决方案，在台式机、笔记本电脑、工作站配置上全方位地提升政府应用的水平。另外，通过配备 Intel 酷睿 2 处理器的博锐处理器技术和迅驰专业处理器技术，能够为台式机和笔记本电脑提供主动安全防护和易维护的管理功能，充分保障政府应用的安全性、有效提升 IT 管理的效率。

2.6.4 Core i 系列

1. 第一代

2008 年 11 月，Intel 发布了新一代处理器 Core i7，与 Core 2 不同，Core i7 采用的是全新 Nehalem 架构，虽然是新架构，但 Nehalem 还建立在 Core 微架构（CoreMicroarchitecture）的基础上，通过大幅增强改进而来，外加增添了超线程（HT）、三级 Cache、TLB 和分支预测的等级化、集成内存控制器（IMC）、QPI 总线和支持 DDR3 等技术。比起从 Pentium 4 的 NetBurst 架构到 Core 微架构的较大变化来说，从 Core 微架构到 Nehalem 架构的基本核心部分的变化则要小一些，因为 Nehalem 还是 4 指令宽度的解码/重命名/撤销。Core i7 采用的典型技术如下。

(1) **超线程技术**。超线程技术（hyper-threading，HT），最早出现在 130nm 的 Pentium 4 上，超线程技术就是利用特殊的硬件指令，把两个逻辑内核模拟成两个物理芯片，让单个处理器都能使用线程级并行计算，进而兼容多线程操作系统和软件，减少了 CPU 的闲置时间，提高了 CPU 的运行效率。超线程技术使得 Pentium 4 单核 CPU 也拥有较出色的多任务性能，现在通过改进后的超线程技术再次回归到 Core i7 处理器上。

(2) **全新 QPI 总线**。Core i7 的 Nehalem 架构最大的改进在前端总线（FSB）上，传统的并行传输方式被彻底废弃，转而采用类似于 PCI-Express 串行点对点传输技术的通用系统接口（CSI），Intel 称之为 QuickPathInterconnect（QPI）总线技术。QuickPath 的传输速率为 6.4Gbit/s，这样一条 32bit 的 QuickPath 带宽就能达到 25.6GB/s。QuickPath 的传输速率是 FSB1333MHz 的 5 倍，前者虽然数据位宽较窄，但传输带宽仍然是后者的 2.5 倍。更高带宽的 DDR3 内存加上三通道技术的引入，FSB 的传输带宽已经完全不能满足要求，成为系统瓶颈，因此全新的 QPI 总线引入势在必行。通过 QPI 总线，可以有效地降低处理器和各个硬件之间数据传输的延迟，能有效地提高系统性能。

(3) **内存控制器＋三通道技术**。内存控制器 IMC（integrated memory controller）可以大幅提升内存性能，而且可以支持三通道的 DDR3 内存，运行在 DDR3-1333（支持 XMP 技术的内存更可运行在 1600MHz 的频率），内存位宽从 128 位提升到 192 位，这样总共的峰值带宽就可以达到 32GB/s，达到了 Core 2 的 2～4 倍。处理器采用了集成内存控制器后，它就能直接与物理存储器阵列相连接，从而在极大程度上减少了内存延迟的现象。

(4) **TurboBoost 睿频加速技术**。TurboBoost，睿频加速技术，它基于 Nehalem 架构的电源管理技术，通过分析当前 CPU 的负载情况，智能地关闭一些用不上的核心，把能源留给正在使用的核心，并使它们运行在更高的频率，进一步提升性能；相反，当程序需要多个核心时，将开启相应的核心，重新调整频率。这样，在不影响 CPU 的 TDP（热设计功耗）情况下，能把核心工作频率调得更高。

(5) **完整 SSE4 指令支持**。完整的 SSE4（streaming SIMD extensions 4，流式单指令多数据流扩展）指令集共包含 54 条指令，其中的 47 条指令已在 45nm 的 Core 2 上实现，称为 SSE4.1。SSE4.1 指令的引入，进一步增强了 CPU 在视频编码/解码、图形处理以及游戏等多媒体应用上的性能。其余的 7 条指令在 Core i7 中也得以实现了，称为 SSE4.2。SSE4.2 是对 SSE4.1 的补充，主要针对的是对 XML 文本的字符串操作、存储校验 CRC32 的处理等。

2009 年 9 月 Intel 又推出了基于 Nehalem 架构、Lynnfield 核心的 Core i7 8XX 和 Core i5 7XX 系列处理器。随后 Intel 又紧接着推出了基于 32nm 的 Westmere 微构架、Clarkdale 核心的 Core i5 6XX 和 Core i3 5XX 系列处理器以及基于 Westmere 微构架、Gulftown 核心的 Core i7 9XX 系列处理器。

2. 第二代～第七代

2011 年初开始，Intel 继续推进其 Tick-Tock 战略。每个 Tick-Tock 中的 Tick，代表着工艺的提升、晶体管变小，并在此基础上增强原有的微架构，而 Tick-Tock 中的 Tock，则在维持相同工艺的前提下，进行微架构的革新，这样在制程工艺和核心架构的两条提升道路上，总是交替进行，不断发布基于新的微构架 i7/i5/i3 系列处理器。到 2016 年为止，已发展至六代，具体信息如表 2-12 所示。

表 2-12　Intel i7/i5/i3 系列微处理器发展（以 i7 为例）

发展阶段	核心构架	特性
第二代	Sandy Bridge	1～4 颗核心； 内置双通道/四通道内存控制器（四通道仅应用于 Sandy Bridge-E）； 3～8MB 共享三级缓存； AVX（高级矢量控制）指令集； 第二代 Turbo Boost； 新增 Intel Quick Sync Video 硬件转码支持 8、整合 HD Graphics 2000/3000 显示核心； 接口变为 LGA1155
第三代	Ivy Bridge	根据需要提供额外的速度； 支持多任务处理，速度再加一倍； 在需要的时候自动增速以提供相应的性能； 通过能同时处理两项任务的每个处理器内核以智能的 8 路多任务处理轻而易举地在各应用程序之间移动； 共享视频变得更加轻而易举； 内置强大功能以及渲染效果，带来游戏出色流畅完美的体验； 完美清晰的图像效果，并支持更大尺寸的照片和图像； 核芯显卡更新为 HD4000
第四代	Haswell	接口类型改为 LGA 1150； 新架构改善了 CPU 性能、增强了超频； 将 VR（电压调节器）整合到处理器内部，降低了主板的供电设计难度，并进一步提高了供电效率； 改为配备 GT2 显示核心，EU 单元仅为 GT3 的一半：20 个； 核显支持 DirecrtX 11.1 和 OpenCL 1.2
第五代	Broadwell	采用 14nm 工艺，晶体管数量高达 19 亿个； 视频转换时速度可提升高达 50%，3D 图形性能最高提升 22%； 搭载的显卡将支持 4K 视频的硬件解码； 支持 WiDi 无线显示； 支持一些全新的人机交互模式，如 Intel 的 RealSense（3D 实感技术）
第六代	Skylake-S	14nm 工艺新架构； 处理器内部不再集成电压调节器； 同时支持 DDR4 和 DDR3L 的双通道内存； 采用 Ringbus 物理寻址方式； 采用 LGA 1151 全新接口

发展阶段	核心构架	特性
第七代	Kaby Lake	14nm+工艺新构架； 支持高达 64GB 的内存； 增强的全范围基频设置为超频提供精细控制； 允许调整内核、电源和内存等系统关键参数； HEVC 10 位编码/解码，VP9 10 位解码； 提供硬件级安全功能

思考题与习题

2.1 说明 8086/8088 中 EU 和 BIU 的主要功能，在执行过程中它们是如何协调工作的？

2.2 简述 8086/8088 指令队列作用及工作过程。

2.3 在执行指令期间，EU 能直接访问存储器吗？为什么？

2.4 8086/8088 CPU 中，供使用汇编语言的程序员使用的寄存器有哪些？

2.5 在 8086/8088 CPU 中，通用寄存器和专用寄存器有哪些？它们各自有什么作用？

2.6 8086/8088 有几位状态位？有几位控制位？各自的功能是什么？

2.7 8086/8088 CPU 使用的存储器为什么要分段？怎样分段？

2.8 什么是逻辑地址？什么是物理地址？它们之间有什么联系？

2.9 什么是段基地址？什么是偏移量？它们之间有何联系？

2.10 若 CS 为 A000H，试说明当前代码段可寻址的存储空间的范围。

2.11 设当前数据段位于存储器 B0000H 到 BFFFFH 存储单元，DS 段寄存器内容为多少？

2.12 设双字 12345678H 的起始地址是 A001H，试说明这个双字在存储器中如何存放？

2.13 在 8086 中，若(DS)=1100H，(CS)=2100H，那么：

(1)在数据段中最多可存放的数据为多少字节？首地址和末地址各为多少？

(2)代码段最大的程序可存放多少字节？首地址和末地址各为多少？

2.14 微型计算机在进行算术运算时，什么情况下会产生"进位"？什么情况下会产生"溢出"？

2.15 试求出下列运算后的各个状态标志。

(1)1278H+3469H；

(2)54E3H−27A0H；

(3)3881H+3597H；

(4)01E3H−01E3H。

2.16 8086 与 8088 CPU 主要区别有哪些？

2.17 8086/8088 系统中地址锁存器的作用是什么？主要锁存的信息是什么？

2.18 当 8088 CPU 工作在最小模式时，在形成系统总线时要用到哪些控制信号？这些控制信号是如何产生的？它们各自有何用处？

2.19 8088 CPU 工作在最小模式(单 CPU)和最大模式(多 CPU)主要特点是什么？有何区别？

2.20 8088 CPU 工作在最大模式时：

(1)S_2、S_1、S_0 可以表示 CPU 的哪些状态？

(2)CPU 的 RQ/$\overline{GT_{0/1}}$ 信号的作用是什么？

2.21 什么是时钟周期？机器周期？总线周期？什么是指令周期？

2.22 试绘制出 8086 最小模式系统访问 I/O 端口总线周期的时序图，并进行解释。

2.23 试绘制一个基本的存储器读总线周期的时序图。

2.24 什么情况下插入T_w等待周期？插入T_w多少，取决于什么因素？什么情况会出现总线空闲周期？

2.25 8088 CPU 的一个总线周期正常情况下需要几个时钟周期？地址锁存信号 ALE 在什么时刻有效？它有何作用？

2.26 在总线周期的 $T_1 \sim T_4$ 状态，CPU 分别执行什么操作？在 CPU 的读/写周期中，数据在哪个状态出现在数据总线上？

2.27 在 8088 CPU 中，READY 信号主要有什么作用？

2.28 微机总线有哪些分类？什么是微机的系统总线、局部总线？

2.29 微机的总线结构为它带来了哪些好处？

2.30 对照 PC 总线，ISA 总线主要增加了什么信号线？

2.31 简述 PCI 总线、USB 通用串行总线的特点。

2.32 IEEE1394 总线有哪些特征？试比较 IEEE1394 和 USB 的主要不同特点。

第3章 指令系统

3.1 基本概念

3.1.1 指令与指令系统

指令就是在计算机中要执行的各种操作命令。一条指令对应着一种基本操作，如进行加法、减法、数据传送等操作。

对特定的计算机而言，其所有指令的集合称为该计算机的**指令系统**。每种计算机都有其特定的指令系统。

3.1.2 CISC 和 RISC

当前的计算机指令结构分为两大类：**复杂指令集计算机**(complex instruction set computer，CISC)和**精简指令集计算机**(reduced instruction set computer，RISC)。

计算机的指令系统为了适应程序的兼容性、编程的简洁性和硬件系统功能的完善性，把以前软件可以实现的功能改为用指令来实现，使得同一系列的计算机指令系统越来越复杂，也使得指令系统的硬件实现越来越复杂。我们称这些计算机为"复杂指令集计算机"，简称 CISC。

但并不是指令系统越复杂越好，因为它会带来一系列的问题：实现困难、成本提高等。研究人员通过测试发现，各种指令的使用频率相差悬殊，最经常使用的往往是一些比较简单的指令。它们大约占指令总数的 20%，而在程序中出现的频率却可能占到 80% 左右。

因此，在传统的计算机指令系统中，选取使用频率最高的少数指令，使所有的简单指令在一个机器周期内执行完。同时采用大量的寄存器、高速缓冲存储器技术，通过优化编译程序，提高处理速度。采用这种技术实现的计算机我们称之为"精简指令集计算机"，简称 RISC。

Intel Pentium 是复杂指令集计算机(CISC)设计的代表，是 CISC 设计的优秀范例。PowerPC 是第一个 RISC 系统，是市场上基于 RISC 的功能最强大、设计最好的系统之一。

从技术发展趋势来看，CISC 和 RISC 技术呈现融合的趋势。随着芯片密度和硬件速度的提高，RISC 系统已变得更复杂。与此同时，CISC 的设计也融合了一些 RISC 的技术。

3.1.3 指令的基本格式

操作码	操作数

图 3-1　指令的基本格式

计算机能直接识别和执行的指令是用二进制编码表示的机器指令。一般情况下，一条指令包含两个字段，参见图 3-1。

(1)**操作码**(operation code)字段。操作码表示操作的性质，用来规定该指令要执行的操作，如加减法运算、数据传送。同时还指出操作数的类型、操作数的传送方向、寄存器编码或符号扩展等，是指令中不可缺少的核心字段。

（2）**操作数**（operand）字段。操作数指出指令执行的操作所需要数据的来源。在操作数字段中，可以放操作数本身，也可以放操作数地址，还可以放操作数地址的计算方法。

大多数情况下，操作数字段可有一个或多个操作数。只有一个操作数的指令称为**单操作数指令**，有两个操作数的指令称为**双操作数指令**。双操作数又分别称为**源操作数**（source）和**目的操作数**（destination，也称目标操作数）。

8086/8088 的指令格式如图 3-2 所示，指令的长度范围是 1～6 字节。其中，操作码字段为 1～2 字节（B_1、B_2），操作数字段为 0～4 字节（B_3～B_6）。每条指令的实际长度将根据指令的操作功能和操作数的形式而定。

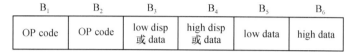

图 3-2　8086/8088 的指令格式

3.1.4　寻址与寻址方式

计算机的指令通常要指定操作数的位置，即操作数的地址信息。在执行时需要根据提供的地址信息找到需要的操作数，这种寻找操作数的过程称为**寻址**。在指令执行过程中，执行一条指令时所用到的操作数地址称为**有效地址**。

一般来说，在微型计算机中，操作数有 4 种可能的存放位置：

（1）操作数直接在指令中，即指令的操作数字段就包含着操作数本身。

（2）操作数在 CPU 的某个寄存器中。

（3）操作数在内存的数据区中，这时指令中的操作数字段包含操作数所在地址的信息。

（4）在 I/O 设备或端口中。

所谓**寻址方式**是指产生有效地址的各种方法。对于双操作数指令来讲，源操作数和目的操作数的寻址方式可能相同，也可能不同。

3.2　8086/8088 寻址方式

在不同的计算机系统中，寻址方式很多，为简便和易于理解，我们以 8086/8088 为参考机型来分析常见的寻址方式。

在 8086/8088 指令系统中，寻址可以分为两类：**操作数的寻址方式和转移地址的寻址方式**。

3.2.1　操作数的寻址方式

1. 立即寻址

指令所需操作数就在指令码中，紧跟在操作码之后，与操作码一起放在存储器的代码段区域中。这种操作数称为**立即数**。

立即数可以是 8 位或 16 位，若是 16 位，则**低字节数存放在低地址单元中，高字节数存放在高地址单元中**。

立即数可以用二进制、八进制、十进制以及十六进制来表示。在非十进制的立即数末尾需要使用字母加以标识，一般情况下十进制数不需要加标识。

【**例 3-1**】 MOV AX, 5678H

指令将立即数 5678H 传送给 AX，执行后，AL 中为 78H，AH 中为 56H。参见图 3-3。

〖**注意**〗 立即数只能作为源操作数，不能作为目的操作数。

〖**特点**〗 由于在指令执行过程中，立即数作为指令的一部分直接从 BIU 的指令序列中取出，在指令执行时不需要访问存储器，因此这种寻址方式执行速度较快。

〖**用途**〗 主要用来给寄存器或存储单元赋值。

2. 寄存器寻址

寄存器寻址方式是在指令中直接给出寄存器名，寄存器中的内容即为所需操作数。寄存器可以是 8 位寄存器，如 AH、AL、BH、BL、CH、CL、DH、DL，也可以是 16 位寄存器，如 AX、BX、CX、DX、SI、DI、SP、BP。

【**例 3-2**】 MOV DS, AX

指令将 AX 中的内容传送给 DS，执行完毕后，DS 与 AX 中的内容一样。参见图 3-4。

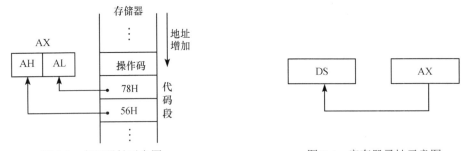

图 3-3　立即寻址示意图　　　　　　　　图 3-4　寄存器寻址示意图

〖**特点**〗 采用寄存器操作数，不但可以减少指令的长度，而且在执行指令时不需要通过访问存储器而取得操作数，因此执行速度很快。

〖**用途**〗 主要用来存取位于寄存器中的数据。

3. 存储器寻址

采用存储器寻址时，指令需要给出操作数的地址信息。在 8086/8088 指令系统中存储器操作数的地址是由两部分组成的，即此单元所在**段的基地址**和此单元与段基地址的距离——**段内偏移量**。指令的操作数字段中规定的地址就是这个存储器操作数的段内偏移量。段内偏移量又可以由几个部分组成，我们把它称为**有效地址 EA**(effective address)。

存储器操作数的有效地址 EA 的计算方法和寻址方式有着密切联系，而操作数物理地址 PA(physical address)的计算则和操作数的具体存放位置有关。

1)直接寻址

指令所需操作数在存储单元中，指令中操作数字段给出的是操作数的 16 位偏移地址 disp。这个偏移地址也是该存储单元的有效地址 EA，它与指令的操作码一起，存放在内存的代码段中，也是低 8 位在低地址单元，高 8 位在高地址单元。如果指令前面无前缀指明在哪一段，则默认操作数存放在数据段中。这时，操作数的有效地址 EA=disp，而物理地址(用 PA 表示)为

$$PA=(DS)\times10H+EA$$

【例 3-3】 `MOV AX,[2000H]`

若(DS)=1000H，则有效地址 EA=2000H，物理地址 PA=10000H+EA=12000H。此指令将数据段中物理地址为 12000H 字单元(包含 12000H、12001H 两字节单元)中的内容传送到 AX 寄存器中，执行结果(AX)=0601H。参见图 3-5。

〖注意〗

① 这种寻址方式与立即寻址不一样。从指令的汇编语言表达形式来看，在直接寻址指令中，对于表示有效地址的 16 位数，必须加上方括号。从指令的功能来看，上例指令不是将立即数 2000H 传送给 AX，而是将某内存单元的内容传送给 AX。

② 在汇编语言中，经常用符号地址来代替数值地址。

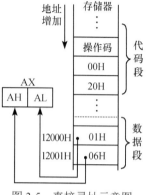

图 3-5　直接寻址示意图

【例 3-4】 `MOV AX,STRING`

其中，STRING 为存放操作数单元的符号地址。如果 STRING 代表的数值地址是 2000H，则该指令同 MOV AX,[2000H]等效。

③ 如果没有特别说明，直接寻址指令的操作数一般在内存的数据段中，即隐含的段寄存器是 DS。但是 8086/8088 也允许**段超越**，即允许使用 CS、SS 或 ES 作为段寄存器，此时需要在指令中特别标明，方法是在有关操作数的前面写上寄存器名，再加上冒号。例如，若例 3-3 中指令改用 ES 为段寄存器，则指令应表示成以下形式：

【例 3-5】 `MOV AX,ES:[2000H]`

〖特点〗　存储器寻址中最简单的一种寻址方式，EA 直接由偏移量给出。

〖用途〗　主要用于存取位于存储器中的简单变量。

2) 寄存器间接寻址

指令所需要的操作数在存储单元中，操作数的有效地址 EA 由寄存器 BX、BP、SI 和 DI 中的一个指出。如果指令中未具体用前缀指明是哪个段寄存器，则寻址时，对 BX、SI、DI 寄存器，默认操作数在数据段(DS)中；对 BP 寄存器，默认的段寄存器是 SS。此时 EA 即为 BX、BP、SI 或 DI 中的某一个的值。

如果指令中指定的寄存器是 BX、SI 或 DI，则操作数的物理地址为

$$PA=(DS)\times10H+EA=(DS)\times10H+(BX)$$

$$PA=(DS)\times10H+EA=(DS)\times10H+(SI)$$

$$PA=(DS)\times10H+EA=(DS)\times10H+(DI)$$

如果指令中指定的寄存器是 BP，则操作数的物理地址为

$$PA=(SS)\times10H+EA=(SS)\times10H+(BP)$$

【例 3-6】 `MOV AX,[BP]`

执行指令前，(SS)=1000H,(BP)=2000H，则物理地址 PA=1000H×10H+2000H=12000H。

此指令将 12000H 字存储单元的内容送给 AX，执行结果（AX）=1125H。参见图 3-6。

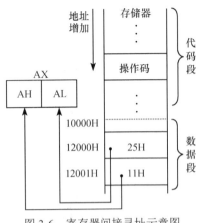

图 3-6　寄存器间接寻址示意图

〖注意〗

① 寄存器间接寻址可用的寄存器只有四个：BX、BP、SI 和 DI。

② 书写汇编语言指令时，用作间接地址的寄存器必须加上方括号，以免与一般的寄存器寻址指令混淆。

③ 无论用 BX、BP、SI 还是 DI 作为间址寄存器，都允许段超越。

【例 3-7】 MOV　DH, DS: [BP]
　　　　　 MOV　ES: [DI], DL

〖用途〗在寄存器间接寻址中，寄存器的内容如同一个地址指针。如果寄存器的内容在程序运行期间进行修改，那么使用这种寻址方式的同一指令可以对不同存储单元进行类似的操作。因此，这种寻址方式适用于对数组或表格进行处理。

3) 寄存器相对寻址

指令所需操作数在某存储单元之中，操作数的有效地址为基址寄存器(BX 或 BP)或变址寄存器(SI 或 DI)的内容加上指令操作数字段中提供的 8 位或 16 位偏移量 disp，即

$$EA = \begin{cases}(BX)\\(BP)\\(SI)\\(DI)\end{cases} + \begin{cases}8位偏移量\\16位偏移量\end{cases}$$

对于 BX、SI、DI 寄存器来说，段寄存器默认为 DS，操作数物理地址为

$$PA = (DS) \times 10H + EA$$

对于 BP 寄存器来说，段寄存器默认为 SS，操作数物理地址为

$$PA = (SS) \times 10H + EA$$

【例 3-8】 MOV　AX, [BX+1000H]

执行指令前，（DS）= 5000H，（BX）= 3000H，则源操作数有效地址 EA =（BX）+1000H = 4000H，物理地址 PA =（DS）× 10H + EA = 54000H。执行结果（AX）= 0913H。参见图 3-7。

〖注意〗

① 寄存器相对寻址中的偏移地址可用符号来表示。

【例 3-9】 设 BUFFER 为 16 位偏移量的符号地址，其值为 1000H，则 MOV AX, [BX+ BUFFER]与上例等效。

② 在汇编语言中，寄存器相对寻址指令可以表示成几种不同的形式。如下几种写法实质上代表同一条指令。

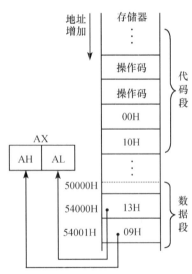

图 3-7　寄存器相对寻址示意图

【例3-10】
```
MOV  AX, BUFFER[BP]
MOV  AX, [BP]BUFFER
MOV  AX, [BP+BUFFER]
```
③ 寄存器相对寻址也可使用段超越前缀。

〖用途〗 寄存器相对寻址常常用于存取表格或一维数组中的元素。

【例3-11】 某数据表的首地址(有效地址)为TAB,如欲读取表中第10个数据(其有效地址为TAB+9),并存放到BL寄存器,则可用以下指令实现:
```
MOV  DI, 9
MOV  BL, TAB[DI]
```
4) 基址加变址寻址

指令所需操作数在存储单元中,其有效地址是一个基址寄存器和一个变址寄存器的内容之和。基址寄存器和变址寄存器在指令操作数字段中指明。如无段超越前缀,对于 BX 寄存器而言默认的段寄存器为DS,而对于 BP 寄存器则默认的段寄存器为SS。

$$有效地址EA = \begin{cases}(BX)\\(BP)\end{cases} + \begin{cases}(SI)\\(DI)\end{cases}$$

对于 BX 寄存器,操作数物理地址为

$$PA = (DS) \times 10H + EA$$

对于 BP 寄存器,操作数物理地址为

$$PA = (SS) \times 10H + EA$$

【例3-12】 MOV AX, [BX][SI]

执行指令前,(DS) = 3000H,(BX) = 0300H,(SI) = 1000H,则有效地址 EA = (BX) + (SI) = 1300H,物理地址 PA = (DS) × 10H + EA = 31300H。执行结果(AX) = 0320H。参见图3-8。

〖注意〗

① 不允许将两个基址寄存器或两个变址寄存器组合在一起寻址。

【例3-13】 如下指令是非法的:
```
MOV  AX, [BX][BP]
MOV  AX, [SI][DI]
```
② 基址加变址寻址也可使用段超越前缀。

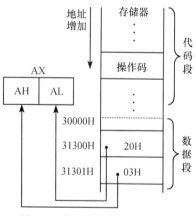

图3-8 基址加变址寻址示意图

〖用途〗 基址加变址寻址方式可用于访问数组中的元素。

5) 相对基址加变址寻址

操作数在存储单元之中,其有效地址是基址寄存器的内容与变址寄存器的内容以及指令中的8位或16位偏移量之和。如无段超越前缀,当基址寄存器使用BX时,段寄存器默认为DS;基址寄存器为BP时,段寄存器默认为SS。

$$有效地址EA = \begin{cases}(BX)\\(BP)\end{cases} + \begin{cases}(SI)\\(DI)\end{cases} + \begin{cases}8位偏移量\\16位偏移量\end{cases}$$

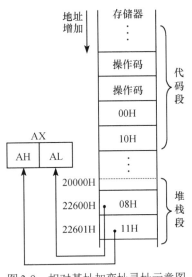

图 3-9 相对基址加变址寻址示意图

对于 BX 寄存器，操作数物理地址为

$$PA = (DS) \times 10H + EA$$

对于 BP 寄存器，操作数物理地址为

$$PA = (SS) \times 10H + EA$$

【例 3-14】 MOV AX, 1000H[BP][SI]

执行指令前，(SS) = 2000H，(BP) = 1200H，(SI) = 0400H，则有效地址 EA=(BP)+(SI)+1000H=2600H，物理地址 PA=(SS)×10H+EA=22600H。执行结果 (AX)=1108H。参见图 3-9。

〖注意〗

① 不允许将两个基址寄存器或两个变址寄存器组合在一起寻址。

② 相对基址加变址寻址也可使用段超越前缀。

③ 在汇编语言中，相对基址加变址寻址指令也可以表示成几种不同的形式。

【例 3-15】 下列几种书写方法的效果是相同的：

```
MOV   AX, TAB[SI][BX]
MOV   AX, TAB[BX][SI]
MOV   AX, [BX]TAB[SI]
MOV   AX, [BX+TAB][SI]
MOV   AX, [BX+SI+TAB]
MOV   AX, [BX+SI]TAB
```

〖用途〗 利用相对基址加变址寻址方式访问数组十分方便。

6）小结

存储器操作数可能存放在 1 个、2 个或 4 个存储单元中，此时操作数的类型分别是字节（8 位二进制数）、字（16 位二进制数）或双字（32 位二进制数）。

存储器操作数的有效地址可以在指令中用直接的方式给出（直接寻址），也可以用间接的方式给出（寄存器间接寻址、寄存器相对寻址、基址变址寻址、相对基址加变址寻址）。

为了找到存储器操作数的物理地址，还必须确定操作数所在的段，即确定有关的段寄存器。一般情况下，指令中不特别指出涉及的段寄存器，这是因为对于各种不同类型的存储器操作，8086/8088 CPU 约定了隐含的段寄存器。有的指令允许段超越，此时需要在指令中加以标明。各种存储器操作约定的隐含段寄存器、允许超越的段寄存器以及指令的有效地址所在的寄存器见表 3-1。

表 3-1 隐含及允许超越的段寄存器

存储器操作的类型	隐含的段寄存器	允许超越的段寄存器	有效地址
取指令	CS	无	IP
堆栈操作	SS	无	SP
通用数据读写	DS	CS，ES，SS	有效地址 EA
源数据串	DS	CS，ES，SS	SI

存储器操作的类型	隐含的段寄存器	允许超越的段寄存器	有效地址
目标数据串	ES	无	DI
用 BP 作为基址寄存器	SS	CS，DS，ES	有效地址 EA

4. I/O 端口寻址

由于 8086/8088 的 I/O 端口采用**独立编址**方式，可有 64K 个字节端口或 32K 个字端口。指令系统中设有专门的输入指令 IN 和输出指令 OUT 来访问端口。I/O 端口的寻址方式有**直接端口寻址和间接端口寻址**两种。

1）直接端口寻址

直接端口寻址是在指令中直接给出要访问的端口地址，端口地址用一个 8 位数表示，则此时最多允许寻址 256 个端口。

【例 3-16】

```
IN    AL，40H        ; 从端口地址为 40H 的端口中取出字节送给 AL
OUT   50H，AL        ; 将 AL 的内容输出到端口地址为 50H 的端口中
```

2）间接端口寻址

当访问的端口地址≥256 时，直接端口寻址不能满足要求，而要采用间接端口寻址方式。此时，端口地址必须由 DX 寄存器指定，允许寻址 64K（0～65535）个端口。

【例 3-17】

```
MOV   DX，309H
IN    AL，DX         ; 从端口地址为 309H 的端口中取出字节送给 AL
MOV   DX，206H
OUT   DX，AL         ; 将 AL 的内容输出到端口地址为 206H 的端口中
```

5. 隐含寻址

指令的部分操作数被隐含，没有直接出现在指令助记符中，我们把这种寻址方式称为**隐含寻址**。在隐含寻址中，操作对象一般是固定的。

【例 3-18】

```
DAA                   ; 指令的操作对象为 AL，结果也存于 AL 中
```

【例 3-19】若（BX）= 0913H，（SI）= 0601H，（DI）= 0808H，（DS）= 2000H，（SS）= 6000H，（BP）= 1000H。指出下列指令中画线的操作数的寻址方式，如果为存储器操作数，请计算该操作数的有效地址与物理地址。

```
① MOV   AX，1213H       ; 立即寻址
② MOV   DX，SP          ; 寄存器寻址
③ MOV   CX，[BX]        ; 寄存器间接寻址
      EA = 0913H，PA = 20000H+0913H = 20913H
④ MOV   BX，[BP]100H    ; 寄存器相对寻址
      EA = 1000H+100H = 1100H，PA = 60000H+1100H = 61100H
⑤ MOV   AX，100H[SI]    ; 寄存器相对寻址
      EA = 0601H+100H = 0701H，PA = 20000H+0701H = 20701H
```

⑥ MOV　　　AH, [SI][BX]　　　　　　；基址变址寻址

　　　　EA = 0601H+0913H = 0F14H, PA = 20000H+0F14H = 20F14H

⑦ MOV　　　AX, [BP+DI+100H]　　　；相对基址加变址寻址

　　　　EA = 1000H+0808H+100H = 1908H, PA = 60000H+1908H = 61908H

3.2.2　转移地址寻址

　　在指令系统中有一组指令被用来改变程序的执行顺序，即按需要用转移地址去修改 IP 或 IP 与 CS 的内容，这组指令称为**程序转移指令**。程序转移指令的寻址方式涉及如何确定转移的目标地址，目标地址可以在段内，也可跨段。

　　1. 段内直接寻址

　　这是一种段内寻址方式，转移时仅修改 IP 的内容，而 CS 的内容不变。采用这种寻址方式时，指令码中包括一个 8/16 位位移量 disp，其转移的有效地址为

$$转移的有效地址 EA = (IP) + \begin{cases} 8位偏移量 disp8 \\ 16位偏移量 disp16 \end{cases}$$

即以当前的 IP 值加上指令中规定的位移量 disp 而生成转移的有效地址。当位移量为 8 位时，称为**段内短程转移**；而当位移量为 16 位时，称为**段内近程转移**。

　　〖注意〗

　　① 这里所说的 IP 的当前值是指从存储器中取出转移指令后的 IP 值（下一条指令的地址）。因为位移量是相对于当前 IP 的内容来计算的，所以又称为相对寻址。

　　② 无论是 8/16 位，disp 在指令码中都是用补码表示的带符号数。

　　〖应用〗　适用于条件转移或无条件转移，但条件转移只能有 8 位的位移量。

　　2. 段内间接寻址

　　在这种寻址方式中，要转移到的 16 位段内有效地址在一个 16 位寄存器中或在相邻两个存储单元中。这个寄存器或相邻两个字节单元的第 1 个单元的地址，是在指令码中以某种寻址方式给出的。只不过寻址方式决定的地址里存放的不是一般操作数而是转移地址。

　　3. 段间直接寻址

　　这种寻址方式用于段间转移，转移的目标地址的段基值(CS)和偏移量(IP)都由指令码形式地址字段直接提供。转移时，只需用它们来更新当前 CS 和 IP 的内容即可。

　　4. 段间间接寻址

　　这种方式同样用于段间转移，只不过当前 CS 和 IP 由存储器中连续 4 字节单元提供。

　　指令中给出访问内存单元的寻址方式。用这种寻址方式计算出的存储单元地址开始的连续 4 字节单元的内容就是要转移的地址。其中，前 2 字节单元内的 16 位值是有效地址（送入 IP），后 2 字节单元内的 16 位值是段地址（送入 CS）。

　　〖注意〗　并不是每种转移指令都具有上述 4 种寻址方式。各种转移指令有哪些寻址方式，将在 3.3 节结合指令功能进行说明。

3.3　8086/8088 指令系统

8086/8088 指令系统是 80X86/Pentium 微处理器的基本指令集。按功能可将指令分成六类，即**数据传送指令、算术运算指令、逻辑运算和移位指令、控制转移指令、串操作指令和处理器控制指令**。

在学习指令时，要注意从指令的助记符、书写格式、操作功能、寻址方式、指令对标志位的影响等方面来学习。

3.3.1　数据传送指令

数据传送指令用来实现 CPU 的内部寄存器之间、CPU 和存储器之间以及 CPU 和 I/O 端口之间的数据传送。这是微机中一种最基本、最重要的操作，是实际程序中使用比例最高的一类指令。这类指令有 14 条，又可分为四种，即**通用传送指令、输入输出指令、地址传送指令和标志位传送指令**。

这一类指令除 SAHF 和 POPF 指令对标志位有影响外，其余均无影响。

1. 通用传送指令

通用传送指令包括基本传送指令 MOV，数据交换指令 XCHG，堆栈操作指令 PUSH 和 POP，查表转换指令 XLAT。

1）基本传送指令 MOV

〖指令格式〗 MOV dst, src

〖说明〗 指令中的 dst 表示目的操作数，src 表示源操作数。这种双操作数指令在汇编语言中的表示方法，总是将目的操作数写在前面，源操作数写在后面，二者之间用一个逗号隔开。

〖指令功能〗 (dst)←(src)

将源操作数 src 传送到目的操作数 dst。这种传送实际上是进行数据的"复制"，将源操作数复制到目的操作数中，源操作数本身不变。

〖指令特点〗 MOV 指令是最常用的传送指令，具有如下特点：

① 既可传送字节操作数（8 位），也可传送字操作数（16 位）。

② 可使用各种寻址方式。

③ 可实现以下各种传送：寄存器与寄存器/存储器之间、立即数至寄存器或存储器、寄存器/存储器与段寄存器之间。参见图 3-10。

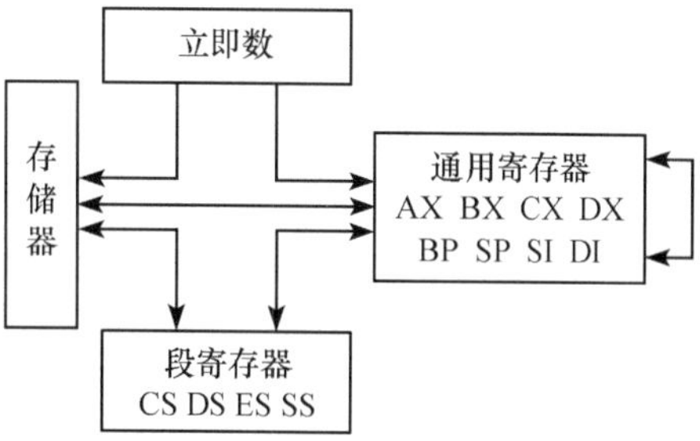

图 3-10　数据传送示意图

【例 3-20】 以下是 MOV 指令的几个例子。

```
MOV    DI, BX        ;寄存器至寄存器
MOV    ES, AX        ;通用寄存器至段寄存器
MOV    AX, DS        ;段寄存器至通用寄存器
```

```
        MOV   AL, 23H              ；立即数至寄存器
        MOV   [2000H], 02H         ；立即数至存储器(直接寻址)
        MOV   [BX], 'A'            ；立即数至存储器(寄存器间址)
        MOV   [3000H], BX          ；寄存器至存储器(直接寻址)
        MOV   [2061H], ES          ；段寄存器至存储器(直接寻址)
        MOV   TAB[BX], CL          ；寄存器至存储器(寄存器相对寻址)
```

〖注意〗

① 源操作数和目的操作数类型必须匹配，不能一个是字，另一个是字节。

② 源操作数和目的操作数不能同时为存储器操作数，即存储单元之间不能用 MOV 指令直接传送。

③ 码段寄存器 CS 和指令指针寄存器 IP 不能作为目的操作数，但 CS 可以作为源操作数。

④ 立即数不能作为目的操作数。

⑤ 不能用立即寻址方式给段寄存器传数。

⑥ 段寄存器之间不能用 MOV 指令直接传送。

【例 3-21】 判断下列指令是否正确。

```
        MOV   [SI], [DI]          ；错误，源操作数和目的操作数不能同时为存储器操
                                    作数
        MOV   AH, BX              ；错误，源操作数和目的操作数类型必须匹配
        MOV   BL, 1000            ；错误，错误原因同上(1000 大于 256，为 1 个字)
        MOV   DX, 1               ；正确，1 在编译时其值为 0001H
        MOV   CS, CX              ；错误，码段寄存器 CS 不能作为目的操作数
        MOV   ES, 1000H           ；错误，不能用立即寻址方式给段寄存器传数
        MOV   DS, ES              ；错误，段寄存器之间不能用 MOV 指令直接传送
        MOV   1000H, BX           ；错误，立即数不能作为目的操作数
```

⑦ 在传送字单元时，遵循"**高位在高地址，低位在低地址**"的原则。

【例 3-22】 计算 MOV AX, [1000H]指令执行完毕后 AX 的内容。

若执行前，(DS) = 1000H，(11000H) = 34H，(11001H) = 12H，则执行该指令后，(AX) = 1234H。

2) 数据交换指令 XCHG

〖指令格式〗 XCHG dst, src

〖指令功能〗 (dst) ←→ (src)

交换指令 XCHG 的操作是使源操作数 src 与目的操作数 dst 进行互换，即不仅将源操作数传送到目的操作数，而且，同时将目的操作数传送到源操作数。交换的内容可以是一字节(8 位)，也可以是一个字(16 位)。

【例 3-23】 以下是 XCHG 指令的几个例子。

```
        XCHG  CH, AL             ；(CH)←→(AL)寄存器之间交换，字节操作
        XCHG  BX, SI             ；(BX)←→(SI)寄存器之间交换，字操作
        XCHG  [SI], CX           ；((SI))←→(CX)存储器与寄存器之间交换，字操作
```

〖注意〗

① 交换指令的源操作数和目的操作数各自均可以是寄存器或存储器，但不能两者同时

为存储器。

② 段寄存器不能参加交换。

3)堆栈操作指令

堆栈就是在存储器中指定的一个特定的存储区域。在这个区域中，信息的存入与取出是按照**先进后出**(first in last out，FILO)或**后进先出**(last in first out，LIFO)进行的，称该存储区为**堆栈**。此时，信息的存入称为**推入**，信息的取出称为**弹出**。

按照上述堆栈的定义，我们可以把堆栈想象成一个开口向上的容器。堆栈的一端是固定的，另一端是浮动的。堆栈的固定端是堆栈的底部，称为**栈底**。堆栈的浮动端可以推入或弹出数据，称为**栈顶**。向堆栈推入数据时，新推入数据堆放在以前推入数据的上面，而最先推入的数据被推至堆栈底部，最后推入的数据堆放在堆栈顶部。从堆栈弹出数据时，堆栈顶部的数据最先弹出，而最先推入的数据则是最后弹出。

由于堆栈顶部是浮动的，为了指示现在堆栈中存放数据的位置，通常设置一个指针，即堆栈指针 SP，它始终指向堆栈的顶部。这样，堆栈中数据的进出取决于 SP。当将数据(2 字节)推入堆栈时，SP自动减 2，向上浮动而指向新的栈顶；当将数据从堆栈弹出时，SP 自动加2，向下浮动而指向新的栈顶。

由于在 8086/8088 系统中，存储器是分段管理的，因此，8086/8088 中的堆栈也是按段来构造的。8086/8088 堆栈构造如图 3-11 所示。

堆栈有建栈、进栈和出栈 3 种基本操作。

(1)建栈。

建立堆栈就是规定堆栈底部在存储器中的位置，用户可通过数据传送指令将堆栈底部的地址设置在堆栈指针SP 和堆栈段寄存器 SS 中。这时，栈中无数据，堆栈底部与顶部重叠，是一个空栈。

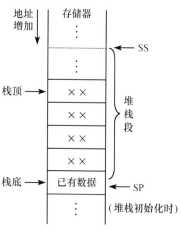

图3-11　8086/8088 堆栈构造示意图

【例 3-24】　MOV　AX,3000H

　　　　　　MOV　SS,AX　　　　;初始化 SS 段寄存器

　　　　　　MOV　SP,2000H　　;初始化 SP 指针

(2)进栈。

进栈(PUSH)就是把数据推入堆栈的操作。在 8086/8088 中，进栈或出栈操作都是**以字为单位**的，即每次在堆栈中存取数据均是两字节(先存入高字节，再存入低字节，仍然遵循"**高位在高地址，低位在低地址**"的原则)。

〖指令格式〗　PUSH src

〖指令功能〗PUSH 指令将 16 位的源操作数推入堆栈，而目标地址为当前栈顶，即由SP 指示的单元。PUSH 指令操作如下：

①(SP)←(SP)−2

②((SP)+1：(SP))←(src)

【例 3-25】　PUSH AX

执行操作：(SP)←(SP)−2

　　　　　　((SP)+1：(SP))←AX

例中设(AX)＝1234H。PUSH AX 指令执行示意图如图 3-12 所示。

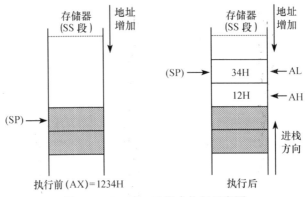

图 3-12　PUSH AX 指令执行示意图

源操作数可以是寄存器、段寄存器或存储器字单元。

【例 3-26】　PUSH　SI　　　　；将 SI 的内容推入堆栈

　　　　　　PUSH　CS　　　　；将 CS 的内容推入堆栈

　　　　　　PUSH　[BX]　　　；将 DS 段(BX)所指字单元的内容推入堆栈

(3)出栈。

出栈(POP)就是从堆栈顶部弹出一个字送到通用寄存器、段寄存器或字存储单元中。

〖指令格式〗　POP dst

〖指令功能〗　POP 指令将 SP 指示的栈顶的两字节数据传送到目的操作数 dst 中。POP 指令的目的操作数可以是通用寄存器、段寄存器(CS 除外)以及存储器字单元。操作过程：

①(dst)←((SP)+1：(SP))

②(SP)←(SP)+2

【例 3-27】　POP BX

设(SP)＝0100H，(SS)＝2000H，(AX)＝1234H，则执行 PUSH AX 后：(SP)＝00FEH，(200FFH)＝12H,(200FEH)＝34H。执行 POP BX 后：(BL)＝34H,(BH)＝12H,(SP)＝0100H。参见图 3-13。

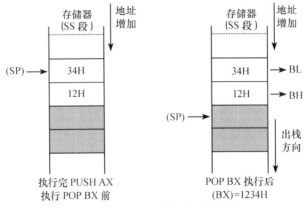

图 3-13　POP BX 指令执行示意图

〖注意〗

① 8086/8088 的堆栈操作总是**按字进行**的，没有字节操作指令。

② 码段寄存器 CS 的值可推入堆栈，但却不能从堆栈中弹出一个字到 CS 中。

③ 堆栈操作指令中，有一个操作数是隐含的，这个操作数就是(SP)指示的栈顶存储单元。

〖堆栈用途〗

① 堆栈主要用于暂存数据和在过程调用或处理中断时暂存断点信息。

② 有时在程序中需要对某些寄存器内容进行保护以便后面使用，就常用堆栈先保护起来，用到时再恢复。在使用堆栈保存多个寄存器内容和恢复多个寄存器时，要按"先进后出"的原则来编写入栈和出栈指令顺序。

【例 3-28】

```
PUSH   AX
PUSH   BX
PUSH   CX
PUSH   DX
......                  ; 这段程序要用到 AX，BX，CX 和 DX 寄存器
POP    DX
POP    CX
POP    BX
POP    AX        ; 注意恢复时，后入栈的先弹出
```

4) 查表转换指令 XLAT

〖指令格式〗 XLAT src_table

〖指令功能〗 XLAT 指令是字节的查表转换指令，可以根据表中元素的序号查出表中相应元素的内容。具体操作为：$(AL)\leftarrow((BX)+(AL))$。

为了实现查表转换，预先应将表的首地址(偏移地址)传送到 BX 寄存器，元素的序号送 AL。表中第一个元素的序号为 0，然后依次是 1，2，3，…。执行 XLAT 指令后，表中指定序号的元素存于 AL。

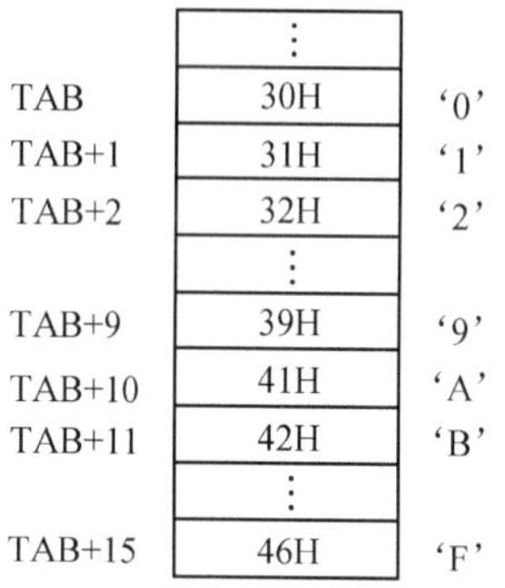

	⋮	
TAB	30H	'0'
TAB+1	31H	'1'
TAB+2	32H	'2'
	⋮	
TAB+9	39H	'9'
TAB+10	41H	'A'
TAB+11	42H	'B'
	⋮	
TAB+15	46H	'F'

图 3-14　16 进制数的 ASCII 码表

例如，内存的数据段有一张 16 进制的 ASCII 码表，首地址为 TAB，如图 3-14 所示。如欲查出表中第 10 个元素(元素序号从 0 开始)，即 'A' 的 ASCII 码，则可用以下几条指令实现。

【例 3-29】
```
MOV  BX, OFFSET TAB    ; (BX)←表首地址
MOV  AL, 10            ; (AL)←序号
XLAT TAB               ; 查表转换
```

执行完毕后，'A' 的 ASCII 码在 AL 中，即(AL)=41H。参见图 3-14。

〖注意〗

BX 寄存器中包含表的首地址,所在的段被隐含。但也允许重新设定为其他段(段超越)，此时必须在指令中写明重设的段寄存器。XLAT 指令的几种表示形式如下：

```
XLAT                 ; 不写操作数
```

```
        XLAT   table          ; 写操作数
        XLAT   ES: table      ; 重设段寄存器为 ES
```

〖用途〗 利用 XLAT 实现不同数制或编码系统之间的转换十分方便。

2. 输入输出指令

在 8086/8088 微处理器中，CPU 与外设 I/O 端口的信息传送，都是通过输入指令 IN 和输出指令 OUT 来完成的。输入指令 IN 用于从外设端口接收数据，输出指令 OUT 向外设端口发送数据。

IN 和 OUT 指令提供了字节和字两种使用方式，选用哪种取决于外设端口的宽度。

1) 输入指令 IN

〖指令格式〗 IN ac, port

〖指令功能〗 (ac)←(port)

输入指令从一个端口输入一字节或一个字到累加器 (ac)。输入端口地址可以用一个 8 位立即数表示，此时最多允许寻址 256 个端口。同时，端口地址也可以放在 16 位寄存器 DX 中，则端口总数最多可达 64K。

当 IN 指令的目标操作数为 AL 时，从端口输入一字节；如目标操作数为 AX，则从两个连续端口 port 和 port+1 输入 2 字节 (1 个字)，其中 port 端口内容送 AL，port+1 端口内容送 AH。输入指令的具体形式有以下四种：

```
        IN   AL，data8    ; 端口地址 8 位，输入 1 字节
        IN   AX，data8    ; 端口地址 8 位，将 data8，data8+1 端口的内容
                         ; 分别送 AL、AH
        IN   AL，DX       ; 端口地址 16 位，输入 1 字节
        IN   AX，DX       ; 端口地址 16 位，将 (DX)，(DX)+1 端口的
                         ; 内容分别送 AL、AH
```

2) 输出指令 OUT

〖指令格式〗 OUT port, ac

〖指令功能〗 (port)←(ac)

输出指令的数据传送方向与输入指令相反。它与 IN 指令有类似之处，即 OUT 指令也可以输出 1 字节或 1 个字到端口；输出端口地址可以用 8 位立即数表示或将 16 位端口地址放在 DX 寄存器中。输出指令的四种具体形式如下：

```
        OUT   data8，AL    ; 端口地址 8 位，输出 1 字节
        OUT   data8，AX    ; 端口地址 8 位，将 AL、AH 的内容分别送到
                         ; data8，data8+1 端口
        OUT   DX，AL       ; 端口地址 16 位，输出 1 字节
        OUT   DX，AX       ; 端口地址 16 位，将 AL、AH 的内容分别送到
                         ; (DX)，(DX)+1 端口
```

〖注意〗

① 无论接收到的数据还是准备发送的数据都必须放在累加器 AX (字) 或 AL (字节) 中，所以这是两条累加器专用指令。

② 运行有 I/O 指令的程序时，若无硬件端口的支持，计算机将有可能出现死机。

③ 在使用间接端口寻址时，应先将端口地址赋给 DX 寄存器，而且只能赋给 DX。

3. 地址传送指令

地址传送指令共有 3 条，可用来传送操作数的段地址或偏移地址。

1) 取有效地址指令 LEA

〖指令格式〗 `LEA reg, src`

〖指令功能〗把指定源操作数 src（**必须为存储器操作数**）的 16 位偏移地址（即有效地址）传送到一个目的地址 reg 指定的 16 位通用寄存器中。例如：

```
LEA  BX, BUFFER
LEA  AX, [BX][DI]
LEA  DX, DATA[BX][SI]
```

【例 3-30】 `LEA CX, [DI+1200H]`

执行前，$(DS) = 1000H$，$(DI) = 2000H$，则源操作数的有效地址为：$EA = 2000H + 1200H = 3200H$。执行完毕后，$(CX) = 3200H$。

〖注意〗 LEA 指令和 MOV 指令有区别，比较下面两条指令：

```
LEA  BX, BUFFER
MOV  BX, BUFFER
```

前者将存储单元 BUFFER 的有效地址传送到 BX，而后者将存储字单元 BUFFER 的内容传送到 BX。

2) 指针送寄存器和 DS 的指令 LDS

〖指令格式〗 `LDS reg, src`

〖指令功能〗 LDS 是取某存储单元的 32 位地址指针的指令，它是从由指令的源操作数 src（**必须为存储器操作数**）所指定的存储单元开始，在 4 个连续存储单元中取出 4 字节，将前两字节（某存储单元的偏移地址）传送到指令的目的操作数 reg 所指定的 16 位通用寄存器中，后两字节（某存储单元的段基址）传送到 DS 段寄存器中。

3) 指针送寄存器和 ES 的指令 LES

〖指令格式〗 `LES reg, src`

〖指令功能〗LES 指令把指定的存储单元的前两字节单元的内容装入指定的 16 位寄存器，后两字节单元的内容装入 ES 寄存器。LES 的功能和执行情况与 LDS 类似，只是前者将段地址送 ES，后者将段地址送 DS。

4. 标志位传送指令

标志位传送指令共有 4 条。它们都是**单字节指令**，指令的操作数以隐含方式规定。

1) 取标志位指令 LAHF

〖指令格式〗 `LAHF`

〖指令功能〗 把标志寄存器的低 8 位传送给 AH 寄存器，即把 SF、ZF、AF、PF、CF 标志位分别传送到 AH 的第 7、6、4、2、0 位，AH 的第 5、3、1 位为任意值。指令对标志寄存器各位均无影响。

2) 存标志位指令 SAHF

〖指令格式〗 `SAHF`

〖指令功能〗 SAHF 指令的传送方向与 LAHF 相反，将 AH 寄存器中的第 7、6、4、2、0 位分别传送到标志寄存器的对应位。

SAHF 指令将影响标志位，标志寄存器中的 SF、ZF、AF、PF 和 CF 将被修改成 AH 寄存器对应位的状态，但其余标志位 OF、DF、IF 和 TF 不受影响。

3）标志位进栈指令 PUSHF

〖指令格式〗 PUSHF

〖指令功能〗 将 16 位标志寄存器的内容入栈保护，入栈过程与前述的 PUSH 指令类似。

4）标志位出栈指令 POPF

〖指令格式〗 POPF

〖指令功能〗 POPF 指令的操作与 PUSHF 相反，它将堆栈内栈顶字单元的内容弹出到标志寄存器中，出栈过程与前述的 POP 指令类似。

〖用途〗

① PUSHF 和 POPF 指令常用于调用子程序时保护和恢复状态标志位。

② 在 8086/8088 指令系统中，由于没有直接置位或复位陷阱标志 TF 的指令，可用 PUSHF 和 POPF 指令设置与修改 TF 的值。

3.3.2 算术运算指令

算术运算指令包括二进制运算及十进制运算指令，它们中既有单操作数指令，也有双操作数指令。单操作数指令不允许使用立即数方式。

算术运算指令涉及的操作数按数据形式来分有 8 位和 16 位的操作数两种。这些操作数按类型又有**无符号数**和**带符号数**两种类型。在进行加减运算时使用同一套指令，而乘除法运算则各自有不同的指令。

无符号数运算时，如果加法运算最高位产生**进位**或减法运算最高位产生**借位**，则采用标志位 CF=1 来表示；带符号数采用补码运算时，符号位也参与运算，出现溢出则表示运算结果有错，采用标志位 OF=1 来表示。

利用十进制调整指令，还可以对 BCD 码表示的十进制数进行算术运算。

算术运算类指令大都对标志位有影响，其中不同指令的影响各不相同。加法和减法指令将根据运算结果修改大部分标志位（SF、ZF、AF、PF、CF 和 OF），但加 1 和减 1 指令不影响进位标志（CF）。乘法指令的运算结果将改变 CF 和 OF，除法指令使大部分标志位的状态不确定。而对 BCD 码的各种调整指令对标志位的影响也有所不同。扩展指令对标志位没有影响。

算术运算指令共有六组，即**加法运算指令、减法运算指令、乘法运算指令、除法运算指令、十进制调整指令和符号扩展指令**。

1．加法指令

1）不带进位的加法指令 ADD

〖指令格式〗 ADD dst, src

〖指令功能〗 (dst)←(src)+(dst)

ADD 指令将目的操作数与源操作数相加，将结果存回目的操作数，并根据相加结果设置标志寄存器中的 CF、PF、AF、ZF、SF 和 OF。

目的操作数可以是寄存器或存储器，源操作数可以是立即数、寄存器或存储器。但是源操作数和目的操作数不能同时是存储器。另外，不能对段寄存器进行加法运算(段寄存器也不能参加减法、乘法和除法运算)。加法指令的操作数可以是 8 位数，也可以是 16 位数，但类型必须匹配。

【例 3-31】 设(CL)＝87H，(AH)＝F8H，问执行指令 ADD AH，CL 后的结果如何？

运行结果(AH)＝7FH

标志位 CF＝1，ZF＝0，SF＝0，OF＝1，AF＝0，PF＝0

$$
\begin{array}{r}
87H = 1000\ 1111 \\
+)\quad F8H = 1111\ 0000 \\
\hline
7FH = 0111\ 1111
\end{array}
$$

【例 3-32】 试编写一程序，将存储器 23450H 单元和 23451 单元的数相加，结果存入 23452H 单元中。

```
程序：MOV   AX, 2000H
      MOV   DS, AX
      MOV   AL, [3450H]
      ADD   AL, [3451H]
      MOV   [3452H], AL
```

2)带进位的加法指令 ADC

〖指令格式〗 ADC dst, src

〖指令功能〗(dst)←(dst)+(src)+(CF)

ADC 指令在格式和功能上都与 ADD 指令类似，只是相加时要把进位标志 CF 的当前值加到和中，结果送到目的操作数中。

〖用途〗 ADC 指令主要用于多字节加法运算。

例如，有两个 4 字节的无符号数相加，由于 8086/8088 加法指令最多只能进行 16 位的加法运算，我们可将加法分两次进行：先进行低 16 位相加，然后进行高 16 位相加，在完成高 16 位相加时，注意要把低 16 位相加时可能出现的进位加进去。

【例 3-33】 试编写程序,完成下面两个双字长数的加法运算:12345678H+789ABCDEH。

```
程序：MOV   AX, 5678H
      ADD   AX, 0BCDEH
      MOV   DX, 1234H
      ADC   DX, 789AH
```

程序执行后，运算结果在 DX(高 16 位)，AX(低 16 位)寄存器中，其中(DX)＝8ACFH，(AX)＝1356H。

3)加 1 指令 INC

〖指令格式〗 INC dst

〖指令功能〗(dst)←(dst)+1

INC 指令只有一个操作数，它将指定的操作数的内容加 1，再将结果送回到该操作数。INC 指令将影响 SF、ZF、AF、PF、OF 标志位，但**不影响 CF**。

INC 指令中操作数的类型可以是通用寄存器或存储单元，但不能是段寄存器。字节操作或字操作均可。对于存储单元，需要在指令中说明操作数类型(字节还是字)。

【例 3-34】 下列指令为合法的 INC 指令。

```
INC    CL                      ; 8 位寄存器内容加 1
INC    DX                      ; 16 位寄存器内容加 1
INC    BYTE PTR [BX][DI]       ; 存储单元内容加 1，字节操作
INC    WORD PTR [SI]           ; 存储单元内容加 1，字操作
```

指令中的 BYTE PTR 或 WORD PTR 分别指定随后的存储器操作数类型是字节或字。

〖用途〗 INC 指令一般用在循环程序中，修改地址指针及循环次数等。

2. 减法指令

1) 不带借位的减法指令 SUB

〖指令格式〗 SUB dst，src

〖指令功能〗 (dst)←(dst)-(src)

目的操作数减去源操作数，结果放在目的操作数中。源操作数原有内容不变，并根据运算结果置标志位 SF、ZF、AF、PF、CF 和 OF。

SUB 指令可以进行字节或字的减法运算，源操作数与目的操作数的约定与 ADD 指令相同。

操作数的类型可以根据程序员的要求约定为带符号数或无符号数。当无符号数的较小数减较大数时，因不够减而产生借位，此时进位标志 CF 置 1。当带符号数的较小数减较大数时，将得到负的结果，则符号标志 SF 置 1。带符号数相减，结果如果溢出，则 OF 置 1。

【例 3-35】 SUB BL，CL

设(BL) = 23H，(CL) = 78H，则执行指令后，(BL) = ABH。

$$
\begin{array}{r}
(BL) = 00100011B \\
- \quad (CL) = 01111000B \\
\hline
(BL) = 10101011B
\end{array}
$$

根据运算结果，各标志位分别为

$$CF = 1, \quad ZF = 0, \quad SF = 1, \quad OF = 0, \quad PF = 0, \quad AF = 1$$

【例 3-36】 SUB AX，AX

寄存器自身相减，则结果为零，此时 CF=0(不需要借位)，ZF=1。

2) 带借位的减法指令 SBB

〖指令格式〗 SBB dst，src

〖指令功能〗 (dst)←(dst)-(src)-CF

SBB 指令执行带借位的减法操作，也就是说，将目的操作数减源操作数，然后再减进位标志 CF，并将结果送回目的操作数。SBB 指令对标志位的影响与 SUB 指令相同。

目的操作数及源操作数的类型也与 SUB 指令相同。8 位数或 16 位数运算均可。

〖用途〗 带借位减指令主要用于多字节的减法。

3) 减 1 指令 DEC

〖指令格式〗 DEC dst

〖指令功能〗 (dst)←(dst)-1

DEC 指令将目的操作数减 1。指令对标志位 SF、ZF、AF、PF 和 OF 有影响，但**不影响进位标志 CF**。

DEC 指令操作数类型与 INC 指令一样，可以是寄存器或存储器(段寄存器不可)。字节或字操作均可。

〖用途〗 DEC 指令一般用在循环程序中，修改地址指针及循环次数等。

4)求补指令 NEG

〖指令格式〗 NEG dst

〖指令功能〗 (dst)←0-(dst)

NEG 指令是求补指令，它的操作是用 0 减去目的操作数，结果送回原来的目的操作数。目的操作数可以是 8/16 位通用寄存器或存储器操作数。

NEG 指令对六个标志位 ZF、SF、AF、PF、CF 及 OF 均有影响。

5)比较指令 CMP

〖指令格式〗 CMP dst, src

〖指令功能〗 (dst)-(src)

CMP 指令的操作是将目的操作数减去源操作数，但结果不送回目的操作数。因此，执行比较指令 CMP 以后，被比较的两个操作数内容均保持不变，而比较结果反映在标志位上。这是 CMP 指令与 SUB 指令的区别所在。

CMP 指令的目的操作数可以是寄存器或存储器，源操作数可以是立即数、寄存器或存储器，但不允许两个操作数同时为存储器操作数。既可以是字节比较，也可以是字比较。

CMP 指令对六个标志位 ZF、SF、AF、PF、CF 及 OF 均有影响。

〖用途〗 比较指令 CMP 常常与条件转移指令结合起来使用，完成各种条件判断和相应的程序转移。

3. 乘法指令

1)无符号数的乘法指令 MUL

〖指令格式〗 MUL src

〖指令功能〗 字节乘法　　(AX)←(src)×(AL)

字乘法　　　(DX：AX)←(src)×(AX)

MUL 指令执行 8 位或 16 位无符号数的乘法。一个操作数(乘数)在累加器中(8 位乘法的乘数在 AL，16 位乘法的乘数在 AX)，这个寄存器操作数是隐含的。另一个操作数 src(被乘数)必须在寄存器或存储单元中。两个操作数均按无符号数处理。

当两个 8 位数相乘时，相乘结果是 16 位乘积，存放在 AX 中。当两个 16 位数相乘时，相乘结果是 32 位乘积，存放在 DX、AX 中，其中 DX 存放高位字，AX 存放低位字。

MUL 指令对标志位 CF 和 OF 有影响，但 SF、AF、ZF 和 PF 不确定。如果运算结果的高半部分(在 AH 或 DX 中)为 0，则标志位 CF 和 OF 置 0，否则 CF 和 OF 置 1。

【例 3-37】

```
MUL  AL                ; AL 乘 AL
MUL  DX                ; AX 乘 DX
MUL  BYTE PTR[DI+6]    ; AL 乘 8 位存储单元
MUL  WORD PTR COUNT    ; AX 乘 16 位存储单元
```

〖注意〗 源操作数不能为立即数。

2)带符号数的乘法指令 IMUL

〖指令格式〗 IMUL src

〖指令功能〗 字节乘法(AX)←(src)×(AL)

字乘法　(DX：AX)←(src)×(AX)

IMUL 指令进行带符号数的乘法运算,指令将两个操作数均按带符号数处理。除此外,IMUL 指令功能与 MUL 指令类似。

如乘积的高半部分(在 AH 或 DX 中)包含乘积的有效数字而不只是符号的扩展部分,则 CF 和 OF 置 1,否则 CF 和 OF 置 0。

4. 除法指令

1)无符号数的除法指令 DIV

〖指令格式〗 DIV src

〖指令功能〗

字节除法(AL)←(AX)/(src)　　　(AH)←(AX)%(src)

字除法　(AX)←(DX：AX)/(src)　　(DX)←(DX：AX)%(src)

DIV 指令执行无符号数除法运算。若为字节除法,则被除数为 16 位,除数为 8 位,除的结果商在 AL,余数在 AH 中。若为字除法,则被除数为 32 位(DX 为高 16 位,AX 为低 16 位),除数为 16 位,除的结果商在 AX,余数在 DX 中。

在 DIV 指令中,一个操作数(被除数)隐含在 AX(字节除法)或 DX：AX(字除法)中,另一个操作数 src(除数)必须是寄存器或存储器操作数。两个操作数均被作为无符号数对待。

执行 DIV 指令时,如果除数为 0,或字节除法时 AL 寄存器中的商大于 FFH,或字除法时 AX 寄存器中的商大于 FFFFH,则 CPU 立即自动产生一个类型号为 0 的内部中断,此时商和余数是不定值。

DIV 指令使标志位 SF、ZF、AF、PF、CF 和 OF 的值不确定,也就是说,它们或为 0,或为 1,但都没有意义。

〖注意〗

除法指令规定必须将一个 16 位数除以一个 8 位数,或将一个 32 位数除以一个 16 位数,而不允许两个字长相等的操作数相除。如果被除数和除数的字长相等,可以在执行 DIV 指令之前将被除数的高位进行扩展。

2)带符号数的除法指令 IDIV

〖指令格式〗 IDIV src

〖指令功能〗

字节除法(AL)←(AX)/(src)　　　(AH)←(AX)%(src)

字除法　(AX)←(DX：AX)/(src)　　(DX)←(DX：AX)%(src)

IDIV 指令执行带符号数除法运算。在 IDIV 指令中,一个操作数(被除数)隐含在 AX(字节除法)或 DX：AX(字除法)中,另一个操作数 src(除数)必须是寄存器或存储器操作数。两个操作数均被作为带符号数对待。

执行 IDIV 指令时,如果除数为 0,或字节除法时 AL 寄存器中的商超出−128～+127 的范围,或字除法时 AX 寄存器中的商超出−32768～+32767 的范围,则 CPU 立即自动产生一个类型号为 0 的内部中断，此时商和余数是不定值。

IDIV 指令对标志位的影响与 DIV 指令相同。

〖注意〗

① 在进行带符号数除法运算时，例如，-77 除以+5，可以商-15，余-2，也可以商-16，余+3。哪种结果正确呢？8086/8088 指令系统规定：**余数的符号和被除数的符号相同**。因此，第一种结果是正确的。

② 在带符号数相除中，当被除数和除数的字长相等时，可以将被除数的高位进行扩展。带符号数的扩展可采用 8086/800 提供的符号扩展指令 CBW 和 CWD。

算术运算
指令举例

5. 十进制调整指令

十进制调整指令主要完成 BCD 码的运算，详细内容可扫描二维码阅读。

6. 符号扩展指令

十进制调
整指令

在算术运算指令中，两个操作数的字长应该符合规定的关系。例如，在加法、减法和乘法运算指令中，两个操作数的字长必须相等。在除法指令中，被除数必须是除数的双倍字长。因此，有时需要将一个 8 位数扩展成为 16 位，或者将一个 16 位数扩展成为 32 位。

对于无符号数，扩展字长比较简单，只需在高位添上足够个数的 0 即可。

但是，对于带符号数，扩展字长时正数与负数的处理方法不同。正数的符号位为零，而负数的符号位为 1，因此，扩展字长时，应分别在高位添上相应的符号位。转换指令 CBW 和 CWD 用于扩展带符号数的字长，但不会改变数据大小。

1)将字节扩展成字的指令 CBW

〖指令格式〗 CBW

〖指令功能〗 CBW 指令将一字节(8 位)转换成为字(16 位)。它后面不带操作数，但隐含寄存器操作数 AL 和 AH。指令的操作为：

如果 AL 符号位为 0，则(AH)← 0，否则(AH)← FFH。

CBW 指令对标志位没有影响。

2)将字扩展成双字的指令 CWD

〖指令格式〗 CWD

〖指令功能〗 CWD 指令将一个字(16 位)转换成为双字(32 位)。它后面也不带操作数，但隐含寄存器操作数 AX 和 DX。指令的操作为：

如果 AX 符号位为 0，则(DX)←0，否则(DX)←FFFFH。

CWD 指令与 CBW 一样，对标志位没有影响。

CBW 和 CWD 指令在带符号数的乘法(IMUL)和除法(IDIV)运算中十分有用，常常在字节或字的乘法运算之前，将 AL 和 AX 中数据的符号位进行扩展。

【例 3-38】

```
MOV     AL, 8BH    ; AL ← 8 位被乘数(带符号数)
CBW                ; 扩展成为 16 位带符号数，在 AX 中
IMUL    BX         ; 两个 16 位带符号数相乘，结果在 DX：AX 中
```

3.3.3 逻辑运算和移位指令

1. 逻辑运算指令

逻辑运算是对操作数**按位进行操作**的，位与位之间无进位或借位，没有数的正负与数的数值大小。

逻辑运算指令有 AND（逻辑"与"）、OR（逻辑"或"）、NOT（逻辑"非"）、XOR（逻辑"异或"）、TEST（逻辑"测试"）5 种。这 5 条指令可以对 8 位或 16 位操作数按位进行逻辑运算。

除了 NOT 指令的执行结果对标志位无影响外，其他指令执行后，总是使 OF = CF = 0，SF、ZF 和 PF 根据运算结果置位或复位，以反映操作结果的特征，而 AF 状态不定。

1) 逻辑与指令 AND

〖指令格式〗 AND dst, src

〖指令功能〗 (dst)←(dst) & (src)

AND 指令将目的操作数与源操作数按位进行逻辑"与"运算，并将结果送回目的操作数。

【例 3-39】 设(AL) = 13H，则执行指令：

```
AND AL，68H
```

结果是：(AL) = 00H，CF = OF = 0，SF = 0，ZF = 1，PF = 1。

〖应用〗AND 指令可以用于屏蔽（即清零）某些不关心的位，而保留另一些感兴趣的位。此时只需将欲屏蔽的位和"0"进行逻辑"与"，而将要求保留的位和"1"进行逻辑"与"即可。

【例 3-40】 如 AND AL，0FH 指令将 AL 中的内容屏蔽高 4 位，保留低 4 位。该指令可将数字 0~9 的 ASCII 码转换成相应的未组合 BCD 码。

```
MOV  AL，'7'      ; (AL) = 0011 0111B
AND  AL，0FH      ; (AL) = 0000 0111B
```

2) 测试指令 TEST

〖指令格式〗 TEST dst, src

〖指令功能〗 (dst) & (src)

TEST 指令将目的操作数与源操作数按位进行逻辑"与"运算，但并不将结果送回目的操作数。因此，源操作数和目的操作数的内容均保持不变。

TEST 指令操作数类型与 AND 指令类似。

〖应用〗 TEST 指令常常用于位测试，它与条件转移指令一起，完成对特定位状态的判断，以实现相应的程序转移。这样的作用与 CMP 指令相似，不过 TEST 指令只比较某几个指定的位，而 CMP 指令比较整个操作数。

【例 3-41】 要检测 AL 中的数是否为偶数，可用如下指令：

```
TEST  AL，01H
```

执行指令后，若 ZF = 1，则表明 AL 为偶数（因为最低位为 0）；若 ZF = 0，则表明 AL 为奇数（因为最低位为 1）。

3）逻辑或指令 OR

〖指令格式〗 OR dst, src

〖指令功能〗 (dst)←(dst)∨(src)

OR 指令将目的操作数和源操作数按位进行逻辑"或"运算，并将结果送回目的操作数。

〖用途〗 OR 指令的常见用途是将寄存器或存储单元内容中某些特定位设置成"1"，同时使其余位保持原来的状态不变。为此，应将需置"1"的位和"1"进行逻辑"或"，而将要求保持不变的位和"0"进行逻辑"或"。

【例3-42】 指令 OR AL,30H 可将 AL 中的未组合 BCD 码转换成相应十进制数的 ASCII 码。例如：

```
MOV  AL, 09H        ；(AL)＝09H
OR   AL, 30H        ；(AL)＝39H＝'9'
```

4）逻辑异或指令 XOR

〖指令格式〗 XOR dst, src

〖指令功能〗 (dst)←(dst)⊕(src)

XOR 指令将目的操作数和源操作数按位进行逻辑"异或"运算，并将结果送回目的操作数。

〖用途〗

① XOR 指令的用途常常是将寄存器或存储单元内容中某些特定的位"求反"，同时使其余位保持不变。为此，可将欲"求反"的位和"1"进行"异或"，而将欲要求保持不变的位和"0"进行"异或"。

【例3-43】 若要使 AL 寄存器中的第 0、2、4、6 位求反，第 1、3、5、7 位保持不变，则只需将 AL 和 01010101B(即 55H)"异或"即可。

```
MOV  AL, 68H        ；(AL)＝0110 1000B
XOR  AL, 55H        ；(AL)＝0011 1101B
```

② XOR 指令的另一个用途是将寄存器的内容清零。

```
XOR  BX, BX         ；BX 清零
XOR  CH, CH         ；CH 清零
```

5）逻辑非指令 NOT

〖指令格式〗 NOT dst

〖指令功能〗 NOT 指令只有一个操作数，指令将目的操作数按位取反，结果送回目的操作数。

NOT 指令的操作数可以是 8 或 16 位通用寄存器或存储器，但不能为立即数。

NOT 指令对标志位没有影响。

2. 移位指令

8086/8088 CPU 的移位指令包括**逻辑左移 SHL、算术左移 SAL、逻辑右移 SHR 和算术右移 SAR** 等指令。

移位指令的操作数可以是一个 8/16 位寄存器或存储器，移位操作可以是向左或向右移一位，也可以移多位。当要求移多位时，指令规定移动位数必须放在 CL 寄存器中，即指令中规定的移位次数不允许是 1 以外的常数或 CL 以外的其他寄存器。移位指令都将影响

标志位。

1)逻辑左移指令 SHL、算术左移指令 SAL

〖指令格式〗 `SHL dst,1` 或 `SHL  dst,CL`
　　　　　　`SAL dst,1` 或 `SAL  dst,CL`

〖指令功能〗 SHL 和 SAL 这两条指令在功能上完全一样。这两条指令的操作是将目的操作数顺序向左移 1 位或 CL 寄存器中指定的位数。左移 1 位时,操作数的最高位移入进位标志 CF,最低位补 0,其操作如图 3-15(a)、(c)所示。

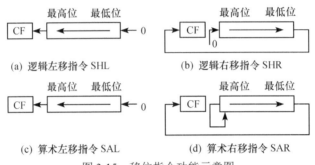

(a) 逻辑左移指令 SHL　　　　(b) 逻辑右移指令 SHR

(c) 算术左移指令 SAL　　　　(d) 算术右移指令 SAR

图 3-15　移位指令功能示意图

SHL/SAL 指令将影响 CF 和 OF 两个标志位,同时根据运算结果影响 PZ、SF、ZF。如果移位次数为 1,且移位后符号位的值发生变化,则 OF = 1,否则 OF = 0。如果移位次数不为 1,则 OF 的值不确定。

〖应用〗 将一个二进制无符号数左移 1 位,相当于将该数乘 2,因而可以利用左移指令完成乘某些常数的运算。最容易的运算是乘 2 的若干次方,例如,乘 16,只需左移 4 位即可。

由于移位指令比乘法指令的执行速度快得多,一般情况下,用移位指令代替乘法和除法指令往往能够将执行速度提高十倍甚至更多,因此上述方法常常被采用。使用此方法时需要注意的是移位后结果不应超出该操作数的表示范围。

【例 3-44】 将存放在 AX 中的 16 位无符号数乘以 10,结果放回 AX 中。假设乘积不会超过 65535。

因为(AX)×10 = (AX)×8 + (AX)×2,故用左移指令可完成以上乘法运算。编程如下:

```
SHL    AX,1        ; (AX)←(AX)×2
MOV    BX,AX        ; 暂存到 BX,即(BX)←(AX)×2
SHL    AX,1        ; (AX)←(AX)×4
SHL    AX,1        ; (AX)←(AX)×8
ADD    AX,BX        ; (AX)←(AX)×10
```

这段程序所需要的执行时间远远低于用乘法指令所需要的执行时间。

2)逻辑右移指令 SHR

〖指令格式〗 `SHR dst,1` 或 `SHR dst,CL`

〖指令功能〗 SHR 指令将目的操作数顺序右移 1 位或 CL 寄存器指定的位数。逻辑右移 1 位时,目的操作数的最低位移到进位标志 CF,最高位补 0,指令的操作如图 3-15(b)

所示。

SHR 指令影响标志位 CF 和 OF。如果移位次数为 1，且移位后符号位的值发生变化，则 OF = 1，否则 OF = 0。如果移位次数不为 1，则 OF 的值不确定。

〖应用〗 逻辑右移 1 位的操作，相当于将寄存器或存储中的无符号数除以 2，因此同样可以利用 SHR 指令完成除以某些常数的运算。而且，采用移位指令通常比采用除法指令时程序运行速度要快得多。

3) 算术右移指令 SAR

〖指令格式〗 SAR dst, 1 或 SAR dst, CL

〖指令功能〗 SAR 指令的操作与逻辑右移指令 SHR 有点类似，将目的操作数右移 1 位或 CL 寄存器指定的位数，操作数的最低位移到进位标志 CF。它与 SHR 指令的不同之处是，算术右移时，最高位保持不变。SAR 指令的操作如图 3-15(d) 所示。

SAR 指令对标志位 CF、OF、PF、SF 和 ZF 有影响，但使 AF 的值不确定。

〖应用〗 算术右移 1 位，相当于带符号数除以 2。

3. 循环移位指令

8086/8088 CPU 有四条循环移位指令，即**不带进位标志 CF 的左循环移位指令 ROL** 和**右循环移位指令 ROR**，以及**带进位的左循环移位指令 RCL 和右循环移位指令 RCR**。

循环移位指令的操作数类型与移位指令相同，可以是 8/16 位的寄存器或存储器。指令中指定的左移或右移的位数也可以是 1 或由 CL 寄存器指定。但不能是 1 以外的常数或 CL 以外的其他寄存器。

所有循环移位指令都**只影响**进位标志 CF 和溢出标志 OF，不影响其余标志。

1) 不带进位标志 CF 的左循环移位指令 ROL

〖指令格式〗 ROL dst, 1 或 ROL dst, CL

〖指令功能〗 ROL 指令将目的操作数向左循环移动 1 位或 CL 寄存器指定的位数。最高位移到进位标志 CF，同时，最高位也移到最低位形成循环。进位标志 CF 不在循环范围之内。其操作如图 3-16(a) 所示。

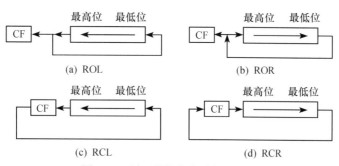

(a) ROL   (b) ROR

(c) RCL   (d) RCR

图 3-16 循环移位指令功能示意图

ROL 指令将影响标志位 CF 和 OF。如果循环移位次数等于 1，且移位后目的操作数的符号位的值发生变化，则 OF = 1，否则 OF = 0。如果移位次数不为 1，则 OF 的值不确定。

2) 不带进位标志 CF 的右循环移位指令 ROR

〖指令格式〗 ROR dst, 1 或 ROR dst, CL

〖指令功能〗 ROR 指令将目的操作数向右循环移动 1 位或 CL 寄存器指定的位数。最低位移到进位标志 CF，同时，最低位也移到最高位形成循环。进位标志 CF 不在循环范围之内。其操作如图 3-16(b)所示。

ROR 指令也将影响标志位 CF 和 OF。如果循环移位次数等于 1，且移位后目的操作数的符号位的值发生变化，则 OF = 1，否则 OF = 0。如果移位次数不为 1，则 OF 的值不确定。

3) 带进位标志 CF 的左循环移位指令 RCL

〖指令格式〗 RCL dst, 1 或 RCL dst, CL

〖指令功能〗 RCL 指令将目的操作数连同进位标志 CF 一起，向左循环移动 1 位或 CL 寄存器指定的位数。最高位移入进位标志 CF，而 CF 移到最低位形成循环。其操作如图 3-16(c)所示。

RCL 指令对标志位的影响与 ROL 指令相同。

4) 带进位标志 CF 的右循环移位指令 RCR

〖指令格式〗 RCR dst, 1 或 RCR dst, CL

〖指令功能〗 RCR 指令将目的操作数连同进位标志 CF 一起，向右循环移动 1 位或 CL 寄存器指定的位数。最低位移入进位标志 CF，而 CF 移到最高位形成循环。其操作如图 3-16(d)所示。

RCR 指令对标志位的影响与 ROR 指令相同。

〖小结〗

这 4 条循环移位指令与移位指令有所不同，循环移位之后，操作数原来各数位的信息不会丢失，而只是移到了操作数中的其他位或进位标志 CF 上。

〖应用〗

① 利用循环移位指令可以对寄存器或存储器中的任一位进行位测试。

② 利用带进位循环移位指令还可以将两个以上的寄存器或存储单元组合起来一起移位。

【例 3-45】 要求将 DX 和 AX 两个寄存器组合成一个整体(32 位)一起向左移 1 位，则可用下面的指令实现：

```
SHL  AX, 1          ; AX 左移 1 位，CF ← AX 的最高位
RCL  DX, 1          ; DX 带进位循环左移 1 位，DX 的最低位 ← CF
```

3.3.4 控制转移指令

在 8086/8088 程序中，指令的执行顺序是由代码段寄存器(CS)和指令指针(IP)的内容决定的。一般情况下，指令是顺序执行的，如要改变程序的正常执行顺序，就必须改变 IP 或 IP 和 CS 的内容。**程序转移指令通过改变 CS 和 IP 的内容，以引起程序执行顺序的变化。**当程序发生转移时，存放在指令队列寄存器中的指令被清除。BIU 将根据转移指令给出的 CS 和 IP 的值，从存储器中取出一条新的指令，并直接送至 EU 执行。

8086/8088 指令系统中有专门的指令用于控制程序的转移。这些指令有的只修改 IP 的内容，有的则同时修改 IP 和 CS 的内容。控制程序转移指令可分为 5 组，即**无条件转移指令、条件转移指令、循环控制指令、过程调用与返回指令**和**中断指令**。除中断指令外，其

他控制转移指令都不影响标志位。

1. 无条件转移指令 JMP

JMP 指令的操作是无条件地将控制转移到指令中规定的目标地址。另外，目标地址可以用直接的方式给出，也可以用间接的方式给出。JMP 指令对标志位没有影响。

1）段内直接近转移

〖指令格式〗 JMP NEAR PTR Label

〖指令功能〗(IP)←(IP)+disp(16 位)

NEAR PTR 是近距离属性运算符。指令的操作数 Label 是一个近标号，该标号在本段内。指令汇编以后，计算出 JMP 指令的下一条指令到目标地址之间的 16 位相对位移量 disp。指令的操作是将指令指针寄存器 IP 的内容加上相对位移量 disp，代码段寄存器 CS 的内容不变，从而使控制转移到目标地址。相对位移量 disp 可正可负，它的范围在$-32768\sim+32767$，需用 2 字节表示。段内直接近转移指令的机器码共有 3 字节。

2）段内直接短转移

〖指令格式〗 JMP SHORT Label

〖指令功能〗(IP)←(IP)+disp(8 位)

SHORT 是短转移运算符。段内直接短转移指令的操作数是一个短标号。此时，相对位移量 disp 的范围在$-128\sim+127$，只需用 1 字节表示。段内直接短转移指令的机器码共有 2 字节。

3）段内间接转移

〖指令格式〗 JMP reg16   ; (IP)←(reg16)

　　　　　　 JMP mem16   ; (IP)←(mem16)

〖指令功能〗 指令的操作数是一个 16 位的寄存器或存储器地址。存储器可用各种寻址方式。指令的操作是用指定的寄存器或存储器中的内容作为目标的偏移地址取代原来 IP 的内容，以实现程序的转移。由于是段内转移，故 CS 寄存器的内容不变。

4）段间直接转移

〖指令格式〗 JMP FAR PTR Label   ; (IP)← Label 的偏移地址

　　　　　　　　　　　　　　　　　; (CS)← Label 的段基址

〖指令功能〗 FAR PTR 是远距离属性运算符。指令的操作数是一个远标号，该标号在另一个代码段内。指令的操作是将标号的偏移地址取代指令指针寄存器 IP 的内容，同时将标号的段地址取代段寄存器 CS 的内容，结果使控制转移到另一代码段内指定的标号处。

5）段间间接转移

〖指令格式〗 JMP mem32   ; (IP)←(mem32)

　　　　　　　　　　　　　　　　; (CS)←(mem32+2)

〖指令功能〗 指令的操作数是一个 32 位的存储器地址，指令的操作是将存储器的前两字节送到 IP 寄存器，存储器的后两字节送到 CS 寄存器，以实现到另一个代码段的转移。

〖注意〗

① 段间间接转移指令的操作数不能是寄存器。

② 8086/8088 利用段间转移的形式，转移范围可达 1MB。

【例 3-46】 以下是几条 JMP 指令。

```
JMP   SHORT AGAIN               ; 段内直接短转移
JMP   NEAR PTR LABEL            ; 段内直接转移
JMP   WORD PTR[BP][DI]          ; 段内间接转移
JMP   BX                        ; 段内间接转移
JMP   FAR PTR NEXT              ; 段间直接转移
JMP   DWORD PTR [BX][DI]        ; 段间间接转移
```

2. 条件转移指令

〖指令格式〗 Jcc short_label   ; (IP)←(IP)+disp

在汇编语言程序设计中，常利用条件转移指令来实现分支程序。指令助记符中的"cc"表示条件。这种指令的执行包括两个过程：第一步，测试规定的条件；第二步，如果条件满足，则转移到目标地址；否则，继续顺序执行。

条件转移指令都为短转移，即转移指令的下一条指令到目标地址之间的距离必须在 $-128 \sim +127$ 的范围内。汇编程序计算出下一条指令到短标号之间的位移量 disp(8 位)，如果指令规定的条件满足，则将这个位移量加到 IP 寄存器上，实现程序的转移。所有的条件转移指令的机器码都是 2 字节指令。

条件转移指令的执行不影响标志位。

绝大多数条件转移指令(除 JCXZ 指令外)将标志位的状态作为测试的条件。因此，首先应执行影响有关的标志位状态的指令，然后才能用条件转移指令测试这些标志，以确定程序是否转移。

CMP 和 TEST 指令常常与条件转移指令配合使用，因为这两条指令不改变目的操作数的内容，但可以影响标志位。其他如加法、减法及逻辑运算指令等也影响标志位的状态。

8086/8088 CPU 的条件转移指令非常丰富，不仅可以测试一个标志位的状态，而且可以综合测试几个标志位的状态；不仅可以测试无符号数的高低，而且可以测试带符号数的大小。表 3-2 列出了所有条件转移指令的名称、助记符及转移条件。

表 3-2   条件转移指令

指令助记符	测试内容	转移条件	含义	备注
JC	CF	CF＝1	有进位/借位	
JNC		CF＝0	无进位/借位	
JZ/JE	ZF	ZF＝1	相等/等于 0	
JNZ/JNE		ZF＝0	不相等/不等于 0	
JS	SF	SF＝1	是负数	
JNS		SF＝0	是正数或 0	
JP/JPE	PF	PF＝1	有偶数个 1	
JNP/JPO		PF＝0	有奇数个 1	
JO	OF	OF＝1	有溢出	
JNO		OF＝0	无溢出	
JA/JNBE	CF、ZF	CF＝0 且 ZF＝0	高于/不低于不等于	无符号数 A＞B
JAE/JNB		CF＝0 或 ZF＝1	高于等于/不低于	无符号书 A≥B

指令助记符	测试内容	转移条件	含义	备注
JB/JNAE	CF、ZF	CF=1 且 ZF=0	低于/不高于不等于	无符号数 A<B
JBE/JNA		CF=1 或 ZF=1	低于等于/不高于	无符号数 A≤B
JG/JNLE	SF、OF、ZF	SF=OF 且 ZF=0	大于/不小于不等于	带符号数 A>B
JGE/JNL		SF=OF 或 ZF=1	大于等于/不小于	带符号数 A≥B
JL/JNGE		SF≠OF 且 ZF=0	小于/不大于不等于	带符号数 A<B
JLE/JNG		SF≠OF 或 ZF=1	小于等于/不大于	带符号数 A≤B
JCXZ	CX	(CX)=0	CX 寄存器内容为 0	

【例 3-47】 在存储器的数据段中存放了 1 个 8 位无符号数,该数的偏移地址为 2000H。试编写程序判断其是否为偶数。若该数为偶数,则将 CH 寄存器置 1,否则 CH 置 0。

```
          MOV    AL, [2000H]      ; 取数到 AL
          TEST   AL, 01H          ; 测试 AL 最低位是否为零
          JZ     EVENNUM          ; 若为零,则转移到 EVENNUM
          MOV    CH, 0            ; 不为零, CH 置 0
          JMP    EXIT             ; 转移到 EXIT
EVENNUM:  MOV    CH, 1            ; AL 最低位为零, CH 置 1
EXIT:     HLT                     ; 停止
```

3. 循环控制指令

8086/8088 CPU 中设计的 3 条循环控制指令用来使指定程序段反复执行若干次,以形成循环程序。这 3 条循环控制指令都隐含使用 CX 寄存器作为循环计数器。

循环控制指令本身不影响标志位。

1) 循环转移指令 LOOP

〖指令格式〗 LOOP short_label

〖指令功能〗

① (CX)←(CX)-1。

② 若 (CX)≠0,则 (IP)←(IP)+disp8。

即将循环计数器 CX 寄存器的内容减 1 后送回 CX。若 CX≠0,则转移到目标标号 short_label 所指定的地址继续循环;否则结束循环,顺序执行下一条指令。指令的操作数只能是一个短标号,即转移距离不能超过 -128~+127 的范围。

LOOP 指令相当于如下两条指令的组合:

```
DEC CX
JNZ short_label
```

但 LOOP 指令对标志位没有影响,而 DEC 指令对标志位有影响。

2) 相等(为零)循环转移指令 LOOPE/LOOPZ

〖指令格式〗 LOOPE short_label 或 LOOPZ short_label

〖指令功能〗

① (CX)←(CX)-1。

② 若(CX)≠0 且 ZF = 1，则(IP)←(IP)+ disp8。

LOOPE 和 LOOPZ 是同一条指令的两种不同的助记符。指令功能是先将 CX 减 1 送 CX；若 ZF＝1 且 CX≠0 则循环，否则顺序执行下一条指令。

3) 不相等(不为零)循环转移指令 LOOPNE/LOOPNZ

〖指令格式〗 LOOPNE short_label 或 LOOPNZ short_label

〖指令功能〗

① (CX)←(CX)-1。

② 若(CX)≠0 且 ZF = 0，则(IP)←(IP)+ disp8。

LOOPNE 和 LOOPNZ 是同一条指令的两种不同的助记符。指令功能是先将 CX 减 1 送 CX；若 ZF＝1 且 CX≠0 则循环，否则顺序执行下一条指令。

【例 3-48】 在存储器的数据段中连续存放了 200 个 8 位带符号数，数据块的首地址为 1000H。试编写程序统计其中负数的个数，并将个数存放到字节单元 MINUS 中。

为统计负数的个数，可先将 MINUS 清零，然后将数据块中的带符号数逐个取入 AL 寄存器并使其影响标志位，再利用 JS 或 JNS 条件转移指令进行统计。

```
        MOV  MINUS, 0        ; MINUS 单元清零
        MOV  SI, 1000H       ; 将数据块首地址 →(SI)
        MOV  CX, 200         ; 数据块长度(循环次数)→(CX)
AGAIN:  MOV  AL, [SI]        ; 取一个数到 AL
        OR   AL, AL          ; 使数据影响标志位而其数值不变
        JNS  PLUS            ; 若不为负数，则转移到 PLUS
        INC  MINUS           ; 否则为负数，MINUS 单元加 1
PLUS:   INC  SI
        LOOP AGAIN           ; CX 减 1，若不为 0，则转移到 AGAIN
        HLT                  ; 停止
```

4. 过程调用与返回指令

在复杂程序的设计过程中，通常把系统的总体功能分解为若干个小的功能模块。每一个小功能模块对应一个**过程**。在汇编语言中，过程又称为**子程序**。程序设计时，可以由调用程序(称为**主程序**)来调用子程序，子程序执行完毕后要返回主程序调用处继续执行下一条指令。

被调用的子程序可以在本段内(近过程)，也可在其他段(远过程)。调用的过程地址可以用直接的方式给出，也可用间接的方式给出。

过程调用指令和返回指令对标志位都没有影响。

1) 调用指令 CALL

〖指令格式〗 CALL proc

〖指令功能〗 proc 表示过程的名字。指令执行时，首先是把主程序的**断点地址**(调用指令的下一条指令地址)压入堆栈保存，然后将目标地址(过程的首地址)装入 IP 或 IP 与 CS，以控制 CPU 转移到目标过程去执行被调用的过程。

CALL 指令与 JMP 指令类似，通过改变代码段寄存器 CS 和指令指针寄存器 IP 的内容，使程序的执行顺序发生转移。与 JMP 指令的不同之处是，CALL 指令执行时，增加了一个

保存当前的 IP 或 IP 与 CS 的内容(断点地址)进堆栈的操作,以便当子程序执行完毕时,再由返回指令 RET,将原来的由 CALL 指令压入堆栈的 CS 和 IP 的内容弹出堆栈,使其返回到程序断点处,继续执行主程序。而 JMP 指令的功能只是使程序转移,它并不保存主程序断点处的 CS 和 IP 的内容。因此,程序一旦转移,不再返回。

调用指令 CALL 必须与返回指令 RET 成对使用。

在 CALL 指令中的子程序入口地址的寻址方式与 JMP 指令的目标地址寻址方式类似,也可以分为段内调用和段间调用,其中又分为直接调用和间接调用。直接调用的 CALL 指令,被调用于程序的首地址由指令直接给出;间接调用的 CALL 指令,则采用寄存器或存储器寻址方式,间接地得到子程序的首地址。

段内调用是调用指令和子程序同在一代码段中,只需把断点地址的偏移量 IP 压入堆栈,用目标过程的偏移量修改原来 IP 的值,而 CS 保持不变。段间调用是调用指令和子程序不在同一代码段中,此时,要把断点地址的段基值 CS 和偏移量 IP 都压入堆栈,再用子程序所在段的段基值和偏移量修改原来的 CS 和 IP 值。

(1)段内直接调用。

〖指令格式〗 CALL near_proc

〖指令功能〗

①(SP)←(SP)−2

②((SP)+1:(SP))←(IP)　　;当前 IP 值入栈

③(IP)←(IP)+disp16

指令的操作数是一个近过程,该过程在本段内。指令汇编以后,得到 CALL 的下一条指令与被调用的过程入口地址之间的 16 位相对位移量 disp16。指令的操作是将指令指针 IP 推入堆栈,然后将相对位移量 disp16 加到 IP 上,使控制转到调用的过程。相对位移量的范围为 −32768～+32767,占 2 字节,段内直接调用指令的机器码共有 3 字节。

(2)段内间接调用。

〖指令格式〗 CALL reg16 或 CALL mem16

〖指令功能〗

①(SP)←(SP)−2

②((SP)+1:(SP))←(IP)　　　　;当前 IP 值入栈

③(IP)←(reg16)或(mem16)

指令的操作数是一个 16 位的寄存器或存储器,其中的内容是一个近过程的入口地址。指令先将当前 IP 值推入堆栈,然后将寄存器或存储器的内容传送到 IP。

(3)段间直接调用。

〖指令格式〗 CALL far_proc

〖指令功能〗

①(SP)←(SP)−2

②((SP)+1):(SP))←(CS)　　　　;当前 CS 值入栈

③(SP)←(SP)−2

④((SP)+1):(SP))←(IP)　　　　;当前 IP 值入栈

⑤(CS)← far_proc 的段基值

⑥(IP)← far_proc 的偏移量

(4) 段间间接调用。

〖指令格式〗 CALL mem32

〖指令功能〗

①$(SP) \leftarrow (SP) - 2$

②$((SP)+1:(SP)) \leftarrow (CS)$　　　　　　; 当前 CS 值入栈

③$(SP) \leftarrow (SP) - 2$

④$((SP)+1:(SP)) \leftarrow (IP)$　　　　　　; 当前 IP 值入栈

⑤$(CS) \leftarrow (mem32+2)$

⑥$(IP) \leftarrow (mem32)$

指令的操作数是一个 32 位(双字)的存储器地址。在当前 CS 与 IP 入栈保存以后,将 mem32 指定的连续 4 个存储单元的内容替换原有 CS 与 IP 的值,其中高字送 CS,低字送 IP。

2) 返回指令 RET

过程的最后一条可执行指令必须是返回指令 RET。它的功能是从堆栈中弹出由 CALL 指令压入的断点地址值,送入 IP 或 IP 与 CS 寄存器中,迫使 CPU 返回到主程序的断点去继续执行。

通常,RET 指令的类型是隐含的,它自动与过程定义时的类型匹配。如为近过程,返回时将栈顶的字弹出到 IP 寄存器;如为远过程,返回时先从栈顶弹出一个字到 IP 寄存器,接着再弹出一个字到 CS 寄存器。但是,当采用间接调用时,必须注意保证 CALL 指令的类型与过程中 RET 指令的类型匹配,以免发生错误。例如,CALL WORD PTR[BX]只能调用一个近过程,而 CALL DWORD PTR[BX]只能调用一个远过程。

(1) 返回指令。

〖指令格式〗 RET

〖指令功能〗 若过程定义为 NEAR 类型,则为段内返回,执行下列操作:

①$(IP) \leftarrow ((SP)+1:(SP))$　　　　②$(SP) \leftarrow (SP)+2$

若过程定义为 FAR 类型,则为段间返回,从堆栈中弹出断点地址的偏移量和段基值,分别送入 IP 和 CS,即

①$(IP) \leftarrow ((SP)+1:(SP))$　　　　②$(SP) \leftarrow (SP)+2$

③$(CS) \leftarrow ((SP)+1:(SP))$　　　　④$(SP) \leftarrow (SP)+2$

(2) 带弹出值指令。

〖指令格式〗 RET n

〖指令功能〗 该返回指令中,带有一个弹出值 n(立即数)。在执行指令时,除了像 RET 指令一样从堆栈中弹出断点地址(段内返回 2 字节、段间返回 4 字节)外,还要在弹出断点地址后,再用这个立即数 n 修改堆栈指针 SP 的值:$(SP) \leftarrow (SP) + n$。

因为堆栈操作是字操作,因此 n 总是偶数。

〖用途〗 带弹出值返回指令主要用于将执行 CALL 指令之前压入堆栈中的一些参数丢弃。

5. 中断指令

8086/8088 CPU 可以在程序中安排一条中断指令来引起一个中断过程,这种中断称为软件中断。

8086/8088 中断系统以存储器的最低地址区的 1024 字节（地址为 0 段的 00000～003FFH）作为中断向量区。中断向量区最多可容纳 256 个中断向量（中断向量指明了中断处理子程序的入口地址），每个中断向量对应一个中断类型。一个中断向量占 4 字节单元，前两字节单元用来存放中断处理子程序入口地址的偏移量，后两字节单元用来存放中断处理子程序入口地址的段地址。

1）INT

〖**指令格式**〗 `INT n`

〖**指令功能**〗 指令中的常数 n 称为**中断类型号**，其值为 0～255，指令的操作为：

①(SP)←(SP)-2,　　　 ((SP)+1：(SP))←(标志寄存器)

②(IF)←0，(TF)←0

③(SP)←(SP)-2,　　　 ((SP)+1：(SP))←(CS)

④(SP)←(SP)-2,　　　 ((SP)+1：(SP))←(IP)

⑤(CS)←(n×4+2),　　 (IP)←(n×4)

INT n 指令除了将 IF 和 TF 清零外，对其他标志位没有影响。

2）INTO

〖**指令格式**〗 `INTO`

〖**指令功能**〗 INTO 称为溢出中断指令。指令助记符后面没有操作数。这条指令检测溢出标志 OF，如果 OF＝1，则启动一个类似于 INT n 的中断过程，否则没有操作。当发生中断时，INTO 相当于中断类型号 n＝4。

3）IRET

〖**指令格式**〗 `IRET`

〖**指令功能**〗 IRET 是一条从中断返回指令，汇编指令后面没有操作数。中断服务程序的最后一条指令通常是 IRET。IRET 指令将推入堆栈的段地址和偏移地址弹出，使控制返回到原来发生中断的地方，同时恢复标志寄存器的内容。指令的操作为：

①(IP)←((SP)+1：(SP)),　　　　 (SP)←(SP)+2

②(CS)←((SP)+1：(SP)),　　　　 (SP)←(SP)+2

③(标志寄存器)←((SP)+1：(SP)),　 (SP)←(SP)+2

IRET 指令将影响所有的标志位。

3.3.5 串操作指令

8086/8088 CPU 有一组十分有用的串操作指令，这些指令的操作对象不只是单个的字节或字，而是内存中地址连续的字节串或字串。

在每次基本操作后，串操作指令能够自动修改地址，为下一次操作做好准备。串操作指令还可以加上重复前缀，此时指令规定的操作将一直重复下去，直到完成预定的循环次数。

8086/8088 指令系统对于字符串操作提供了一组重复前缀指令和 5 条用于字符串操作的基本指令：**串传送指令 MOVS、串比较指令 CMPS、串搜索指令 SCAS、取串指令 LODS、存串指令 STOS**。

详细内容可扫描二维码阅读。

串操作指令

3.3.6 处理器控制指令

这一类指令用于对 CPU 进行控制，例如，对 CPU 中某些标志位的状态进行操作，以及使 CPU 暂停等。

1. 标志位操作

8086/8088 提供了 7 条控制状态标志位的指令，它们可以直接或独立地对 CPU 的标志位 CF、DF 和 IF 进行控制，用来设置或改变状态标志位的状态。

(1) 清除进位标志　　CLC　　　; 置 CF＝0
(2) 进位标志置位　　STC　　　; 置 CF＝1
(3) 进位标志取反　　CMC　　　; CF 取反
(4) 清除方向标志　　CLD　　　; 置 DF＝0
(5) 方向标志置位　　STD　　　; 置 DF＝1
(6) 清除中断标志　　CLI　　　; 置 IF＝0
(7) 中断标志置位　　STI　　　; 置 IF＝1

以上指令的汇编形式上均**无操作数**。这些指令仅对有关标志位执行操作，而对其他标志位则没有影响。

【**例 3-49**】 8086/8088 没有直接对 TF 进行操作的指令。若要将 TF 置 1，可用以下程序来实现。

```
PUSHF
POP    AX
OR     AH, 01H                ; 使 TF 对应位置 1
PUSH   AX
POPF
```

2. 同步控制指令

8086/8088 CPU 构成最大方式系统时，可与别的处理器一起构成多处理器系统。当 CPU 需要协处理器帮助它完成某个任务时，CPU 可用同步指令向协处理器发出请求，待它们接受请求后，CPU 才能继续执行程序。为此，8086/8088 设置了 3 条同步控制指令。

1) 处理器交权指令 ESC

〖**指令格式**〗 ESC ext_op, src

〖**指令功能**〗 指令格式中的 ext_op 是其他协处理器的操作码，称为外部操作码。src 是一个存储器操作数。

ESC 指令是在最大方式系统中 8086/8088 CPU 要求协处理器完成某种任务的命令，它的功能是使某个协处理器可以从 8086/8088 CPU 的程序中取得一条指令中一个存储器的操作数。

ESC 指令对标志位没有影响。

2) 等待指令 WAIT

〖**指令格式**〗 WAIT

〖指令功能〗 当$\overline{TEST}$=1时，WAIT指令使8086进入等待状态，重复执行WAIT指令，直至$\overline{TEST}$=0时，则CPU结束WAIT指令，继续执行后续指令。WAIT指令对标志位没有影响，指令没有操作数。

〖用途〗 WAIT指令的用途是使CPU本身与协处理器或外部硬件同步工作。

3)总线封锁指令LOCK

〖指令格式〗 LOCK 某指令

〖指令功能〗 它使8086/8088(在最大方式下)在执行LOCK后面的指令时，保持一个总线封锁信号$\overline{LOCK}$。该总线封锁信号用于禁止其他协处理器占用总线。

〖注意〗 LOCK是一字节的指令前缀，而不是一条独立的指令，常作为指令的前缀，可位于任何指令前。

〖用途〗 LOCK指令提供的这种方法，在多处理机具有共享资源的系统中是很必要的，用其实现对共享资源的存取控制。

3. 空操作指令NOP

〖指令格式〗 NOP

〖指令功能〗 这是一条空操作指令。执行NOP指令时不进行任何操作，但占用3个时钟周期，然后继续执行下一条指令。NOP指令对标志位没有影响，指令没有操作数。

〖用途〗 NOP指令常用来作延时，或取代其他指令作调试之用。

4. 暂停指令HLT

〖指令格式〗 HLT

〖指令功能〗 执行HLT指令后，CPU进入暂停状态。外部中断(当IF=1时的可屏蔽中断请求INTR，或非屏蔽中断请求NMI)或复位信号RESET可使CPU退出暂停状态。

HLT指令对标志位没有影响，指令没有操作数。

3.4 8086/8088指令格式及执行时间

3.4.1 指令的基本构成

1. 操作码

通常，指令的第1字节为操作码。有些指令用8位表示还不够，因此在指令的第2字节还可能占用3位操作码。大部分操作码中含有一些指示位，其中有：

D位——方向选择位，用于双操作数指令(含立即操作数的指令和字符串指令除外)，它指示操作数的传输方向。D=0表示REG字段给出的寄存器是源操作数寄存器，D=1表示REG字段给出的寄存器是目的操作数寄存器。

W位——指示操作数类型。W=0表示为字节操作数，W=1表示为字操作数。

S位——符号扩展位，一般情况下，S与W联用。S=0，不扩展。若S=1，同时W=1，表示将一个带符号的单字节操作数扩展为双字节数，高字节的各位等于单字节带符号数的最高位(即将8位补码扩展为16位补码)。

此外，在操作码中指令用 2~3 位来指定操作数所存放的寄存器，如表 3-3 所示。

表 3-3　寄存器地址编码

REG	寄存器		SEG	段寄存器
	W = 1	W = 0		
000	AX	AL	00	ES
001	CX	CL	01	CS
010	DX	DL	10	SS
011	BX	BL	11	DS
100	SP	AH		
101	BP	CH		
110	SI	DH		
111	DI	BH		

2. 寻址方式及操作数

指令的第 2 字节给出了大多数寻址方式。这字节可以指出两个操作数，一个由 REG 字段指定，另一个由 MOD 和 R/M 字段确定。它有两种形式，如图 3-17 所示。

图 3-17　寻址方式的两种形式

第一种形式用于单操作数指令(或含两个操作数，但其中一个操作数隐含在操作码中)。这种类型的指令，由 MOD 字段和 R/M 字段规定寄存器/存储器操作数。第二种形式用于一个操作数是寄存器操作数，另一个是寄存器/存储器操作数的双操作数指令，由 REG 字段规定一个寄存器操作数，D 位决定该寄存器是源操作数还是目的操作数，由 MOD 字段和 R/M 字段规定另一个操作数。

(1)REG 寄存器字段(3 位)。

由 REG 字段确定的操作数一定是在某一个通用寄存器中。REG 字段与 W 字段配合使用，共有 16 种组合(见表 3-3)，它不仅指明选择哪个寄存器，而且指明它是 8 位还是 16 位。有时，该字段为 OP 字段，即为操作码扩展字段。

(2)MOD 模式字段(2 位)。

由 MOD 和 R/M 字段共同确定一个操作数。这个操作数可以在寄存器中，也可以在存储单元中。当 MOD=11 时，为寄存器方式，则 R/M 字段(与 REG 字段相同)用于选择一个寄存器。当 MOD=00、01、10 时，为存储器方式，结合 R/M 字段给出计算操作数有效地址 EA 的 24 种方法。表 3-4 给出了 MOD 和 R/M 字段的编码。

(3)R/M 寄存器或存储器字段(3 位)。

R/M 为寄存器/存储器字段，当 MOD=11 时，R/M 为寄存器字段；当 MOD=00、01、10 时，R/M 为存储器字段。

表 3-4　MOD 和 R/M 字段编码

R/M \ MOD	存储器方式			寄存器方式	
	有效地址（EA）			W = 0	W = 1
	00	01	10	11	
000	(BX)+(SI)	(BX)+(SI)+disp8	(BX)+(SI)+disp16	AL	AX
001	(BX)+(DI)	(BX)+(DI)+disp8	(BX)+(DI)+disp16	CL	CX
010	(BP)+(SI)	(BP)+(SI)+disp8	(BP)+(SI)+disp16	DL	DX
011	(BP)+(DI)	(BP)+(DI)+disp8	(BP)+(DI)+disp16	BL	BX
100	(SI)	(SI)+disp8	(SI)+disp16	AH	SP
101	(DI)	(DI)+disp8	(DI)+disp16	CH	BP
110	16 位直接地址	(BP)+disp8	(BP)+disp16	DH	SI
111	(BX)	(BX)+disp8	(BX)+disp16	BH	DI

3. 指令的其他字段

指令的第 3～6 字节为选择字节，根据对指令的要求不同而有所取舍。通常由第 3～6 字节给出存储器操作数的位移量和立即操作数。如果一条指令为 6 字节，则第 3、第 4 字节为位移量，第 5、第 6 字节为立即数。

如果在一条指令中，同时有位移量和立即数的情况下，8086 的指令系统规定，位移量在立即数的前面。

指令中的位移量既可以是 8 位，也可以是 16 位，由方式字段 MOD 规定。如果指令的位移量只有 8 位，那么，8086 CPU 在计算有效地址时，自动用符号将其扩展成为一个 16 位的双字节数，以保证有效地址计算不产生错误，实现正确寻址。同样，指令中的立即数可以是 8 位的，也可以是 16 位的，根据操作数而定。

若指令中无位移量，则立即数位于指令的第 3、第 4 字节。总之，指令中缺少的项（字节），由指令后面的项取代，以减少指令的长度。如果指令中的两个操作数都为寄存器操作数，显然，这时的指令为两字节指令。

关于 8086/8088 指令编码的详细情况，可参考后面的附录。

〔注意〕

① 对于各种存储器寻址方式（MOD≠11 时），在没有指定段超越前缀下，对段寄存器还有所约定：凡涉及 BP 寄存器的间接寻址，即当 R/M 为 010、011、110 时，SS 为默认段寄存器；在其他情况下，DS 为默认段寄存器。

如果指令中指定有段超越前缀，则在指令之前放一字节来表示，该字节如下：

001	SEG	110

其中 001 及 110 均为段前缀标志，SEG 代表 4 个段寄存器中的一个，编码见表 3-3。加上段超越前缀，指令长度可达 7 字节。

② LOCK 指令可放在任何指令之前，加上这个指令前缀，指令长度最长可达 8 字节。

【例 3-50】　MOV DS，AX

查附录，可查到其指令各部分编码如下：

操作码	MOD	0	REG	R/M
10001110	11	0	11	000

汇编该指令，目标代码为"8EH D8H"。

【例3-51】 ADD [BX+DI+2000H]，1234H

查附录可查到其指令各部分编码如下：

操作码	S	W	MOD	OP	R/M	位移量低位	位移量高位	立即数低位	立即数高位
100000	0	1	10	000	001	00000000	00100000	00110100	00010010

汇编该指令，目标代码为"81H 81H 00H 20H 34H 12H"。

【例3-52】 SUB BX，ES：[BX]

查附录，可查到其指令各部分编码如下：

OP	SEG	OP	操作码	D	W	MOD	REG	R/M
001	00	110	001010	1	1	00	011	111

汇编该指令，目标代码为"26H 2BH 1FH"。

3.4.2 指令的执行时间

通常，计算机一条指令的执行时间是指取指令和执行指令所花时间的总和，单位用**时钟周期数**表示。但是，在8086/8088 CPU中，其执行部件EU和总线接口部件BIU是并行工作的，BIU可以预先把指令取到指令队列缓冲存放，形成了取指和执行的重叠，这样，在计算指令的执行时间时，就不把取指时间计算在内。

执行指令的时间，除了EU中的基本执行时间外，有些指令在执行过程中可能需多次访问内存，包括取操作数和存放操作结果等，要执行总线的读/写周期；而在每次访问内存之前，需要计算有效地址EA，计算有效地址所需的时间又由寻址方式决定，不同寻址方式下计算有效地址所需的时间如表3-5所示。不同功能的指令，其基本执行时间也不相同，指令的执行时间可参见附录。同一类指令，因寻址方式不同、访问存储器次数不一，因而执行时间不同。这里仅列出传送指令(MOV)的情况，如表3-6所示。

表3-5 计算EA所需时间表

寻址方式		时钟周期数
直接寻址		6
寄存器间接寻址		5
寄存器相对寻址		9
基址加变址寻址	[BP+DI]，[BX+SI]	7
	[BP+SI]，[BX+DI]	8
相对基址加变址寻址	[BP+DI+位移量][BX+SI+位移量]	11
	[BP+SI+位移量][BX+DI+位移量]	12

表 3-6　MOV 指令执行时间表

指令		时钟周期数	访问存储器次数
MOV	累加器→存储器	10(14)	1
	存储器→累加器	10(14)	1
	寄存器→寄存器	2	0
	存储器→寄存器	8(12)+EA	1
	寄存器→存储器	9(13)+EA	1
	立即数→寄存器	4	0
	立即数→存储器	10(14)+EA	1
	寄存器→段寄存器	2	0
	存储器→段寄存器	8(12)+EA	1
	段寄存器→寄存器	2	0
	段寄存器→存储器	9(13)+EA	1

〖说明〗

① 8088 因数据线只有 8 位，每个总线周期只传输 1 字节，所以对每个字操作还要加上 4 个时钟周期。表中小括号内的数为 8088 进行字操作的时钟数。

② 对于条件转移指令，若条件满足，要产生转移，执行时间比较长，因为包括了取下一条指令所需的时间。若条件不满足，执行时间较短，因为并未产生转移，而是执行下一条指令。

【例 3-53】　设 CPU 为 8088，时钟频率为 5MHz，则 1 个时钟周期为 0.2μs。

① MOV BX, CX

属于寄存器到寄存器传送，指令执行所需时间为 $t=2×0.2=0.4(μs)$。

② MOV DX, [BX][DI]

属于存储器到寄存器字节传送，存储器使用基址加变址寻址方式，指令执行所需时间为：$t=(12+EA)×0.2=(12+8)×0.2=4(μs)$。

3.5　Pentium 微处理器新增指令和寻址方式

Pentium 微处理器以最先进的技术将 PC 推向了一个崭新的发展阶段，Pentium 拥有全新的结构与功能。它采用了超标量体系结构，具有动态转移预测、流水线浮点部件、片内超高速缓冲存储器、较强的错误检测和报告功能、测试挂钩等新技术。

3.5.1　Pentium 微处理器寻址方式

1. Pentium 微处理器的内部寄存器和指令格式

由于 Pentium 微处理器采用 32 位指令，它的内部寄存器和指令格式与 8086/8088 微处理器有所不同，主要有以下几个方面：

(1)指令的操作数可以为 8 位、16 位或 32 位。

(2)指令的操作数字段可以是 0～3 个。3 个操作数时，最左边的操作数为目的操作数，右边两个操作数均为源操作数。

（3）原有的 8 个通用寄存器扩展为 32 位，更名为 EAX、EBX、ECX、EDX、ESI、EDI、EBP、ESP。

（4）指令指针寄存器扩展为 32 位，更名为 EIP，实地址方式下仍然可以使用其低 16 位 IP。

（5）标志寄存器扩展为 32 位，更名为 EFLAGS，除原有标志外，还新增了 2 位，表示 IO 操作特权级别的 IOPL 和表示进入虚拟 8086 方式的 VM 标志。

（6）新增 2 个段寄存器 FS 和 GS，段寄存器长度仍然为 16 位，但是它们存放的不再是段基址，而是代表这个段编号的"段选择字"。

（7）新增 4 个系统地址寄存器，分别是存放"全局段描述符表"首地址的 GDTR，存放"局部段描述符表"选择字的 LDTR，存放"中断描述符表"首地址的 IDTR，存放"任务段"选择字的 TR。

（8）新增 5 个 32 位控制寄存器，命名为 $CR_0 \sim CR_4$，CR_0 寄存器的 PE = 1 表示系统目前运行在保护模式，PG = 1 表示允许进行分页操作，CR_3 寄存器存放页目录表的首地址。

（9）新增 8 个用于调试的寄存器 $DR_0 \sim DR_7$，2 个用于测试的寄存器 $TR_6 \sim TR_7$。

2. Pentium 微处理器的新增寻址方式

Pentium 微处理器新增 3 种寻址方式，即**带比例因子的变址寻址、基址加比例因子变址寻址和相对基址加比例因子变址寻址**。

1）带比例因子的变址寻址

将变址寄存器的内容乘以比例因子后，再加位移量形成操作数的 32 位有效地址。

【例 3-54】 MOV EBX, CNT[EDI*8]；CNT 为位移量，8 是比例因子

2）基址加比例因子变址寻址

把变址寄存器的内容乘以比例因子后，再加上基址寄存器内容得到操作数的 32 位有效地址。

【例 3-55】 MOV EAX, [EBX*4+EDX]

3）相对基址加比例因子变址寻址

基址加比例因子变址寻址允许带一个位移量，即构成了这种寻址方式。

【例 3-56】 MOV ECX, [ESI*4+68H]

3.5.2 Pentium 微处理器专用指令

Pentium 处理器的指令集是**向下兼容**的，它保留了 8086/8088 和 80X86 微处理器的指令。Pentium 微处理器的指令集与 80486 相比变化不大，主要特色是拥有能实现多路处理 Cache 一致性协议的新指令，以及 8 字节比较交换指令和微处理器识别指令。

1. 比较和交换 8 字节数据指令 CMPXCHG8B

〖指令格式〗 CMPXCHG8B dst, src

〖指令功能〗 该指令实际包含三个操作数，隐含的第三操作数为累加器。

指令的操作为：将 dst（64 位存储器操作数）与累加器 EDX：EAX 的内容进行比较。若相等，则 ZF=1，并将 src 存于 dst 中；否则 ZF=0，并将 dst 送到相应的累加器。

2. CPU 标识指令 CPUID

〖指令格式〗 CPUID

〖指令功能〗 指令执行后可将有关 Pentium 微处理器的型号和参数等信息返回到 EAX 中。在执行 CPUID 指令前，EAX 寄存器须设置为 0 或 1，根据 EAX 中设置值的不同，可以得到不同的 CPU 信息。

3. 读时间标记计数器指令 RDTSC

〖指令格式〗 RDTSC

〖指令功能〗 Pentium 微处理器有一个片内 64 位计数器，称为时间标记计数器 TSC。计数器 TSC 的值在每个时钟周期都会自动加 1。执行 RDTSC 指令可以读出计数器 TSC 的值，并送入寄存器 EDX：EAX 中。

〖用途〗 指令可以用来确定执行某个程序的时间。在执行之前和之后分别读出 TSC 的值，计算两次值的差即可得出时钟周期数。

思考题与习题

3.1 假定 (DS)=2000H，(ES)=2100H，(SS)=1500H，(SI)=00A0H，(DI)=00B0H，(BX)=0100H，(BP)=0010H，请指出下列指令源操作数的寻址方式。如果源操作数是存储器操作数，分别计算其有效地址和物理地址。

(1) MOV AX, 00ABH

(2) ADD AX，[100H]

(3) XOR AX，[0050H]

(4) MOV BX，[SI]

(5) SUB AX, 0050H[BX][DI]

(6) CMP CL, [BX][SI]

(7) ADC AL, ES:[BP]

(8) MOV DS, [BP][SI]

(9) AND BX, SS:[DI]

(10) SBB 0050H[SI]，BX

3.2 指出下列指令的错误原因。

(1) MOV DS, 1000H

(2) MOV 10H, AL

(3) INC [SI]

(4) MOV 2000H[BX][DI]，[2000H]

(5) MOV AL, 256

(6) SHR CL，4

(7) MOV CS, AX

(8) ADD [AX]，1

(9) MOV CX, BX+SI

(10) PUSH CL

(11) XOR DX，BL

(12) IN AL，200H

(13) LEA BX，CX

(14) POP IP

(15) MOV BX，[CX+20H]

3.3　假设标志寄存器各标志初始值为 0，分别单独执行如下指令序列后，请指出 AX 寄存器和标志 CF、ZF、SF、OF 的值。

(1) MOV AX，1234H

　ROL AX，1

(2) MOV AX，5678H

　AND AX，0F0FH

(3) MOV AX，1995H

　ADC AX，0FFFFH

(4) MOV AX，-1

　INC AX

(5) XOR AX，AX

　 SUB AX，80H

(6) MOV AX，65535

　ADD AX，1

(7) MOV AL，81H

　CBW

(8) MOV BX，1938H

　PUSH BX

　POP AX

(9) LEA BX，[7856H]

　MOV AX，BX

(10) MOV AX，1234H

　 TEST AX，1

3.4　已知指令序列如下：

　ADD AX，BX

　JO N1

　JC N2

　SUB AX，BX

　JP N3

　JNO N4

　JNC N5

　JMP N6

若 AX 和 BX 的初始值分别为以下情况，则执行该指令序列后，程序将分别转移至何处？为什么？

(1)（AX）= 1234H，（BX）= 5678H；

(2)（AX）= 8765H，（BX）= 7654H；

(3) (AX) = 4325H, (BX) = 8761H；

(4) (AX) = 4321H, (BX) = 7762H；

(5) (AX) = 5678H, (BX) = 1234H。

3.5 计算下列程序分别执行后 AX 寄存器的内容。

```
(1)     MOV    AX, 0
        MOV    BX, 5678H
        TEST   BX, 1000H
        JZ     DONE
        INC    AX
DONE: ......
```

```
(2)     MOV    AX, 0
        XOR    BX, BX
AGAIN: INC    BX
        ADD    AX, BX
        CMP    BX, 20
        JB     AGAIN
```

```
(3)     MOV    AX, 0
        MOV    BX, 1234H
        MOV    CX, 16
AGAIN:  SHL    BX, 1
        JNC    DONE
        INC    AX
DONE:   LOOP   AGAIN
```

```
(4)     MOV    AL, 80H
        CBW
        INC    AX
        XCHG   AH, AL
        SHR    AH, 1
        RCR    AL, 1
```

```
(5)     MOV    CL, 3
        MOV    BX, 1DABH
        ROL    BX, 1
        ROR    BX, CL
```

3.6 编写程序实现下述功能：

(1) 将立即数 27H 送 DL，立即数 8EH 送 AL，然后将 AL 和 DL 相加，结果存放在 DL 中；

(2) 将立即数 1234H 送 AX，5678H 送 DX，然后将 DX 减去 AX，结果存放在 AX 中；

(3) 将立即数 1A2BH 送偏移地址为 1234H 的字存储单元中，再将该字存储单元内容加 1；

(4) 将 BX 寄存器的高 4 位清零，其余位不变；

(5) 将 DX 寄存器的最高位置 1，其余位不变；

(6) 先将 CX 寄存器的奇数位取反，然后将 CX 寄存器的偶数位置 1；

(7)测试 AX 是否为偶数，如果 AX 为偶数则将 CL 置 1，否则 CL 为 0；

(8)测试 AL 低 7 位含二进制 1 的个数是否为偶数，如果是则将 AL 最高位置 1(其余位不变)，否则将 AL 的最高位清 0(其余位不变)；

(9)不使用其他寄存器，将 AL 寄存器的高 4 位和低 4 位内容互换；

(10)编程将物理地址从 10000H 至 100FFH 的内存单元内容全部清零；

(11)不使用其他指令和寄存器，利用堆栈和入栈出栈指令将 AX 和 BX 寄存器的内容交换；

(12)不使用乘法指令，将存放在 AX 中的无符号数内容乘以 21，结果仍然存放在 AX 中；

(13)计算双字数 DX:AX(DX 为高 16 位，AX 为低 16 位)的相反数，结果仍然存放在 DX:AX 中。

3.7 假设堆栈可入栈的第一个字的物理地址是 12400H，那么：

(1)如果堆栈大小为 400H，则 SS 和 SP 的初始值为多少？

(2)如果堆栈大小为 800H，则 SS 和 SP 的初始值为多少？

3.8 在 10100H 和 10101H 单元中分别存放 74H、85H(表示条件转移指令 JZ)，若 CS=1000H,ZF=1，则执行完这条指令后，IP=(   )。

3.9 下面两段程序的功能均是将 AL 寄存器中的无符号数乘以 10，并保存结果到 AX。试计算、比较这两段程序执行所需的时间(单位：时钟周期 T)。

(1)采用移位指令：

```
XOR AH, AH
SHL AX, 1
MOV BX, AX
SHL AX, 1
SHL AX, 1
ADD AX, BX
```

(2)采用乘法指令：

```
MOV BL, 10
MUL BL
```

第4章 汇编语言程序设计

4.1 汇编语言源程序格式

4.1.1 汇编语言程序结构

汇编语言程序由若干个**段**构成。每个段必须有且仅有一个**名字**,以 SEGMENT 定义段的开始,以 ENDS 定义段的结束。整个源程序以 END 作为结尾。

〖说明〗 汇编程序有很多不同的版本,不同版本的汇编语言程序格式通常不同。为保持一致性,以 MASM 5.0 来介绍。

1. 汇编源程序的基本格式

源程序基本格式为

```
STACK    SEGMENT
         ......
STACK    ENDS
DATA     SEGMENT
         ......
DATA     ENDS
CODE     SEGMENT
    ASSUME    CS: CODE, DS: DATA, SS: STACK
START:
         ......
CODE     ENDS
    END    START
```

下面举出一个规范的汇编语言源程序。例如,要求统计数据段中 100 个带符号数中负数的个数,并将个数存放到字节单元 MINUS 中,可以编写出以下汇编语言源程序。

【例 4-1】 规范汇编语言源程序的例子:

```
DATA    SEGMENT                 ; 定义数据段
    MINUS    DB  ?              ; 定义 MINUS 字节单元
    NUMBER DB  100 DUP(?)       ; 定义 100 字节单元
    COUNT   EQU 100             ; 数据块长度 100 的符号名
DATA    ENDS                    ; 数据段结束
CODE    SEGMENT                 ; 定义代码段
    ASSUME CS: CODE, DS: DATA
START: MOV    AX, DATA
```

```
                MOV DS, AX                  ; 初始化 DS
                MOV MINUS, 0                ; MINUS 单元清零
                LEA SI, NUMBER              ; 将数据块首地址→(SI)
                MOV CX, COUNT               ; 数据块长度(循环次数)→(CX)
        AGAIN: MOV AL, [SI]                 ; 取一个数到 AL
                OR  AL, AL                  ; 设置标志位而保持内容不变
                JNS NOT_MINUS               ; 若不为负数, 则转移到 NOT_MINUS
                INC MINUS                   ; 否则为负数, MINUS 单元加 1
        NOT_MINUS: INC SI                   ; 修正指针, 指向下一个单元
                LOOP    AGAIN               ; CX 减 1, 若不为 0, 则转移到 AGAIN
                MOV     AH, 4CH
                INT     21H                 ; 返回 DOS
        CODE    ENDS                        ; 代码段结束
            END    START                    ; 源程序结束
```

2. 汇编源程序的结构特点

(1)汇编语言程序通常由若干个段组成, 段由语句 SEGMENT 和 ENDS 定义, 各段顺序任意, 段的数目依据需要而定。数据段通常在代码段之前定义。程序代码段部分开始通常要设置段寄存器、初始化 DS。

(2)段由若干语句组成, 一条语句通常写成一行, 书写时语句的各部分应尽量对齐。

(3)汇编语言程序中至少要有一个启动标号, 作为程序执行时的入口地址。启动标号常用 START、BEGIN、MAIN 等命名。

(4)为增加源程序的可读性, 可在分号";"后面加上适当的注释。

4.1.2 汇编语言语句类型及组成

1. 汇编语言语句类型

汇编语言源程序中的语句分为两类: 指令性语句和指示性语句。

指令性语句是可执行语句, 在汇编中要产生对应的目标代码, CPU 根据这些代码才能执行相应的操作。

指示性语句是不可执行语句, 又称为**伪指令**, 汇编时不产生目标代码, 用于指示汇编程序如何编译源程序, 进行如定义数据、分配存储区、指示程序开始和结束等服务性工作。

2. 语句格式

指令性语句格式:

[标号:]〈指令助记符〉 [操作数]   [; 注释]

指示性语句格式:

[符号名]〈伪指令助记符〉[操作数]   [; 注释]

其中, [ ] 表示可选项, 〈 〉表示必选项。

1）标号和符号名

语句中的符号名和标号，又称为**标识符**，是由程序员自己确定的。它不允许与汇编语言中的保留字和 CPU 内部寄存器同名，也不允许以数字开头，字符个数不得超过 31 个。

2）助记符

指令性语句中可用 MOV、ADD、LOOP 等助记符来表示，而指示性语句中可用 EQU、DB、END 等助记符来表示。

3）操作数

操作数是可选项。在指令性语句中，可以有 0 或多个操作数。指令的操作数可以是立即数、寄存器和存储单元。

在指示性语句中，参数可以是常数、变量名、表达式等，可以有多个，参数之间用逗号分隔。

4）注释

对于一个汇编语言语句来说，加上适当的注释可以增加源程序的可读性。注释由分号"；"开头，直到语句行的结尾。如果注释的内容较多，超过一行，则换行以后前面还要加上分号。汇编程序对于注释不予理会，注释也不会生成目标代码。

5）保留字

保留字是汇编程序已经使用的标识符，也称为**关键字**，主要有：

① 指令助记符，如 MOV、ADD 等。

② 伪指令助记符，如 DB、DW 等。

③ 操作符，如 OFFSET、PTR 等。

④ 寄存器名，如 AX、CS 等。

4.1.3 汇编语言的数据与表达式

数据是汇编语言中操作数的基本组成部分。汇编语言中可以作为操作数的有：寄存器、存储单元、常量、标号、变量和表达式等。

1. 常量

凡是出现在汇编源程序中的固定值，就称为**常量**。常量在程序运行期间不会变化。常量包括**数字常量**和**字符串常量**两种。

1）数字常量

(1) 二进制常量：以字母 B 结尾的数为二进制数。例如，01011010B。

(2) 八进制常量：以字母 Q（或字母 O）结尾的数为八进制数，如 254Q、317Q 等。

(3) 十进制常量：以字母 D 结尾或没有字母结尾的数为十进制数，如 8769D、23 等。

(4) 十六进制常量：以字母 H 结尾的数为十六进制数，如 5411H、0ABCDH 等。

〖**注意**〗 在汇编源程序中，凡是以字母 A～F 开始的十六进制数，必须在前面加上数字 0，以避免和标识符相混淆。

2）字符串常量

以单引号内一个或多个 ASCII 字符构成字符串常量。汇编程序把它们翻译成对应的 ASCII 码值，一个字符对应一字节。例如，字符串常量'AB'和'123'在汇编时分别被翻译为 4142H 和 313233H。

2. 变量

变量是存放在存储器单元的数据，它的数值在程序运行过程中随时可以修改。它通常以变量名的形式出现，可以认为是存放数据的存储器单元的符号地址。

变量在程序中作为存储器操作数来引用。我们可以用数据定义语句 DB、DW、DD 等来定义变量。

每个变量均具有三种属性：

(1) **段**（SEG）：变量所在段的段基址。为了确保汇编程序能找到该变量，应在伪指令 ASSUME 中加以说明，并把变量所在逻辑段的段基址存放在段寄存器中，如 CS、DS、ES 或 SS。

(2) **偏移量**（OFFSET）：变量的地址和变量所在段的起始地址之间的距离，单位为字节。

(3) **类型**（TYPE）：定义该变量存储区内每个数据所占内存单元的字节数，如字节、字、双字类变量分别占用内存 1、2、4 字节单元。

〖**注意**〗

① 变量需要事先定义才能使用。

② 变量类型应与指令要求的操作数类型相符。例如：

MOV BL，V1 指令要求 V1 应该是字节类型才与 BL 类型匹配。

MOV BX，V2 指令要求 V2 应该定义成字类型的变量。

③ 变量的偏移地址。变量定义以后，变量名仅仅是对应这个数据区的首地址。若这个数据区中有若干个数据项，在对其后面的数据项进行操作时，其地址需要改变。

④ 变量的段基址。指令中的操作数的段基址往往不直接表示出来，而是隐含的，或者称为默认的。变量使用时，其段属性应与所在指令的默认段寄存器相符。如若不符，则需要加上段超越前缀。

3. 标号

标号是存放某条指令的存储单元的符号地址。通常它用作条件转移指令、无条件转移指令、循环指令和调用指令的目的操作数。

标号是由标识符（即标号名）后面跟一个冒号来定义的。例如：

```
START: MOV  BX, 1234H
```

这条语句定义了标号 START，它们可以供转移指令、循环指令或调用指令当作目的操作数来使用。

标号作为存储单元的符号地址，它也具有三种属性：段、偏移量和类型。标号的段、偏移量属性分别指它的段基址和偏移地址，而标号的类型分 NEAR 和 FAR 两种。

NEAR 类型的标号是指标号所在的语句和调用指令或转移指令在同一代码段中，即段内调用或转移。

FAR 类型的标号所在的语句与其调用指令或转移指令不在同一代码段中，即段间调用或转移。

4. 表达式和运算符

表达式是由常量、变量和标号通过运算符连接而成的。

表达式按其性质可分为两种：数值表达式和地址表达式。数值表达式产生一个数值结果。地址表达式的结果是一个存储器地址。

任何表达式的计算都是在源程序汇编过程中由汇编程序进行的，而不是在程序运行时计算。因此，在程序被执行时，表达式本身已经是一个有确定值的操作数。

1) 算术运算符

常用的算术运算符有加(+)、减(-)、乘(*)、除(/)、求余(MOD)五种，前面 4 种是最常见到的加、减、乘、除四则运算符，参加运算的数和运算结果均为整数。除法运算的结果只取商的整数部分，MOD 运算是求两个数相除以后的余数。

算术运算符也可以用于地址表达式，但是地址表达式的运算必须有明确的物理意义，其运算结果才有效，否则该地址表达式是错误的。

通常，地址表达式中使用加或减运算。地址加或减一个数字量，表示相对原地址偏移一定的单元地址。例如：

VAR+5 表示变量 VAR 的偏移地址加上 5 作为新的存储单元的偏移地址。

同一段中两个存储单元地址之差，表示它们之间的**地址偏移量**，或者表示这两个存储单元之间有多少字节。不同段基址的两个偏移地址的加或减是没有物理意义的，两个地址相乘或相除同样也是没有物理意义的。

【例 4-2】 若要把字数组 VAR 的第 5 个字传到 AX 寄存器，则可以：

```
MOV AX, VAR+(5-1)*2
```
其中，VAR 是该数组的首地址，(5-1)*2 是第 5 个字的地址与首地址的偏移量。

2) 逻辑运算符

逻辑运算符有 AND、OR、NOT 和 XOR 四种，分别完成逻辑与、或、非和异或运算。逻辑运算是按位操作的。

【例 4-3】 `MOV AL, 12H AND 0FH`

汇编时，汇编程序计算上式中右边逻辑表达式，得到结果为 02H，这样就转化成为指令：

```
MOV AL, 02H
```
〖注意〗

① 逻辑运算符只用于数字表达式中对常量进行按位逻辑运算，对地址进行逻辑运算是没有意义的。

② 不要把逻辑运算符 AND、OR、XOR 和 NOT 等与同样名称的 CPU 指令相混淆。逻辑运算符只能出现在语句的操作数部分，并且是在汇编程序编译时完成运算的。而逻辑运算指令中的助记符出现在指令的操作码部分，其运算是在执行指令时进行的。汇编程序根据上下文能够正确地将逻辑指令和逻辑运算符区分开来。

3) 关系运算符

关系运算符有 EQ(等于)、NE(不等)、LT(小于)、GT(大于)、LE(小于或等于)、GE(大于或等于)。它们可以对常量或同一段内的存储器地址进行比较运算，运算结果只可能是两个特定的数字之一：当关系不成立(为假)时，结果为全"0"；当关系成立(为真)时，结果为全"1"。

【例 4-4】

```
MOV AX, 20 EQ 30        ；关系不成立，故相当于  MOV AX, 0000H
MOV BL, 20 NE 30        ；关系成立，故相当于    MOV BL, 0FFH
```

4）分析运算符

分析运算符的运算对象必须是存储器操作数。运算符总是加在存储器操作数之前，返回的结果为一个数值。分析运算符有 OFFSET、SEG、TYPE、LENGTH 和 SIZE。

（1）OFFSET   返回变量或标号的偏移地址

例如：

```
MOV SI, OFFSET DATA
```

这条指令与下面的指令效果相同，均将变量 DATA 的偏移地址送 SI 寄存器。

```
LEA SI, DATA
```

（2）SEG   返回变量或标号的段基址

例如，下面的指令将变量 STRING 的段基地址送 BX 寄存器。

```
MOV BX, SEG STRING
```

（3）TYPE   返回变量的字节数或标号的属性

运算符 TYPE 的运算结果是一个数值，这个数值与存储器操作数类型属性的对应关系见表 4-1。

表 4-1　TYPE 返回值与类型的关系

存储器操作数的类型	TYPE 返回值	存储器操作数的类型	TYPE 返回值
BYTE	1	NEAR	-1
WORD	2	PTR	-2
DWORD	4		

（4）LENGTH   返回变量中所定义的元素个数

如果一个变量的第一个操作数用重复操作符 DUP 来指明其元素个数，则利用 LENGTH 运算符可得到该变量的元素个数。如果第一个操作数未用 DUP，则得到的结果总是 1。

（5）SIZE   返回变量所占的字节总数

5）合成运算符

合成运算符可以修改变量或标号的属性。

（1）PTR。

PTR 是为同一个存储单元赋予不同的类型属性，赋予的新类型可以是 BYTE、WORD、DWORD、NEAR、FAR，它们只在当前指令内有效。例如：

```
INC BYTE PTR [BX][SI]
```

指令中利用 PTR 运算符明确规定存储器操作数的类型是 BYTE（字节）。

利用 PTR 运算符还可以建立一个新的存储器操作数，它与原来的同名操作数具有相同的段基址和偏移量，但可以有不同的类型，不过这个新类型只在当前语句中有效。例如：

```
STUFF   DD   ?                ；STUFF 定义为双字类型
MOV     BX, WORD PTR STUFF    ；从 STUFF 中取一个字到 BX
```

（2）THIS。

运算符 THIS 用来把它后面指定的类型或属性赋给当前的变量、标号或地址表达式。

使用 THIS 运算符可以使标号或变量的类型具有灵活性。例如，要求对同一个数据区，既可以字节作为单位，又可以字作为单位进行存取，则可用以下语句：

```
STRINGW    EQU    THIS    WORD
STRINGB    DB     100     DUP(?)
```

STRINGW 和 STRINGB 实际上是代表同一个有 100 字节的数据区，其段、偏移量相同但类型不同，前者的类型为 WORD，而后者的类型为 BYTE。

6）短转移运算符 SHORT

运算符 SHORT 指定一个标号的类型为短标号，即标号到转移的目标标号的指令间的距离在 $-128 \sim +127$ 字节范围内。

7）运算符的优先规则

如果一个表达式中同时具有多个运算符，则按照以下规则进行运算(参见表 4-2)。

① 优先级高的先运算，优先级低的后运算。

② 优先级相同时按表达式中从左到右的顺序运算。

③ 圆括号可提高运算的优先级，圆括号内的运算总是在其任何相邻的运算之前进行。

表 4-2　运算符优先级

优先级	运算符
高 ↑ 低	1. LENGTH，SIZE，[ ] 2. 段超越运算符 CS:，DS:，ES:，SS: 3. PTR，OFFSET，SEG，TYPE，THIS 4. +，-(一元运算符) 5. *，/，MOD，SHL，SHR 6. +，-(二元运算符) 7. EQ，NE，LT，LE，GT，GE 8. NOT 9. AND 10. OR，XOR 11. SHORT

4.2　指示性语句

指示性语句又称**伪指令**，它用来指示汇编程序应该如何处理汇编语言源程序。伪指令不是计算机指令系统的一部分，而是汇编程序提供给源程序的服务工具，用以完成汇编的辅助性工作，如变量定义、符号赋值等。

指示性语句在汇编时被解释执行，除了部分语句可以申请存储空间以外，不产生任何目标代码。

汇编程序提供以下几类指示性语句：数据定义语句、符号定义语句、段定义语句、过程定义语句、模块定义与连接语句、宏定义语句、条件定义语句、列表语句等。我们主要讨论如下几种常用的指示性语句。

4.2.1　符号定义语句

符号定义语句的用途是给一个符号重新命名，或定义新的类型属性等。它为程序的编写带来了许多方便。

1. 等值语句 EQU

〖格式〗 符号名　**EQU**　表达式

〖功能〗EQU 将表达式的值赋予一个符号名,定义以后可用这个符号名来代替表达式。表达式可以是一个常数、符号、数值表达式或地址表达式等。

【例 4-5】

NUMBER	EQU	200	; 常数赋予符号名
COUNT	EQU	6*9	; 数值表达式赋予符号名
ADDR	EQU	ES: [DI+2]	; 地址表达式赋予符号名
MV	EQU	MOV	; 指令助记符赋予符号名
STRINGW	EQU	WORD PTR STRING	; 变量名赋予符号名

〖注意〗 EQU 不允许对同一个符号重复定义。

2. 等号语句=

〖格式〗 名字 = 表达式

〖功能〗等号的功能与 EQU 基本相同,主要区别在于它可以对同一个符号名重复定义。当用等号对同一符号名重复定义时,以最后一次定义为准。

【例 4-6】 COUNT=123　　　　　　　　; 定义 COUNT 为 123

　　　　　 COUNT=COUNT+1　　　　　　; 定义 COUNT 为 124

4.2.2　数据定义语句

数据定义语句用来定义变量的类型,为变量分配存储单元,也可以给存储器赋初值。常见的数据定义语句有:DB、DW、DD、DQ、DT。数据定义语句的格式为:

〖格式〗[变量名]伪指令 操作数[, 操作数…]

方括号中的参数为任选项,可以有,也可以没有。操作数可以不止一个,如有多个操作数,互相之间应该用逗号分开。

〖功能〗

DB 定义 BYTE 类型变量,每个操作数占 1 字节。

DW 定义 WORD 类型变量,每个操作数占 1 个字,即 2 字节,在内存中存放时,低位字节在前,高位字节在后。

DD 定义 DWORD 类型变量,每个操作数占 2 个字,即 4 字节,在内存中存放时,低位字在前,高位字在后。

DQ 定义 QWORD 类型变量,每个操作数占 4 个字,即 8 字节,在内存中存放时,低位双字在前,高位双字在后。

DT 定义 TBYTE 类型变量,每个操作数为 10 字节的组合 BCD 码。

〖说明〗

① 数据定义语句后面的操作数可以是常数、表达式或字符串,但每项操作数的值不能超过由数据定义语句所定义的数据类型限定的范围。

② 操作数从变量名地址开始按字节连续存放(地址递增方向)。

③ 字符串必须放在引号中,超过两个字符的字符串只能用于 DB 定义语句。

④ 除了常数、表达式和字符串外,问号"?"也可以作为数据定义语句的操作数。此时仅仅是给变量分配相应的存储单元,并不给变量赋予确定的初值。

【例 4-7】 操作数是常数或者表达式。

```
BVAR    DB  13, 4, 78H
WVAR    DW  100H, -1, 10*2
DDVAR   DD  1234ABCDH
```

汇编后,存储器的存储情况如图 4-1 所示。

【例 4-8】 操作数也可以是字符串,例如:

```
STRING  DB  'OK!'
CHAR    DB  'AB'
WARD    DW  'AB'
```

汇编后,存储器的存储情况如图 4-2 所示。

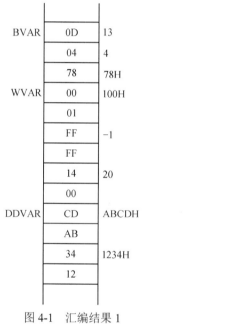

图 4-1 汇编结果 1

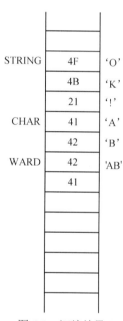

图 4-2 汇编结果 2

【例 4-9】

```
DATA    DB  20, 97H                              ; 存入 14H, 97H
NUM DB  71+3*13                                  ; 存入 6EH
ABSTR   DB  'AB'                                 ; 存入 41H, 42H
BASTR   DW  'AB'                                 ; 存入 42H, 41H
ABDD    DD  'AB'                                 ; 存入 42H, 41H, 00H, 00H
ABOFF   DW  AB_STR                               ; 存入变量 AB_STR 的偏移地址
HTAB    DB  01H, 02H, 03H, 04H, 05H, 06H, 07H, 08H, 09H
        DB  0AH, 0BH, 0CH, 0DH, 0EH, 0FH
```

```
SUM      DW   ?                        ; 分配给变量 SUM 两字节，初值不确定
```
⑤ 当同样的操作数重复多次时，可用重复操作符 DUP 表示，其格式为：

n   DUP（初值［，初值…］）

圆括号内为重复的操作数内容，n 为重复次数。如果初值不确定，可用 "？" 代替。DUP 操作符可以嵌套，即在 DUP 圆括号内还可用 DUP 操作符。

【例 4-10】
```
BUFFER   DB  10DUP(?)              ; 分配 10 字节，初值不确定
ALLZERO  DW  100DUP(0)             ; 分配 100 个字，初值均为 0
STRING   DB  4DUP('ABC')           ; 连续分配 4 个 'ABC' 字符串
NUMBER   DB  50DUP(3 DUP(4), 2DUP(?), 3)
```
【例 4-11】 操作数字段用符号？来表示，即保留存储空间，不存入起始数值。操作数字段也可以用复制操作符 DUP 复制某些数据，例如：
```
ARRAY1   DB  4DUP(?)
ARRAY2   DB  4DUP(0, 1)
```
DUP 前面的数据指定括号中的操作数的重复次数，它可以是一个表达式。汇编后，存储器的存储情况如图 4-3 所示。

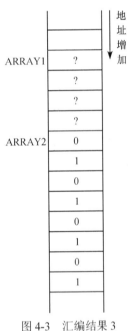

图 4-3　汇编结果 3

4.2.3　段定义语句

　　一个汇编语言源程序由若干个**逻辑段**组成。所有的指令、变量均分别放在各个逻辑段中。段定义语句的用途是在汇编语言源程序中定义逻辑段。

1. SEGMENT/ENDS

〖格式〗　　段名 **SEGMENT**［定位类型］［组合类型］［'类别'］

　　　　　　……

　　　　　　段名 **ENDS**

〖功能〗　SEGMENT 用于定义一个逻辑段，给逻辑段赋予一个段名，并以后面的任选项（定位类型、组合类型、'类别'）规定该逻辑段的其他特性。SEGMENT 位于一个逻辑段的开始部分，而 ENDS 则表示一个逻辑段的结束。在汇编语言源程序中，这两个语句总是成对出现。两个语句之间的部分即是该逻辑段的内容。

　　　　SEGMENT 语句可以有三种可选项：定位类型、组合类型和类别。可选项之间用空格符或制表符 TAB 分开，但不能交换参数之间的顺序。

1）段名
每一个段均需要设置段名。一个段的开始和结尾的段名必须一致。

2）定位类型
定位类型指明该段进入内存时从何种类型的边界开始，有四种定位类型：

（1）BYTE：表示本段起始单元可以从任一地址开始，段间不留空隙，存储器利用率最高。

(2) WORD：表示本段起始单元从一个偶字节地址开始，这种定位方式适合数据项的类型为字的数据段。

(3) PARA：表示本段起始地址从一个节的边界开始。一个节为 16 字节，所以段的起始地址为 16 的整数倍。这是默认的定位类型。

(4) PAGE：表示本段起始地址从一个页的边界开始，一页为 256 字节，所以段的起始地址为 256 的整数倍。

3）组合类型

组合类型指示连接程序如何将段与其他段组合起来，共有 6 种方式：

(1) NONE：表示本段与其他段在逻辑上没有关系，每段都有自己的基址。这是默认方式。

(2) PUBLIC：连接程序把本段与同名同类别的其他段连接成一个新的逻辑段，共用一个段基址，所有偏移量调整为相对于新逻辑段的起始地址。

(3) STACK：表示此段为堆栈段。连接时将所有 STACK 连接方式的同名段连接成一个新的连续段。同时自动初始化 SS 和 SP，SS 的内容为新的连续段的首地址，SP 指向堆栈底部＋1 的存储单元。程序中必须至少有一个 STACK 段，否则用户必须初始化 SS 和 SP。若有多个 STACK 段，初始化时 SS 指向第一个 STACK 段。

(4) COMMON：连接程序为本段和同名同类型的其他段指定相同的基址，因而本段将与同名同类别的其他段相覆盖。段的长度为最长的 COMMON 段的长度。

(5) MEMORY：连接程序把本段定位在其他所有段之后（即地址较高的区域）。若有多个 MEMORY 段，则第一个按 MEMORY 方式处理，其余均按 COMMON 方式处理。

(6) AT 表达式：连接程序把本段装在表达式的值所指定的段地址上（偏移量按 0 处理）。

4）类别

类别名可由用户任意设定，但必须用单引号括起来。连接程序把类别名相同的所有段放在连续的存储区内。典型的类型名如：'STACK'、'CODE'、'DATA'。

【例 4-12】

STACK	SEGMENT	PARA	STACK	'STACK'
↓		↓	↓	↓
堆栈段名		定位	组合类型	类别

2. ASSUME

〔格式〕 **ASSUME   段寄存器：段名[，段寄存器：段名[，…]]**

对于 8086/8088 CPU 而言，格式中的段寄存器名可以是 CS、DS、ES 或 SS。段名可以是用 SEGMENT 定义过的某个段名，也可以是关键字 NOTHING。

〔功能〕 ASSUME 告诉汇编程序，将某一个段寄存器设置为存放某一个逻辑段的段基址，即明确指出源程序中的逻辑段与物理段之间的关系。当汇编程序汇编一个逻辑段时，即可利用相应的段寄存器寻址该逻辑段中的指令或数据。

使用 ASSUME 语句，仅仅告诉汇编程序关于段寄存器与逻辑段之间的对应关系。它并不能把各个段的段基址装入相应的段寄存器中。DS、ES 和 SS 的装入可以通过给寄存器赋初值的指令来完成。CS 和 IP 的装入通常是按照结束伪指令 END 指定的地址来完成的。

如果要取消已指定的段寄存器，可用关键字 NOTHING 作为段名参数，例如：

```
ASSUME DS：NOTHING
```

【例 4-13】
```
STACK    SEGMENT
         STA    DB    100DUP(?)
         TOP    EQU   LENGTH   STA          ；堆栈存储空间的长度赋给 TOP
STACK    ENDS
DATA     SEGMENT
         ADR1   DB    71H, 03H, 13H, 68H, 11H, 23H
         ADR2   DW    4DUP(?)
DATA     ENDS
CODE     SEGMENT
     ASSUME CS：CODE，DS：DATA，SS：STACK
START：MOV AX，DATA                          ；数据段基址送 DS
       MOV DS，AX
       MOV AX，STACK                         ；堆栈段基址送 SS
       MOV SS，AX
       MOV SP，OFFSET TOP                     ；初始栈顶的偏移量送 SP
       MOV DI，OFFSET DATA
       ……
CODE     ENDS
       END    START
```
对于 SS 与 SP 寄存器初始值的装入也可以采用另一种方式。即在运行时由系统自动将初始值装入 SS 和 SP 寄存器中。这时，要求堆栈段定义语句中组合类型选择 STACK 选项；同时在 ASSUME 语句中把堆栈段指定给 SS 段寄存器。

4.2.4 过程定义语句

在程序设计中，我们常把具有一定功能的程序段设计成一个子程序。汇编程序用 "过程" 来构造子程序。过程定义语句格式如下：

〖格式〗 过程名 **PROC**　[**NEAR/FAR**]
　　　　　　……
　　　　过程名 **ENDP**

〖功能〗 PROC 定义一个过程，赋予过程一个名字，并指出该过程的类型属性为 NEAR 或 FAR。如果没有特别指明类型，则默认过程的类型是 NEAR。ENDP 标志过程的结束。PROC 和 ENDP 必须成对出现，且前面的过程名必须一致。

当一个程序块被定义为过程后，程序可以用 CALL 指令调用这个过程，或用转移指令转向一个过程。调用一个过程的格式为

CALL　过程名

过程名实质上是过程入口的符号地址，它和标号一样，也有三种属性：段、偏移量和类型。过程的类型属性可以是 NEAR 或 FAR。类型为 NEAR 的过程可以在段内被调用，类型为 FAR 的过程还可以被其他段调用。

一般来说，过程的程序块中应该有返回指令 RET，但不一定是最后一条指令，也可以有不止一条 RET 指令。执行 RET 指令后，控制返回到原来调用指令的下一条指令。

过程的定义和调用均可嵌套。

4.2.5 其他指示性语句

1. 程序计数器$

汇编程序有一个当前**位置计数器**，用来记录正在汇编的数据或指令目标代码存放在当前段内的偏移量。符号$表示位置计数器的当前值。

【例 4-14】　　BLOCK　DB　　'Hello'
　　　　　　　　NUM　　EQU　　$－BLOCK

在这里$等于字符串中最后一个字符'o'所在单元的下一字节的地址的偏移量，BLOCK是字符串第一个字符'H'所在单元的偏移量，$－BLOCK 就得到 BLOCK 字符串的长度。

2. 定位语句 ORG

〖格式〗 **ORG　　表达式**

〖功能〗 ORG 语句是对位置计数器进行控制的命令，它把表达式的值赋给当前位置计数器$。汇编程序把语句中表达式的值作为起始地址，连续存放指令目标代码或数据，直到出现一个新的 ORG 指令。若省略 ORG，则从本段起始地址开始连续存放。

【例 4-15】

```
DATA    SEGMENT
    ORG    100H
    STR    DB  12H, 34H, 56H, 78H
    ORG    $＋30H
    BUF    DB  'BUFFER'
DATA    ENDS
```

在上述数据段中，第 1 个 ORG 语句使变量 STR 在 DATA 段内的偏移量为 100H，第 2 个 ORG 语句表示后面数据的偏移量为当前位置计数器的值 104H 加上 30H。也就是说，在变量 BUF 之前留有 30H 个字节单元。

3. 汇编结束语句 END

〖格式〗 **END　　表达式**(标号)

〖功能〗 END 语句标志着整个源程序的结束，它使汇编程序停止汇编操作。表达式与源程序中的第一条可执行指令语句的标号相同。它提供了 CS 和 IP 的数值，作为程序执行时第一条要执行的指令的地址。**END 是汇编语言源程序中的最后一条语句。**

4.3　简化段汇编语言程序设计

前面介绍的是完整的段定义格式，用完整的段定义格式可以控制段的各种属性。汇编程序提供了一种简化的段定义方式，使定义段更简单、方便。

典型的简化段定义格式如下：

```
.MODEL SMALL      ; 定义程序的存储模式，通常是 SMALL
.STACK            ; 定义堆栈段
.DATA             ; 定义数据段
......             ; 定义数据
.CODE             ; 定义代码段
......             ; 指令序列
END               ; 汇编结束
```

4.3.1　常用简化段定义伪指令

1. 存储模式定义

〖格式〗 **.MODEL 存储模式**

〖功能〗 定义程序的存储模式，有多种存储模式可以选择，包括 TINY、SMALL、MEDIUM、COMPACT、LARGE、HUGE、FLAT，一般使用 SMALL。

2. 堆栈定义

〖格式〗 **.STACK　[大小]**

〖功能〗 创建一个堆栈段，堆栈大小的单位是字节，默认是 1KB。

3. 数据段定义

〖格式〗 **.DATA**

〖功能〗 创建一个数据段，用于定义变量。

4. 代码段定义

〖格式〗 **.CODE**

〖功能〗 创建一个代码段。

5. 汇编结束

〖格式〗 **END　[标号]**

〖功能〗 指示汇编程序结束，可选的标号用于指定程序的启动地址。

4.3.2　与简化段定义有关的预定义符号

在完整的段定义情况下，在程序的一开始，需要装入数据段寄存器，例如：

```
MOV DX, DATA
MOV DS, AX
```

若用简化段定义，数据段用.DATA 来定义，但未给出段名，此时可用：

```
MOV AX, @DATA
MOV DS, AX
```

这里预定义符号@DATA 就给出了数据段的段名。

4.3.3 简化段汇编语言程序设计举例

【例 4-16】 下面的简化段程序可计算变量 X 和 Y 的和。

```
        .MODEL SMALL
        .STACK
        .DATA
            X DW 100
            Y DW 200
        .CODE
    START:
        MOV  AX, @DATA
        MOV  DS, AX
        MOV  AX, X
        ADD  AX, Y
        MOV  AH, 4CH
        INT  21H
    END START
```

由此例可看出，简化段定义比完整的段定义更简单。

4.4 汇编语言程序设计概述

4.4.1 汇编语言程序的上机过程

1. 上机环境

在 DOS 环境下汇编语言程序设计、运行、调试，需要以下程序文件：
(1)编辑程序：EDIT.COM 或其他文本编辑软件，用于编辑汇编语言源程序。
(2)汇编程序：MASM.EXE，用于编译汇编语言源程序，形成目标文件。
(3)连接程序：LINK.EXE，用于连接目标文件，得到可执行程序。
(4)调试程序：DEBUG.EXE，用于调试可执行程序。

2. 上机过程

汇编语言程序上机过程包括编辑、汇编、连接、运行和调试等阶段。
(1)编辑。
用文本编辑软件创建、编辑汇编语言源程序。常用的软件有 EDIT.COM、记事本等。
生成的汇编源程序文件必须是纯文本文件，所有字符为半角，扩展名为.ASM。
(2)汇编。
用汇编程序对汇编语言源程序文件(.ASM)进行编译，产生目标文件(.OBJ)。假设汇编源程序的文件名是 HELLO.ASM，在 DOS 命令行，键入命令：

  MASM HELLO.ASM(回车)

  如果汇编过程中没有错误，则会生成目标文件 HELLO.OBJ。如果有错，则不会生成目标文件，汇编程序会显示提示信息，此时，需要根据提示信息对源程序进行修改，然后再汇编，直至无错误为止。

  (3)连接。

  汇编产生的目标文件不是可执行程序，还需要用连接程序把它转换成为可执行的文件(.EXE 或.COM)。在 DOS 命令行，键入命令：

  LINK HELLO.OBJ(回车)

  如果连接过程没有错误，则会生成可执行程序 HELLO.EXE。如果有错，则不会生成可执行程序，连接程序会显示提示信息，此时，还是需要根据提示信息对源程序进行修改，然后再汇编、连接，直至无错误为止。

  (4)运行。

  在 DOS 命令行下，输入可执行程序的文件名即可运行程序。

  (5)调试。

  在程序运行阶段，有时不容易发现问题，此时，需要使用调试工具进行调试，以找出错误。DOS 和 Windows 自带调试工具 Debug。

4.4.2 系统功能调用

  DOS(disk operation system)和 BIOS(basic input and output system)为用户提供两组系统服务程序。用户程序可以调用这些系统服务程序。但在调用时必须注意：第一，不用 CALL 命令；第二，不用这些系统服务程序的名称，而采用软中断指令 INT n；第三，用户程序也不必与这些服务程序的代码连接。

  BIOS 是 IBM PC 及 PC/XT 的基本 I/O 系统，它包括系统测试程序、初始化引导程序、一部分中断矢量装入程序及外部设备的服务程序。由于这些程序固化在 ROM 中，只要机器通电，用户便可以调用它们。

  DOS 是 IBM PC 及 PC/XT 的操作系统，负责管理系统的所有资源，协调微机的操作，其中包括大量的可供用户调用的服务程序，完成设备的管理及磁盘文件的管理。

  DOS/BIOS 中断使用方法是：首先按照 DOS/BIOS 中断的规定，输入**入口**参数，然后执行 INT 指令，最后分析**出口**参数。参见表 4-3。

表 4-3 部分 DOS 功能调用格式

INT	功能号(AH)	功能	入口参数	出口参数
21H	01H	键入字符并回显	无	(AL)＝键入字符的 ASCII 码
21H	02H	显示 DL 寄存器中的 ASCII 字符	(DL)＝要显示字符的 ASCII 码	无
21H	09H	在屏幕上显示以 '$' 字符为结束的字符串(以 ASCII 码表示)	(DS：DX)指向字符串首地址的段基址和偏移量	无
21H	4CH	带返回码结束程序	(AL)＝程序员自定的返回码	无

【例 4-17】 在屏幕上显示一个字符串。

```
MESS    DB 'Hello, this is Ed!', '$'
        ......
MOV     AH, 09H              ; 功能号送 AH
MOV     DX, SEG MESS         ; MESS 段基址送 DX
MOV     DS, DX               ; 显示字符串的段地址送 DS
MOV     DX, OFFSET MESS      ; 显示字符串的偏移地址送 DX
INT     21H                  ; 调用 DOS 功能, 显示字符串
```

其他 DOS/BIOS 功能调用请参考有关书籍。

4.5　程序设计举例

4.5.1　顺序程序设计

顺序程序是最常见和最基本的程序设计方法。这种程序在执行时，按照先后次序逐句顺序执行。它没有分支，也没有循环。

【例 4-18】 编程计算 (V-(X*Y+Z-256))/X，其中 X、Y、Z、V 均为 16 位带符号数，分别装入 X、Y、Z、V 字单元中。要求：结果商和余数分别存放到 QR 和 REMAINDER 字单元中。

```
STACK   SEGMENT   STACK 'STACK'
    DW  64DUP(? )                    ; 定义堆栈段
STACK   ENDS
DATA    SEGMENT
    X DW  10
    Y DW  0601H
    Z DW  7ACDH
    V DW  89FFH                      ; 分配变量 X、Y、Z、V
    QR DW  ?                         ; 存放商
    REMAINDERDW?                     ; 存放余数
DATA    ENDS
CODE    SEGMENT
    ASSUME   CS: CODE, DS: DATA, SS: STACK
MAIN    PROC
START: MOV   AX, DATA
       MOV   DS, AX                  ; 初始化 DS
       MOV   AX, X                   ; AX←X
       IMUL  Y                       ; DX: AX←X*Y
       MOV   CX, AX
       MOV   BX, DX                  ; 暂存在 BX, CX 中
```

```
        MOV     AX, Z
        CWD                         ; Z 扩展
        ADD     CX, AX
        ADC     BX, DX              ; BX: CX←X*Y+Z
        SUB     CX, 256
        SBB     BX, 0               ; 可能有借位
        MOV     AX, V
        CWD                         ; 扩展 V
        SUB     AX, CX
        SBB     DX, BX
        IDIV    X
        MOV     QR, AX              ; 保存商
        MOV     REMAINDER, DX       ; 保存余数
        MOV     AH, 4CH
        INT     21H                 ; 程序结束，返回到 DOS
MAIN    ENDP                        ; 过程结束
CODE    ENDS                        ; 代码段结束
END     START                       ; 结束汇编，指定程序入口地址
```

4.5.2　分支程序设计

分支结构程序可根据程序要求无条件或有条件地改变程序执行顺序，选择程序流向。分支程序根据条件是真或假来决定执行哪一个分支，判断的条件是各种指令(如 CMP、TEST 等)执行后形成的状态标志位。

转移指令 JCC 和 JMP 可以实现分支控制编写。分支结构程序主要在于正确使用转移指令。

1. 单分支结构

单分支结构的特点是：条件成立则跳转，否则顺序执行分支语句体。参见图 4-4。

【例 4-19】　计算 AX 中带符号数的绝对值。

```
        ......
        CMP     AX, 0
        JGE     NOTNEG              ; 条件满足则转移
        NEG     AX                  ; 条件不满足，求补
NOTNEG:
        MOV     RESULT, AX
        ......
```

2. 双分支结构

双分支结构的特点是：条件成立则跳转执行第 2 个分支语句体，否则顺序执行第 1 个

分支语句体。参见图4-5。

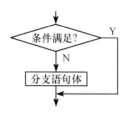

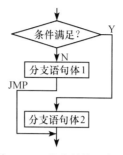

图4-4 单分支结构示意图   图4-5 双分支结构示意图

〖注意〗 第1个分支体后一定要有一个JMP指令跳到第2个分支体后。

【例4-20】 显示BX最高位。采用双分支结构。

```
        SHL     BX, 1       ; BX 最高位移入 CF 标志
        JC      ONE         ; CF=1，即最高位为1，转移
        MOV     DL, 30H     ; CF=0，即最高位为0，则 DL ← 30H('0')
        JMP     TWO         ; 一定要跳过另一个分支体
ONE:    MOV     DL, 31H     ; DL ← 31H('1')
TWO:    MOV     AH, 2
        INT     21H         ; 显示
```

【例4-21】 显示BX最高位。本例也可采用单分支结构。

```
        MOV     DL,'0'      ; DL ← 30H('0')
        SHL     BX, 1       ; BX 最高位移入 CF 标志
        JNC     TWO         ; CF=0，即最高位为0，转移
        MOV     DL, '1'     ; CF=1，即最高位为1，则 DL ← 31H('1')
TWO:    MOV     AH, 2
        INT     21H         ; 显示
```

3. 多分支结构

多分支结构是多个条件对应各自的分支语句体，哪个条件成立就转入相应分支体执行，详细内容可扫描二维码阅读。

多分支结构

4.5.3 循环程序设计

在程序设计中，经常会反复执行某一段程序，这时可用循环程序结构。循环程序结构有助于缩短程序，提高程序的质量。循环程序通常包括下面几个部分：

1) 循环初始状态

循环过程中的工作单元，在循环开始前，往往要给它们赋初值，以保证循环能正常地进行工作。循环初始状态包括循环工作部分初态和循环控制部分初态。例如，设置某些标志、设地址指针、某些寄存器清零、某些变量赋初值、循环控制寄存器赋初值等。

2) 循环体

这是循环程序重复执行的部分，是循环的主体。循环体包括循环的工作部分和循环的修改部分。循环的工作部分是实现程序功能的程序段，它是循环的主要部分。循环的修改部分是修改参加循环的信息的程序段，循环每次执行时，有关信息会发生相应的变化，从而确保正常循环。

3) 循环控制

循环能正常进行和结束，**循环控制是关键**。循环控制条件不合理，循环就无法按预定的计划进行，甚至导致死循环。循环控制条件的选择很灵活。如果循环次数是确定的，可以选循环次数作为循环控制条件。如果循环次数未知，那么可以根据具体情况选择标志或者其他条件作为控制条件。

循环程序有两种结构形式，一种是先执行循环体，然后根据控制条件进行判断，满足循环条件则继续循环操作，不满足循环条件则退出循环。这一种循环类似高级语言中的DO-WHILE结构。另一种类似WHILE-DO结构，先检查是否满足控制条件，满足循环条件就执行循环体，否则就退出循环。这两种循环结构如图4-6所示。

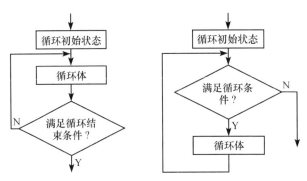

图4-6　循环程序结构示意图

如果在循环体中还包含循环程序，那么这种结构就称为**循环嵌套**。在多重循环程序中，只允许外重循环嵌套内重循环，而不允许循环体交叉。另外也不允许从循环程序的外部跳入循环程序的内部。

【例4-22】　编程，以二进制的形式显示BL寄存器的内容。

分析题意可知循环次数为8次，故可以用次数来控制循环。程序如下：

```
STACK   SEGMENT    STACK  'STACK'
    DW    64DUP(?)
STACK   ENDS
DATA    SEGMENT
    DW    ?
ENDS
CODE    SEGMENT
    ASSUME    CS: CODE, DS: DATA, SS: STACK
START: MOV    AX, DATA
       MOV    DS, AX
       MOV    CX, 8        ; CX←8(循环次数)
```

```
        AGAIN:  SHL     BL, 1           ; 左移最高位到 CF, 从高位开始显示
                MOV     DL, 0           ; MOV 指令不改变 CF
                ADC     DL, 30H         ; DL←0＋30H＋CF
                                        ; CF 若是 0, 则 DL←'0'
                                        ; CF 若是 1, 则 DL←'1'
                MOV     AH, 2
                INT     21H             ; 显示
                LOOP    AGAIN           ; CX 减 1, 如果 CX 未减至 0, 则循环
                MOV     AH, 4CH
                INT     21H             ; 返回到 DOS
        CODE    ENDS
        END     START
```

【例 4-23】 从 16 位带符号数组中找出最大值和最小值, 并放在指定的存储单元中。

寻找最大数和最小数, 可以用逐个比较来发现。这需要通过循环来执行, 循环次数由这带符号数的个数来决定。详细流程如图 4-7 所示。

```
        STACK   SEGMENT     STACK 'STACK'
            DW   64DUP(? )
        STACK   ENDS
        DATA    SEGMENT
            BUFFER      DW  X1, X2, …, Xn     ; 自定义 N 个带符号数
            COUNT       EQU     $－BUFFER
            MAX         DW      ?             ; 保存最大值
            MIN         DW      ?             ; 保存最小值
        DATA    ENDS
        CODE    SEGMENT
            ASSUME      CS: CODE, DS: DATA, SS: STACK
        START:  MOV     AX, DATA
                MOV     DS, AX                ; 初始化 DS
                MOV     CX, COUNT
                SHR     CX, 1                 ; 计算循环次数
                LEA     BX, BUFFER            ; 首地址 → BX
                MOV     AX, [BX]              ; AX ← 最大值初值
                MOV     DX, [BX]              ; DX ← 最小值初值
                DEC     CX                    ; 循环次数减 1
        AGAIN:  INC     BX
                INC     BX                    ; 修正指针
                CMP     AX, [BX]              ; 比较
                JGE     NEXT1                 ; 若最大值≥[BX]则转至 NEXT1
                MOV     AX, [BX]              ; AX ← 保存最新的最大值
                JMP     NEXT2
```

```
NEXT1:  CMP    DX, [BX]        ; 比较
        JL     NEXT2           ; 若最小值＜[BX]则转至 NEXT2
        MOV    DX, [BX]        ; DX ← 保存最新的最小值
NEXT2:  LOOP   AGAIN           ; 循环
        MOV    MAX, AX         ; 保存最大值 → MAX
        MOV    MIN, DX         ; 保存最小值 → MIN
        MOV    AH, 4CH
        INT    21H             ; 返回 DOS
CODE    ENDS
END     START
```

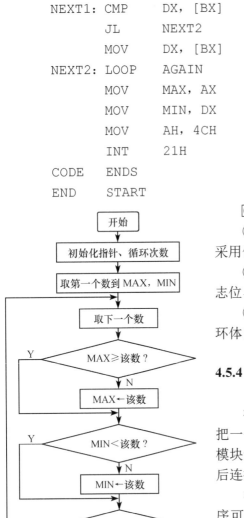

图 4-7　求最大值、最小值程序流程图

〖注意〗

① 循环方式选择，选用计数循环还是条件循环，采用何种循环结构。

② 循环条件的设计，可用循环次数、计数器、标志位、变量值等进行控制。

③ 循环体的设计，不要将循环体外的语句放到循环体内，循环体中要设计改变循环条件的语句。

4.5.4　子程序设计

模块化程序设计是编程常采用的方法。这种方法把一个程序分成多个具有明确任务的程序模块，程序模块进一步分成独立的子模块，分别编译、调试，然后连接在一起，形成一个完整的程序。

模块化设计的程序易于编写、调试和修改，程序可读性强。而子程序结构是模块化程序设计的重要工具。

子程序在汇编语言中又称为**过程**，它具有独立的功能，在程序需要的地方可以调用它。

主程序与子程序之间的参数主要有两种，即

(1)入口参数：主程序调用子程序时，提供给子程序的参数。

(2)出口参数：子程序执行结束返回给主程序的参数。

编写这类结构程序时应注意处理好两个问题：一是主程序与子程序之间的参数传递问题，即调用子程序时，子程序如何得到入口参数，同时返回主程序后，主程序如何得到需要的结果；二是主程序现场寄存器的保护与恢复问题。

而参数的具体内容可能为

(1)**传数值**：传送数据本身。

(2)**传地址**：传送数据的存储地址。

参数传递主要有三种方式：

（1）寄存器传递参数方式：寄存器传递参数方式是指主程序把参数直接放在规定的寄存器中，执行子程序所得到的结果也存入规定的寄存器从而带回主程序。

（2）堆栈传递参数方式：主程序将入口参数压入堆栈，子程序从堆栈中取出参数；子程序将出口参数压入堆栈，主程序从堆栈中取得参数。采用堆栈传递参数是高级语言程序处理参数传递以及汇编语言与高级语言混合编程时的常规方法。

（3）指定存储单元传递参数方式：主程序和子程序使用同一个变量名存取数据就是利用共享存储单元（相当于 C 语言中的全局变量）进行参数传递。

【例 4-24】 数据块间的搬移程序，要求将数据块 BUF1 的内容传送到数据块 BUF2 中。

利用子程序来实现数据块间的搬移。设参数传递采用指定内存单元传递方式，且 SRCADR 中存放源数据块首地址，DSTADR 中存放目的数据块首地址，LEN 中存放数据块字节数。程序如下：

```
STACK    SEGMENT    STACK 'STACK'
    DW    64  DUP(?)
STACK    ENDS
DATA     SEGMENT
    BUF1       DB  100DUP(?)
    BUF2       DB  100DUP(?)
    SRCADR     DW  ?
    DSTADR     DW  ?
    LEN        DW  ?
DATA     ENDS
CODE     SEGMENT
    ASSUME     CS: CODE, DS: DATA, SS: STACK, ES: DATA
MAIN     PROC
START:   MOV    AX, DATA
         MOV    DS, AX
         MOV    ES, AX
         LEA    AX, BUF1
         MOV    SRCADR, AX
         LEA    AX, BUF2
         MOV    DSTADR, AX
         MOV    LEN, 100          ; 给入口参数赋值
         CALL   MVDAT
         MOV    AH, 4CH
         INT    21H
MAIN     ENDP
MVDAT    PROC
         MOV    SI, SRCADR        ; SI ← 源数据块首地址
         MOV    DI, DSTADR        ; DI ← 目的数据块首地址
         MOV    CX, LEN           ; CX ← 长度
```

```
         CLD
         CMP     SI, DI                    ; (SI)大于(DI)吗
         JA      DONE                      ; 大于，则转至 DONE
         STD
         ADD     SI, CX
         DEC     SI
         ADD     DI, CX
         DEC     DI
  DONE:  REP MOVSB
         RET
  MVDAT  ENDP
  CODE   ENDS
  END    START
```

程序设计的更多举例可扫描二维码阅读。

程序举例

4.6 汇编语言和 C 语言混合编程

在平常编写程序时，一般选择 C 语言等高级语言来编写。高级语言的语法更接近于自然语言，具有强大的函数库，易写易读，可移植性好，这样使程序开发周期比较短，省时省力；但高级语言的代码效率相对较低，执行速度相对较慢。

汇编语言程序代码效率高、执行速度相对较快，实时响应能力强，占用内存少；但汇编语言程序烦琐，既难读也难编写。

为了既能缩短程序开发周期，又能保证程序的执行效率，较好的解决办法是程序的主体部分用 C 语言编写，要求执行效率高的部分用汇编语言编写。这就涉及汇编语言和 C 语言混合编程问题。

通常有两种方法：一种是使用嵌入式汇编，即在高级语言的语句中直接使用汇编语句，这种方法比较简洁直观，但功能较弱；另一种方法是独立编程，分别产生各自的目标文件，然后经过连接，形成一个完整的可执行程序。

不同编程语言的混合编程的方式一般不同，不同的编程工具在处理混合编程时也会有差异。另外，混合编程需要解决参数传递的问题，而不同编程语言、不同编程工具的参数传递方式有差异。因此，本节主要介绍 Turbo C 和汇编语言的混合编程。

4.6.1 Turbo C 内嵌汇编语言

在 Turbo C 中内嵌汇编语言时，使用关键字 asm。

〖格式〗 asm 〈操作码〉[操作数]

〖说明〗 其中操作码是有效的 CPU 指令或 DB、DW、DD 等伪指令。操作数可以是 C 语言中的常量、变量、标号和符号。当汇编指令中使用寄存器名时，不区分大小写，并只能使用有效的寄存器名。汇编语句可与正常的 Turbo C 语句混在一起使用，但要用 Turbo C 的分隔符"；"。

· 138 ·

【例 4-25】 将 C 语言变量 x 和 y 的数值交换后显示。

```
#include ⟨stdio.h⟩
void main()
{
    int x=100, y=200;
    printf("[1]x=%d, y=%d", x, y);
    asm push x;
    asm push y;
    asm pop x;
    asm pop y;
    printf("[2]x=%d, y=%d", x, y);
}
```

4.6.2 Turbo C 程序调用汇编程序

Turbo C 程序可以调用汇编语言的子程序和在汇编语言中定义的变量,汇编语言也可调用 Turbo C 语言的函数和定义的变量。混合编程前, 需要做好如下准备:

(1)将汇编程序 MASM.EXE 复制到 Turbo C 的 BIN 目录下,并将其改名为 TASM. EXE。也可采用其他汇编程序,但也需要将其改名为 TASM.EXE。

(2)假设 Turbo C 的目录为 C:\TC, 为方便使用 Turbo C 的命令行程序, 可使用命令将 Turbo C 的 BIN 目录追加到 PATH 中:

```
    SET PATH=%PATH;C:\TC\BIN
```

Turbo C 语言和汇编语言混合编程,需要解决如下主要问题:①参数传递;②寄存器的使用;③存储模式;④变量和函数的相互调用;⑤汇编语言子程序的返回值。

1. 参数传递

Turbo C 程序在调用函数时,将参数(入口参数)按从右到左的顺序推入堆栈。例如, 调用函数 abc(int x, int y, int z)时, z 先入栈, 依次是 y, 最后是 x。

当汇编语言子程序要取得 Turbo C 程序中传递来的参数时,利用 BP 寄存器作为基地址寄存器,用它加上不同的偏移量来存取栈中保存的参数。一般而言,Turbo C 程序和调用的汇编子程序共用一个堆栈,因此在汇编语言子程序的开始必须执行如下两条指令,即

```
    PUSH    BP
    MOV     BP, SP
```

在汇编子程序返回前, 也需要恢复 BP 寄存器的数值, 即

```
    POP     BP
```

2. 寄存器的使用

当汇编程序用到 BP、SI、DI 时,需要在使用前保存其内容,在函数返回前恢复其内容,通用寄存器 AX、BX、CX、DX 及标志寄存器的内容可改变。对于 CS、SS、DS、ES、SP、IP,由于用作段寄存器和堆栈指针,在程序中不能随意改变其数值。

3. 存储模式

Turbo C 程序与汇编程序的存储模式最好保持一致，通常采用小模式和大模式。在小模式中，函数调用为近指针(2 字节)，数据指针为近指针(2 字节)。在大模式中，函数调用为远指针(4 字节)，数据指针为远指针(4 字节)。

4. 变量和函数的相互调用

由于 Turbo C 编译后的目标文件自动地在函数名和变量名前加了一个下划线，这是因为编译系统为了防止和它自己使用的内部函数与变量名发生混淆而造成错误，所以在汇编语言中调用 Turbo C 语言的函数和变量时，应在函数名和变量名前加一个下划线。在汇编语言程序的开始部分，应对调用的函数和变量用 EXTERN 加以说明，其格式为：

EXTERN _函数名：函数类型

EXTERN _变量名：变量类型

若 Turbo C 程序调用汇编语言中的子程序或变量，则汇编语言中应用 PUBLIC 进行说明，且函数名和变量名的第一个符号应是一个下划线。例如：

PUBLIC_add

5. 汇编语言子程序的返回值

当被调用汇编语言子程序有数值(出口参数)返回给调用它的 Turbo C 程序时，这个值是通过 AX 和 DX 寄存器进行传递的，即返回值若为 8 位或 16 位，则该值放在 AX 中；若该返回值是 32 位，则高 16 位存放在 DX 中，低 16 位存放在 AX 中。若该返回值大于 32 位，则存放在静态变量存储区。

【例 4-26】 小模式下的混合编程实例。

(1)C 语言程序，文件名：hello.c。

```
#include <stdio.h>
extern int add(int a, nt b);
void main(void)
{
    int x=100, y=200;
    printf("%d+%d=%d", x, y, add(x, y));
}
```

(2)汇编程序，文件名：add.asm。

```
_TEXT SEGMENT BYTE PUBLIC'CODE'
    ASSUME CS:_TEXT
    PUBLIC _ADD
_ADD PROC NEAR
    PUSH BP
    MOV BP, SP
    MOV AX, WORD PTR[BP+4]    ; [BP+4]为第 1 个参数
    ADD AD, WORD PTR[BP+6]    ; [BP+6]为第 2 个参数，AX 为返回参数
```

```
        POP BP
        RET
    _ADD ENDP
    _TEXT ENDS
    END
```
(3) 在命令行，执行 Turbo C 的编译命令，即

```
    TCC add.asm hello.c
```
该命令执行完毕后，将生成可执行程序 add.exe。

(4) 汇编程序也可采用简化段的方式，如此程序更加简洁，文件名：add2.asm。

```
    .MODEL SMALL
    .CODE
    PUBLIC _ADD
    _ADD PROC NEAR
        PUSH    BP
        MOV BP, SP
        MOV AX, WORD PTR[BP+4]
        ADD AX, WORD PTR[BP+6]
        POP BP
        RET
    _ADD ENDP
    END
```
执行命令：

```
    TCC add2.asm hello.c
```
该命令执行完毕后，将生成可执行程序 add2.exe，运行结果与 add.exe 一样。

思考题与习题

4.1 假设数据段 DATA 定义如下，请计算下列程序分别执行后 AX 寄存器的内容。

```
    DATA SEGMENT
        ORG 100H
        TABLE  DB   20, 30, 40, 50, 60, 70, 80
        INDEX  DW   3
        COUNT  EQU $-TABLE
    DATA ENDS
```
(1) MOV   AX, COUNT

(2) MOV   AX, SIZE TABLE

(3) MOV   AX, WORD PTR TABLE

(4) MOV   AX, WORD PTR TABLE+1

(5) MOV   AL, TABLE

    MOV   AH, BYTE PTR INDEX+1

(6) LEA   BX, TABLE

```
        ADD    BX, INDEX
        MOV    AX, [BX]
```

4.2 假设数据段 DATA 定义如下，请画出该数据段 DATA 在内存中的存储示意图，要求按字节组织且用十六进制补码表示。

```
DATA SEGMENT
    STRING DB    '12'
    LEN    EQU   $-STRING
    ADDR   DW    STRING
    DW1    DW    2DUP(?, -1)
    DD1    DD    12345678H
    DW2    DW    LEN
DATA ENDS
```

4.3 设 A、B 和 C 均为 16 位带符号数，编写程序找出其中的最大值和最小值，分别存放到 MAX 和 MIN 单元中。

4.4 采用循环结构编写程序，求 1+2+3+… 的前 N 项和刚大于 2000 的 N，结果存放在 NUM 单元中。

4.5 编写程序，找出自 NUMBER 开始的 100 个带符号数(字)中的最小偶数，并存放在 MINEVEN 字单元中。

4.6 编写程序，找出自 ARRAY 开始的 50 个带符号数(字)中绝对值最大的数并存入 MAXDATA 单元中。

4.7 编写程序，计算自 STRING 开始的 100 个无符号数(字节)的和，其中和为 16 位数，并把结果存放在 SUM 字单元中。

4.8 编写程序，分别统计 STRING 字符串(以 '$' 为结束符)中大写字母字符('A' ～ 'Z')和小写字母字符('a' ～ 'z')的个数，并分别存放在 UPPER、LOWER 单元中。

4.9 编写程序，将以 '$' 为结束符的字符串 STRING 中的大写英文字母改为小写、小写英文字母改为大写。

4.10 编写程序，比较长度均为 LEN 的两个字符串 STR1 和 STR2。如果两个字符串相等，则变量 EQUAL 置 1，否则为 0。

4.11 编写程序，统计自 BUFFER 开始的 100 个带符号数(字)中相邻两个数符号变化的次数，结果存放在 NUM 单元中。

4.12 编写程序，统计自 ARRAY 开始的 200 个数(字节)中奇数的个数，统计结果存放在 COUNT 变量中。

4.13 编写程序，统计自 BUF 开始的 100 字节单元中二进制 1 的总个数，结果存放在 NUM 单元中。

4.14 自 BUF 开始有 100 字节单元，每字节单元的低 7 位存放的是 7 位 ASCII 码，最高位的内容为随机值。现将每字节单元的最高位作为偶校验位，即要求每字节单元的偶校验位和低 7 位数据中二进制 1 的总个数为偶数。编写程序，计算每字节单元的偶校验位的值并存放在最高位，同时其余位保持不变。

4.15 程序段如下，请问主程序执行到 DONE 时 AL 的值为多少？为什么？请写明分析过程。

```
CODE    SEGMENT
    ASSUME   CS:CODE
START:
    MOV      AL, 0
```

```
        CALL    MYPROC
DONE:
        MOV     AH, 4CH
        INT     21H
MYPROC    PROC
        CALL    X
X:  CALL    Y
Y:  CALL    Z
Z:  INC     AL
        RET
MYPROC    ENDP
CODE      ENDS
```

第5章 半导体存储器

5.1 概 述

存储器是组成计算机系统的重要部分。自从冯·诺依曼提出存储程序计算机的概念以后，存储器的性能就成为衡量计算机性能的主要指标之一。存储器是指多个存储单元的集合，主要用于存放计算机要执行的程序和有关数据。存储器根据其在计算机系统的地位和位置分为**内存储器（内存）**和**外存储器（外存）**。内存是计算机系统必不可少的部件，用来存储计算机当前正在使用的数据和程序。CPU 通过执行指令对内存进行读/写操作。内存储器通常由大规模集成电路支持的半导体存储器芯片组成。外存是辅助存储器，是用来存放各种信息的器件，它也用来存储计算机暂时不使用的数据和程序。CPU 不能直接用指令对外存进行读/写操作，必须通过 I/O 接口电路才能访问外存储器。如果要执行外存储器存放的程序，必须先将该程序从外存调入内存。常用的硬盘、移动硬盘、光盘等都属于外存储器。

5.1.1 存储器的分类

存储器种类繁多，工作原理各不相同。从不同的角度，存储器有不同的分类方法。

1. 按半导体制造工艺分类

从制造工艺的角度可以把半导体存储器分为**双极型**存储器、**MOS 型**存储器。

1) 双极型存储器

双极型存储器由 TTL 晶体管逻辑电路构成，工作速度快，与 CPU 处在同一量级，但是存储器集成度低，功耗大，价格高，常用作高速缓冲存储器。

2) MOS 型存储器

MOS 型存储器集成度高，功耗低，速度较慢但价格低。MOS 型存储器还可进一步分为 NMOS（N 沟道 MOS）、HMOS（高密度 MOS）、CMOS（互补性 MOS）等不同工艺产品。其中，CMOS 电路具有功耗低、速度快等特点，在微型计算机中的应用较广。

2. 按存取方式分类

从存取方式的角度可将其分为两大类：**随机存取存储器**（random access memory），简称 **RAM**；**只读存储器**（read only memory），简称 ROM。RAM 主要用来存放各种现场的输入、输出数据，中间结果，与外存交换信息和作堆栈用。RAM 的存储单元内容按需要既可以读出，也可以写入或改写。而 ROM 的信息在使用时一般不能改变，亦即是不可写入，只能读出。故通常用来存放固定的程序，如微机的管理、监控程序，汇编程序以及存放各种常数、函数表等。半导体存储器的分类情况可用图 5-1 来说明。下面根据半导体存储器的分类来介绍其特点。

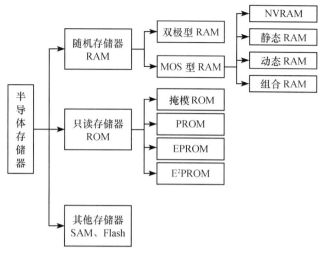

图 5-1 半导体存储器的分类

1) 只读存储器(ROM)

只读存储器是在使用过程中,只能读出存储的信息而不能用通常方法将信息写入的存储器,根据其不同特点又可分为:

(1) **掩模 ROM**。这种芯片是芯片制造厂在出厂的时候将 ROM 要存储的信息采用掩模工艺一次性直接写入。掩模 ROM 一旦制成,内容固定,不能再改写。它存储信息稳定,成本很低。因此适合于成熟产品用来存储不需要修改的程序和数据的场合。

(2) **可编程 ROM**。简称 PROM(programmable ROM),由厂家生产出"空白"存储器,用户根据需要,采用特殊方法写入程序和数据,但只能写入一次,写入后信息是固定的,不能更改。适合于小批量使用,但不适用于研发。

(3) **可擦除的 PROM**。简称 EPROM(erasable programmable ROM),如 2764(8K×8),这种存储器可由用户按规定的方法多次编程,如编程之后想修改,可用紫外线灯制作的擦抹器照射 15 分钟左右,芯片中的信息被擦除,成为一块"干净"的 EPROM,可再次写入信息。这类 EPROM 又叫 UV EPROM。这对于研制和开发特别有利,因此应用十分广泛。

(4) **电擦除的 PROM**。简称 EEPROM 或 E^2PROM(electrically erasable PROM),如 2864(8K×8)。这种存储器的特点是能用特定的电信号以字节为单位进行擦除和改写,不过因其写入时电压要求较高(一般为 20~25V),以及写入速度较慢而不能像 RAM 那样作为随机存取存储器使用。

2) 随机存取存储器(RAM)

这种存储器是可读、可写的存储器,CPU 可以对 RAM 的内容随机地读写访问,但 RAM 中的信息不能永久保存,一旦掉电,信息就会丢失,常用作内存,存放正在运行的程序和数据。它分为双极型和 MOS 型两种,前者读写速度高,但功耗大,集成度低,故在微型机中几乎都用后者。它又可分为三类:

(1) **静态 RAM**。简称 SRAM(static RAM),其存储电路由 MOS 管双稳态触发器为基础,用触发器的高电平和低电平两个稳定状态来表示"1"和"0",只要不断电,其存储的信息就不会丢失。其优点是不需要刷新电路,速度快,缺点是集成度低,功耗大,成本高。在微机系统中,SRAM 常用作容量不大的高速缓冲存储器。

（2）**动态 RAM**。简称 DRAM（dynamic RAM），其存储电路利用 MOS 管的栅极电容来保存信息，充电后表示"1"，放电后表示"0"。其优点是电路简单，集成度高，功耗低，价格便宜，缺点是电容中电荷会因为漏电而逐渐丢失，因此需要定时对动态 RAM 进行刷新，常用于计算机的内存条。

（3）**非易失性 RAM**。简称 NVRAM（non-volatile RAM），是断电后仍能保持数据的一种 RAM，这种 RAM 是由 SRAM 和 EEPROM 共同构成的存储器。正常运行时和 SRAM 一样，而在掉电或电源有故障的瞬间，它把 SRAM 的信息保存在 EEPROM 中，从而使信息不会丢失，NVRAM 多用于存储非常重要的信息和掉电保护。

3）顺序存储器（简称 SAM）

SAM 只能按照某种次序存取，即存取时间与存储单元的物理位置有关。由于按顺序读写的特点以及工作速度较慢，常用作外存储器。例如，磁带就是一种典型的顺序存储器。

4）直接存取存储器（简称 DAM）

DAM 在存取数据时不必对存储介质作完整的顺序搜索而可以直接存取。例如，磁盘和光盘都是典型的直接存取存储器。

3. 其他新型存储器

闪速存储器（flash memory）是近年来发展最快、前景看好的新型存储器芯片。它的主要特点是既可在不加电的情况下长期保存信息，具有非易失性，又能在线进行快速擦除与重写，兼具有 E^2PROM 和 SRAM 的优点，是一种很有发展前景的半导体存储器。现有许多公司大批生产，其集成度与价格已低于 EPROM，是代替 EPROM 和 E^2PROM 的理想器件，也是现在小型磁盘的替代品，已广泛应用于笔记本电脑和便携式电子与通信设备中。

组合存储器（IRAM）是将动态刷新电路集成于 DRAM 芯片内部的新型 DRAM 芯片，兼有 SRAM 和 DRAM 的优点，内部原理是 DRAM，外部接口特性却像 SRAM。所以 IRAM 的应用将越来越广泛，特别是在中、小容量的存储系统中应用尤为普遍。

其他新型存储器还有很多，如先进先出存储器 FIFO 等，已经得到广泛应用，读者可以参阅有关存储器数据手册。

微机系统中应用最广的是 EPROM、SRAM、DRAM、E^2PROM 以及 Flash 这几种存储芯片。

5.1.2 半导体存储器的性能指标

衡量半导体存储器性能的主要指标是存储容量、存取时间、可靠性和功耗。

1. 存储容量

存储器的**存储容量**是指一块存储芯片上有多少个存储单元，每个存储单元可存放多少位二进制位，其表示方法是：容量 = 存储单元个数 × 每个存储单元的位数。如果一片芯片上有 n 个存储单元，每个单元可存放 m 位二进制数，则该芯片的容量用 $n \times m$ 表示。例如，容量为 1024×1 的芯片，表示该芯片上有 1024 个存储单元，每个单元内可存储 1 位二进制数。

2. 存取时间

存取时间又称存储器访问时间，即从发出一次存储器操作（读或写）到该操作完成所需要的时间。一般以 ns 为单位。存取时间越小，存取速度越快。

3. 可靠性

存储器的**可靠性**是指在规定的时间内，存储器无故障读/写的概率。通常用平均故障间隔时间 MTBF（mean time between failure）来衡量。MTBF 可以理解为两次故障之间的平均时间间隔。MTBF 越长，表示可靠性越高，即保持正确工作的能力越强。

4. 功耗

功耗反映存储器耗电的多少，单位为微瓦/位（μW/bit）或者毫瓦/位（mW/bit），同时也反映了其发热的程度。功耗越小，存储器件的工作稳定性越好。

5.1.3　内存分层

随着 CPU 速度的不断提高和软件规模的不断扩大，人们对存储器的速度和容量的要求也不断提高。但是速度越快，容量越大，成本就越高。为了解决速度、容量和成本的矛盾，将存储器按速度、容量、价格相互合理搭配形成多层次结构的存储系统。如图 5-2 所示。呈金字塔形，越往上，存储器的速度越快、容量越小、价格越高。微机系统中的内存就分成了三层：高速缓存 Cache，由静态 RAM 构成；主内存，由动态 RAM 构成；虚拟内存，由硬盘构成。对于使用最频繁的容量不大的程序和数据，用高速缓存 Cache 存放；对经常使用的数据或程序存放于主内存中，而对不太常用的大部分程序和数据就存放在磁盘中（虚拟内存）。

本章接下来主要对主存相关内容进行讲解，关于高速缓存和虚拟内存可扫描二维码阅读。

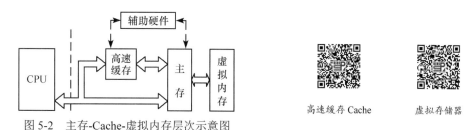

图 5-2　主存-Cache-虚拟内存层次示意图

高速缓存 Cache　　　虚拟存储器

5.1.4　半导体存储器芯片的组成

半导体存储器芯片一般由存储体和外围电路两大部分组成。存储体是存储信息的部分，由大量的基本存储电路组成。外围电路主要包括地址译码器、数据缓冲器、控制逻辑电路。图 5-3 给出了一般存储芯片的组成示意图。

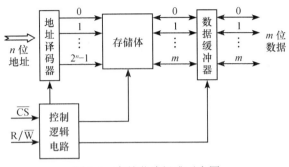

图 5-3 存储芯片组成示意图

1. 存储体

存储体是存储芯片的主体，由若干个存储单元按照一定的排列规则构成。每个存储单元又由若干个基本存储电路(存储元)组成，每个存储元可存放一位二进制信息。通常，一个存储单元为一字节，存放 8 位二进制信息，即以字节来组织。存储体内基本存储元的排列结构通常有两种方式：一种是"多字一位"结构(简称位结构)，即将多个存储单元的同一位排在一起，其容量表示成 N 字×1 位。例如，1K×1 位，4K×1 位。另外一种排列是"多字多位"结构(简称字结构)，即将一个单元的若干位(如 4 位、8 位)连在一起，其容量表示为 N 字×4 位/字或 N 字×8 位/字，如静态 RAM6116 为 2K×8，6264 为 8K×8 等。

2. 地址译码器

地址译码器的功能是将 CPU 发送来的地址信号进行译码，产生地址译码信号，以便选中存储体中的某一个存储单元。

3. 控制逻辑电路

控制逻辑电路接收来自 CPU 的启动、片选、读/写及清除命令，经控制电路综合和处理后，产生一组时序信号来控制存储器的读/写操作。

4. 数据缓冲器

用于暂存来自 CPU 的写入数据或从存储体内读出的数据。暂存的目的是协调 CPU 和存储器之间速度上的差异。

5.2 读写存储器 RAM

5.2.1 静态 RAM(SRAM)的结构与接口特性

目前各种中、高档 PC 系列微机和工作站普遍采用 SRAM 芯片组成 CPU 外部的高速缓冲存储器 Cache。在一般的单片机系统、单板机系统及早期的低档微机中均采用 SRAM 构成存储器的 RAM 子系统。

SRAM 的芯片有不同的规格，典型的有 2114(1K×4 位)，2142(1K×4 位)，6116(2K×8 位)，6264(8K×8 位)，62256(32K×8 位)和 64C512(64K×8 位)等。随着大规模集成电路的

发展，SRAM 的集成度也在提高，单片容量不断增大。在电子盘和大容量存储器中，需要容量更大的 SRAM，例如，HM628128 为 1Mbit(128K×8 位)，而 HM628512 芯片容量达 4Mbit(512K×8 位)。下面我们以 6116 为例，介绍 SRAM 芯片的工作方式及内部结构。

Intel 6116 的引脚及功能框图如图 5-4 所示。6116 芯片的容量为 2K×8 位，有 2048 个存储单元，需 11 根地址线，7 根用于行地址译码输入，4 根用于列地址译码输入，每条列线控制 8 位，从而形成了 128×128 个存储阵列，即 16384 个存储体。6116 的控制线有三条：片选 $\overline{CS}$、输出允许 $\overline{OE}$ 和读写控制 $\overline{WE}$。这三个控制信号组合控制 6116 的工作方式，如表 5-1 所示。

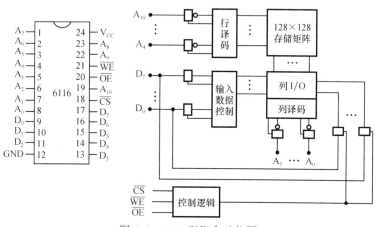

图 5-4 6116 引脚和功能图

表 5-1 6116 的工作方式

$\overline{CS}$	$\overline{OE}$	$\overline{WE}$	方式	I/O 引脚
H	X	X	未选中(待用)	高阻
L	L	H	读出	D_{out}
L	X	L	写入	D_{in}

Intel 6116 存储器芯片的工作过程如下：

读出时，地址输入线 $A_{10} \sim A_0$ 送来的地址信号经地址译码器送到行、列地址译码器，经译码后选中一个存储单元(其中有 8 个存储位)，由 $\overline{CS}$、$\overline{OE}$、$\overline{WE}$ 构成读出逻辑($\overline{CS}=0$，$\overline{OE}=0$，$\overline{WE}=1$)，打开右面的 8 个三态门；被选中单元的 8 位数据经 I/O 电路和三态门送到 $D_7 \sim D_0$ 输出。

写入时，地址选中某一存储单元的方法和读出相同，不过这时 $\overline{CS}=\overline{WE}=0$，$\overline{OE}=1$，打开左边的三态门，从 $D_7 \sim D_0$ 端输入的数据经三态门和输入数据控制电路送到 I/O 电路，从而写到存储单元的 8 个存储位中。

当没有读写操作时，$\overline{CS}=1$，即片选处于无效状态，输入输出三态门呈高阻状态，从而使存储器芯片与系统总线"脱离"。6116 的存取时间为 50～150ns。其他静态 RAM 的结构与 6116 相似，只是地址线不同而已。典型的型号有 6264、62256，都是 28 个引脚的双列直插式芯片，使用单一的+5V 电源。它们与同样容量的 EPROM 引脚相互兼容，从而使接口电路的连线更为方便。

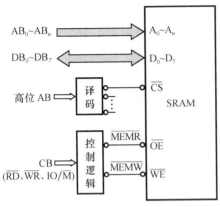

图 5-5　CPU 总线与 SRAM 的连接方法

掌握各种存储芯片的接口特性是设计或扩展微机存储器的基础。而要了解芯片的接口特性，实质上就是要了解它有哪些与 CPU 总线相关的信号线，以及这些信号线相互间的时序关系，从而进一步掌握这些信号线与 CPU 总线的连接方法。

CPU 与 SRAM 的连接方法，如图 5-5 所示。

① 低位地址线、数据线、电源线直接相连；

② 高位地址线经译码后连接 SRAM 的片选信号 $\overline{CS}$（或 $\overline{CE}$）；

③ 控制总线组合形成读/写控制信号 $\overline{WE}$ 或 $\overline{OE}$ / $\overline{WE}$ 。

5.2.2　动态 RAM（DRAM）

1. DRAM 的特点

DRAM 和 SRAM 一样，都是由许多基本存储单元电路按行、列排列组成的二维存储矩阵。为了降低芯片的功耗，保证足够高的集成度，减少芯片对外封装引脚数目和便于刷新控制，DRAM 芯片都设计成位结构形式，即每个存储单元只有一位数据位，一个芯片上含有若干个字，如 4K×1 位、8K×1 位、16K×1 位、64K×1 位、256K×1 位等。

2. 典型动态 RAM

一种典型的动态 RAM 是 4164（Intel 2164A），其引脚及内部结构框图如图 5-6 所示。

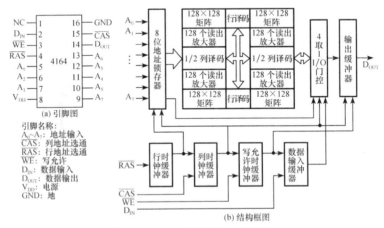

图 5-6　4164 的引脚及内部结构

4164 是 64K×1 位的芯片，即片内有 65536 个存储单元，每个单元只有 1 位数据，用 8 片 4164 才能构成 64KB 的存储器。若想在芯片内寻址 64K 单元，通常必须用 16 条地址线。为减少地址线引脚数目，DRAM 地址线采用行地址线和列地址线分时工作，这样 DRAM 对外部只需引出 8 条地址线，该 8 条地址线分两次送入 16 位地址进行寻址。第一组 8 位地址为行地址，由行地址选通信号$\overline{\text{RAS}}$选通送至芯片内部行地址锁存器内锁存；第二组8位地址信息为列地址，由列地址选通信号$\overline{\text{CAS}}$选通送到列地址锁存器锁存。行、列地址译码器共同产生实际存储单元地址，完成读写的寻址操作。写入时，数据加载在D_{IN}数据输入线上，当$\overline{\text{WE}}$上输入低电平时，数据被写入指定单元；输出数据时，$\overline{\text{WE}}$上输入高电平，被寻址存储单元的信息，通过D_{OUT}线输出。

3. DRAM 的刷新及接口特性

DRAM 是以 MOS 管栅极和衬底间的电容上的电荷来存储信息的。由于 MOS 管栅极上的电荷会因漏电而泄漏，故存储单元中信息只能保持若干毫秒。为此，要求在 1～3ms 中周期性地刷新存储单元，但若 DRAM 本身不具有刷新功能，就必须附加刷新逻辑电路。

在刷新操作时，刷新是按行进行的，即每当 CPU 或外部电路对 DRAM 提供一个行地址信号时，该行中所有基本存储电路的存储电平将被读出，并在相应刷新放大器作用下被放大和刷新。但与读操作不同的是，这时由于列地址信号不存在(列选择信号为低电平)，因而各列位线上的读出信号不能送至存储器数据输出端。从图 5-6 中可看出与 DRAM 读写和刷新有关的一些特征：

(1)没有专门的片选信号线($\overline{\text{CS}}$)。使用中用行选$\overline{\text{RAS}}$、列选信号$\overline{\text{CAS}}$兼作片选信号。

(2)只设置 1 根读写控制信号$\overline{\text{WE}}$。当$\overline{\text{WE}}$为高电平时实现读出，$\overline{\text{WE}}$为低电平时实现写入。

(3)将全部存储单元(图中是 64K 位)分散配置为 4 个行×列矩阵(图中是 4 个 128 行×128 列矩阵)。对该图所示电路，由 7 位行地址和 7 位列地址译码，在 4 个矩阵中各选中一个地址单元(每个单元 1 位)，再由行、列地址各 1 位(RA_7、CA_7)译码，从中选出所需的那个单元写入或读出数据。与此同时，4 个矩阵将在行地址控制下刷新，即每次刷新 128×4 个存储单元。芯片如果只加上行选通信号$\overline{\text{RAS}}$，不加列选通信号$\overline{\text{CAS}}$，可以把地址加到行译码器，使指定的 4 行存储单元只被刷新，而不读写，这时数据输出端为高阻态。可见，每当芯片被选中时，都会产生一次刷新过程。因为芯片的刷新周期一般不能大于 2ms，利用芯片正常读写实现刷新显然是不可靠的，必须为刷新提供专门的电路。这个电路能够在刷新时提供行选通信号，并且提供连续的行地址，保证在 2ms 以内将全部行地址循环一次。

图 5-7 给出了一个由 CPU 控制刷新的 DRAM 接口逻辑框图。其接口电路主要由地址多路复用器、刷新定时器、刷新地址计数器、仲裁器、控制信号发生器和总线收发器等部分组成。

实现 DRAM 定时刷新的方法和电路有多种，除了由 CPU 通过一定控制逻辑实现，也可以用 DMA 控制器实现，还可以用专用 DRAM 控制器实现。目前的 386/486/586 系统普遍使用专门的 DRAM 控制器芯片，将 DRAM 接口及刷新电路集于一身，例如，W4006AF 等芯片就是这样的控制器，把它和 CPU 的有关信号直接相连，就可通过 CPU 的这些信号在 DRAM 控制器内部自动产生控制 DRAM 芯片接口及刷新所需的各种定时信号。

近几年新出现的一种新型 DRAM 芯片：组合存储器(IRAM)，将动态刷新逻辑和地址多路复用逻辑集成于原来的 DRAM 芯片内，从而克服了 DRAM 需外加这两部分电路的缺点，使之从外部接口特性看就像 SRAM 一样。较典型的 IRAM 产品有 Intel 2186/2187(8K×8 位)等。

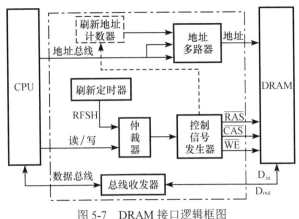

图 5-7　DRAM 接口逻辑框图

5.3　只读存储器 ROM

只读存储器（ROM）的信息在使用时是不能被改变的，即只能读出，不能写入，故一般只能存放固定程序，如监控程序、PC 微机系统中的 BIOS 程序等。ROM 的特点是非易失性，即掉电后再上电时存储信息不会改变。ROM 芯片与 RAM 芯片内部结构类似，主要由地址寄存器、地址译码器、存储单元矩阵、输出缓冲器及芯片选择逻辑等部件组成，如图 5-8 所示。按存储单元的结构和生产工艺的不同，常用的 ROM 存储器有以下几种。

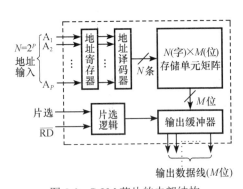

图 5-8　ROM 芯片的内部结构

5.3.1　掩模 ROM

掩模只读存储器 ROM 的每个存储单元由单管构成，因此集成度较高。工厂根据用户提供的程序对芯片图形（掩模）进行二次光刻，所以称为掩模 ROM。显然，存储器的内容取决于制造工艺，若要修改，则只能在生产厂重新定做新的掩模，用户无法自己操作编程。

5.3.2　可编程 ROM（PROM）

可编程 ROM（programable ROM）也称现场编程 ROM，简称 PROM。它在产品出厂时并未存储任何信息。使用时，用户可根据需要自行写入信息。但必须注意，对 PROM 来说信息一旦写入便成为永久性的，不可更改。目前，PROM 只有双极型（主要包括 TTL 工艺及 ECL 工艺）产品，基本存储电路有熔丝型及 PN 结击穿型两种。

由于 PROM 的典型应用是作为高速计算机的微程序存储器，高速是主要目标，很少考虑降低功耗的问题。双极型产品的功耗较大，典型的 PROM 单片总功耗为 600～1000mW。

5.3.3 紫外光擦除可编程 ROM（EPROM）

在许多应用中，程序需要经常修改，因此能够重复擦写的 EPROM 被广泛应用。这种存储器利用编程器写入后，信息可长久保持，因此可作为只读存储器。当其内容需要变更时，可利用擦抹器（由紫外线灯照射）将其擦除，各单元内容复原（为 FFH），再根据需要利用 EPROM 编程器编程，因此这种芯片可反复使用。

目前应用较广也较为典型的 EPROM 芯片有多种型号，如 2764、27128、27512、27C010、27C020 等，它们分别是 8K×8 至 256K×8 的 EPROM 芯片。

下面以 27128（16K×8）为例，对 EPROM 的性能和工作方式作简要介绍。如图 5-9 所示，128K 位组成 16K×8bit 存储矩阵，故需要有 14 条地址输入线，经过译码在 16K 地址中选中一个存储单元，此单元的 8 位就同时输出，故有 8 条数据线。

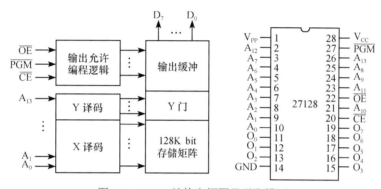

图 5-9 27128 结构方框图及引脚排列

存储器的数据输出、编程以及各种工作方式由三条控制线控制，即片选信号 $\overline{CE}$、输出允许信号 $\overline{OE}$ 和编程控制信号 $\overline{PGM}$。

实际上，Intel 27 系列的 EPROM 芯片的引脚和外接信号线大同小异，甚至在引脚排列上也有一定的兼容性。各种 EPROM 芯片的外部接口信号主要有以下几类。

（1）地址线：$A_0 \sim A_i$（i 值随存储容量而定）。

（2）数据线：$O_7 \sim O_0$。

（3）片选线：$\overline{CS}$（或 $\overline{CE}$）。

（4）输出允许线：$\overline{OE}$。

（5）电源线：

V_{CC}——+5V，工作电源。

V_{PP}——编程电源。注意，编程电源电压因产品不同而有所不同，实际使用时应查有关技术手册，或者从低电压（如 12.5V）逐步升高，以免损坏芯片。在线工作时该引脚取+5V。

GND——信号地。

在应用系统中，EPROM 与 CPU 总线的连接方法可以归纳如下：

（1）编程电源 V_{PP} 固定接+5V 或由开关控制接 V_{CC}、V_{PP}。

（2）低位地址线、数据线、工作电源线直接相连。

$\overline{\text{CS}}$ 和 $\overline{\text{OE}}$ 信号分别由 CPU 高位地址线和控制总线译码后产生。具体连接方案有多种,图 5-10 给出了三种连接方式(以 2764 为例)。

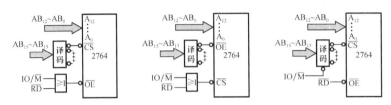

图 5-10　EPROM 与 CPU 的连接方法

5.3.4　电可擦除的可编程 ROM(E²PROM)

前面介绍的紫外光擦除的 EPROM,在使用时,需从电路板上拔下在专用紫外线擦除器中擦除,因此,操作起来较麻烦。一块芯片经多次插拔之后,可能会使外部引脚损坏。另外,EPROM 可被擦除后重写的次数也是有限的,一块芯片往往使用时间不太长。

E²PROM 则是一种可用电擦除和编程的只读存储器。它既能像 RAM 那样随机地进行改写,又能像 ROM 那样在掉电的情况下非易失地保存数据。不用从电路板上拔下,就可在线直接用电信号进行擦除,对其进行的编程也是在线操作,因此它的改写步骤简单,其他性能与 EPROM 类似。这样,E²PROM 兼有 RAM 和 ROM 的双重特点,所以在计算机系统中,使用 E²PROM 后,可使整机的系统应用变得方便灵活。

早期的 E²PROM 芯片,在实现芯片的擦、写功能时与 EPROM 一样,需要外加高电源电压(如+21V)到 V_{PP} 端,后来将升压电路集成到片内,使整个芯片无论读、写、擦除只需单一的+5V 电源(V_{CC}),明显地简化了外部接口和编程。下面以 Intel 2864A 为例,说明 E²PROM 的基本特点和工作方式。2864A 的容量为 8K×8,采用 28 条引脚双列直插式封装,如图 5-11 所示,其引脚与 EPROM 芯片 2764 兼容。

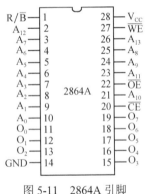

图 5-11　2864A 引脚

2864A E²PROM 有 13 条地址线 $A_0 \sim A_{12}$,$I/O_0 \sim I/O_7$ 是 2864A 的八位数据输入输出端。$\overline{\text{CE}}$ 端是 2864A 的电源控制端并用以器件选择。$\overline{\text{WE}}$ 为允许写入控制端,器件的擦/写、功率下降控制逻辑可以根据 $\overline{\text{CE}}$ 和 $\overline{\text{WE}}$ 的电平状态和时序状态控制器件的操作。$\overline{\text{OE}}$ 为允许数据输出控制端。$R/\overline{B}$ 是 RDY/BUSY 的缩写,指示器件的"准备就绪"/"忙"状态,CPU 通过检测此引脚的状态来控制芯片的擦写操作。2864A 片内写周期定时器通过 $R/\overline{B}$ 引脚向 CPU 表明它所处的工作状态:在写一字节的过程中,此引脚呈低电平,写完以后此引脚变为高电平。2864A 中 $R/\overline{B}$ 引脚的这一功能可在每写完一字节后向 CPU 请求外部中断来继续写入下一字节,而在写入过程中,其数据线呈高阻状态,故 CPU 可继续执行其程序。因此采用中断方式既可在线修改内存参数而又不致影响计算机的实时性。

2864A E²PROM 在 10ms 内可将整片全部擦除。除了能对整个器件操作外,还能对单地址进行操作,即对每字节独立地完成擦/写,擦除时间是 2ms,读取时间为 250ns,可满足多数微处理器对读取速度的要求。2864A 的工作方式如表 5-2 所示。

表 5-2　2864A 的工作方式

方式 \ 引脚	$\overline{\text{CE}}$	$\overline{\text{OE}}$	$\overline{\text{WE}}$	RDY/$\overline{\text{BUSY}}$	数据线功能
读	低	低	高	高阻	输出
维持	高	无关	无关	高阻	高阻
字节写入	低	高	低	低	输入
片擦除	字节写入前自动擦除				

1. 读方式

2864A 读操作是在 $\overline{\text{WE}}$ 为 "1"，$\overline{\text{CE}} = \overline{\text{OE}} =$ "0" 时进行的，此时允许 CPU 读取 2864A 的数据。当 CPU 发出地址信号以及相关的控制信号后，经过一定延时（即读取时间 250ns 左右），2864A 即可提供有效数据。

2. 写方式

2864A 具有以字节为单位的擦写功能，擦除和写入是同一种操作，即都是写，只不过擦除是固定写 "1" 而已。因此，在擦除时，数据输入是 TTL 高电平。在以字节为单位进行擦除和写入时，$\overline{\text{CE}}$ 为低电平，$\overline{\text{OE}}$ 为高电平，写脉冲（$\overline{\text{WE}}$）宽度最小为 2ms（低电平），最大一般不超过 70ms。

3. 片擦除方式

2864A E^2PROM 提供了全片电擦除的方式，整片擦除时，所有 8K 字节均置成 "1"。在进行片擦除操作时，不考虑地址线的状态，数据端置高电平，除去 $\overline{\text{WE}}$、$\overline{\text{CE}}$ 应置低电平外，$\overline{\text{OE}}$ 端与字节擦/写操作时不同，此端应置成低电平。需要注意的是：片擦方式时，$\overline{\text{WE}}$ 脉冲宽度比字节擦/写时要宽，为 5～15ms，典型值为 10ms，其他信号除电平状态外，时序与字节擦/写时相同。

4. 维持方式

2864A 有功率下降的维持方式。通常在进行擦/写和读操作时，其最大的电流消耗为 100mA，当器件不操作时，只需将一个 TTL 高电平加到器件允许（$\overline{\text{CE}}$）端，器件即进入维持状态，此时最大电流消耗为 40mA，故可减少 60% 的电源消耗。2864A 进入维持方式时，输出端悬浮。

5.3.5　闪速存储器

闪速存储器（flash memory）是一种新型的半导体存储器。就其本质而言，闪速存储器属于 E^2PROM 类型，它也是一种非易失性的内存，属于 E^2PROM 的改进产品。与 EPROM 相比较，闪速存储器具有明显的优势——在系统加电情况下即可擦除和重复编程，而不需要特殊的高电压；其次，与 E^2PROM 相比较，闪速存储器具有成本低、密度大的特点，它既有 ROM 的特点，又有很高的存取速度，而且易于擦除和重写，功耗很小。它的另一个特点是必须**按块擦除**（每个区块的大小不定，不同厂家的产品有不同的规格），而 E^2PROM 则可以一次只擦除一字节。

1. 闪速存储器的主要特点

闪速存储器展示出了一种全新的个人计算机存储器技术，它的主要特点为：

(1)固有的非易失性。不需要备用电池来确保数据存留，也不需要磁盘作为动态 RAM 的后备存储器。

(2)经济的高密度。Intel 的 1M 位闪速存储器的成本按每位计要比静态 RAM 低一半以上(不包括静态 RAM 电池的额外花费和占用空间)。闪速存储器的成本仅比容量相同的动态 RAM 稍高，但却节省了辅助(磁盘)存储器的额外费用和空间。

(3)可直接执行。由于省去了从磁盘到 RAM 的加载步骤，查询或等待时间仅决定于闪速存储器，用户可充分享受程序和文件的高速存取以及系统的迅速启动。

(4)固态性能。闪速存储器是一种低功耗、高密度的半导体技术。便携式计算机不再需要消耗电池以维持磁盘驱动器运行，或由于磁盘组件而额外增加体积和重量。

2. 闪存类型

闪存有许多种类型，从结构上分主要有 AND、NAND、NOR 等。其中 NOR 和 NAND 型闪存是目前使用较多的闪存。

NOR 型随机读取的速度比较快，擦除和写入速度比较慢。因此适合用于程序的读取。一般 NOR 闪存的接口和 EPROM 相同，都有单独的地址、数据和控制线，便于直接读取；可以和微处理器连接，直接执行程序编码。

而 NAND 结构的闪存，相对来说读取速度较慢，擦除和写入速度则比较快。因此 NAND 闪存往往用来传送整"页"的数据，即将存储阵列中的数据直接传至微处理器内部的容量达 528 字节的寄存器。闪存直接和 8 位数据总线连接，一次传一字节。这样如果一次读出一个扇面，总的读取时间和 NOR 闪存相差不多。NAND 闪存的集成度比较高，主要设计用作固态文件存储，没有专门的地址线和数据线，只有控制线和 8 位 I/O 端口。和硬盘驱动器的 IDE 接口相似，当 NAND 闪存更新换代成倍增加容量时，对外物理连接可以保持不变。由于集成度高，写入和擦除速度快，NAND 闪存适合用作大容量存储器。两种闪存的比较参见表 5-3。

表 5-3　NOR 和 NAND 闪存比较

	NOR	NAND
随机读取时间	80ns/16 位字	15μs/528 字节(页)
扇面读取速度	13.2MB/s	12.7MB/s
写入速度	0.2MB/s	2.1MB/s
擦除速度	0.08MB/s	5.3MB/s

3. 闪存的典型芯片

1)28F040 的引线及结构

28F040 的外部引线如图 5-12 所示。它共有 19 根地址线和 8 根数据线，说明该芯片的容量为512K×8bit；$\overline{G}$为输出允许信号，低电平有效；E是芯片写允许信号，在它的下降沿锁存选中单元的地址，用上升沿锁存写入的数据。

28F040芯片将其512KB的容量分成16个32KB的块，每一块均可独立进行擦除。

2）工作过程

28F040与普通EEPROM芯片一样也有三种工作方式，即读出、编程写入和擦除。但不同的是它是通过向内部状态寄存器写入命令的方法来控制芯片的工作方式，对芯片所有的操作都要先向状态寄存器写入命令。另外，28F040的许多功能需要根据状态寄存器的状态来决定。要知道芯片当前的工作状态，只需写入命令70H，就可读出状态寄存器各位的状态了。状态寄存器各位的含义和28F040的命令分别见表5-4和表5-5。

（1）读操作。

读操作包括读出芯片中某个单元的内容、读内部状态寄存器的内容以及读出芯片内部的厂家及器件标记三种情况。

如果要读某个存储单元的内容，则在初始加电以后或在写入命令00H（或FFH）之后，芯片就处于只读存储单元的状态。这时就和读SRAM或EPROM芯片一样，很容易读出指定的地址单元中的数据。此时的V_{PP}（编程高电压端）可与V_{CC}（+5V）相连。

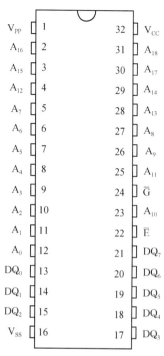

图 5-12　28F040 的引线图

表 5-4　状态寄存器各位的含义

位	高电平（1）	低电平（0）	用于
$SR_7(D_7)$	准备好	忙	写命令
$SR_6(D_6)$	擦除挂起	正在擦除/已完成	擦除挂起
$SR_5(D_5)$	块或片擦除错误	片或块擦除成功	擦除
$SR_4(D_4)$	字节编程错误	字节编程成功	编程状态
$SR_3(D_3)$	V_{PP}太低，操作失败	V_{PP}合适	监测V_{PP}
$SR_2 \sim SR_0$			保留未用

表 5-5　28F040 的命令字

命令	总线周期	第一个总线周期			第二个总线周期		
		操作	地址	数据	操作	地址	数据
读存储单元	1	写	×	00H			
读存储单元	1	写	×	FFH			
读标记	3	写	×	90H	读	IA(1)	
读状态寄存器	2	写	×	70H	读	×	SRD(4)
清除状态寄存器	1	写	×	50H			
自动块擦除	2	写	×	20H	写	BA(2)	D0H
擦除挂起	1	写	×	B0H			

命令	总线周期	第一个总线周期			第二个总线周期		
		操作	地址	数据	操作	地址	数据
擦除恢复	1	写	×	D0H			
自动字节编程	2	写	×	10H	写	PA(3)	PD(5)
自动片擦除	2	写	×	30H	写		30H
软件保护	2	写		0FH	写	BA(2)	PC(6)

其中：(1)若是读厂家标记，IA=00000H；读器件标记则 IA=00001H；

(2)BA 为要擦除块的地址；

(3)PA 为欲编程存储单元的地址；

(4)SRD 是由状态寄存器读出的数据；

(5)PD 为要写入 PA 单元的数据；

(6)PC 为保护命令，若 PC=00H——清除所有的保护，PC=FFH——置全片保护

PC=F0H——清地址指定的块保护

PC=0FH——置地址指定的块保护

(2)编程写入。

编程方式包括对芯片单元的写入和对其内部每个 32KB 块的软件保护。软件保护是用命令使芯片的某一块或某些块规定为写保护，也可置整片为写保护状态，这样可以使被保护的块不被写入新的内容或擦除。例如，向状态寄存器写入命令 0FH，再送上要保护块的地址，就可置规定的块为写保护。若写入命令 FFH，就置全片为写保护状态。

28F040 对芯片的编程写入采用字节编程方式，其写入过程如图 5-13 所示。

首先，28F040 向状态寄存器写入命令 10H，再在指定的地址单元写入相应数据。接着查询状态，判断这字节是否写好。写好则重复这个过程，直到全部字节写入完毕。

28F040 的编程速度很快，其一字节的写入时间仅为 8.6μs。

(3)擦除方式。

28F040 既可以每次擦除一字节，也可以一次擦除整个芯片，或根据需要只擦除片内某些块，并可在擦除过程中使擦除挂起和恢复擦除。

对字节的擦除，实际上就是在字节编程过程中，写入数据的同时就等于擦除了原单元的内容。对整片擦除,擦除的标志是擦除后各单元的内容均为 FFH。整片擦除最快只需 2.6s。但受保护的内容不被擦除。也允许对 28F040 的某一块或某些块擦除，每 32KB 为一块，块地址由 $A_{15}\sim A_{18}$ 来决定。在擦除时，只要给出该块的任意一个地址(实际上只关心 $A_{15}\sim A_{18}$)即可。整片擦除及块擦除的流程图分别如图 5-14 中的(a)和(b)所示。擦除一块的最短时间为 100ms。

擦除挂起是指在擦除过程中需要读数据时，可以利用命令暂时挂起擦除，读完后又可用命令恢复擦除。

28F040 在使用中，要求在其引线控制端加上适当电平，以保证芯片正常工作。不同工作类型的 28F040 的工作条件是不一样的，具体如表 5-6 所示。

4. 闪存的应用

总之，闪速存储器的出现带来了固态大容量存储器的革命。闪速存储器的独特性能使其广泛地运用于各个领域，如 PC 及外设、电信交换机、蜂窝电话、网络互联设备、仪器

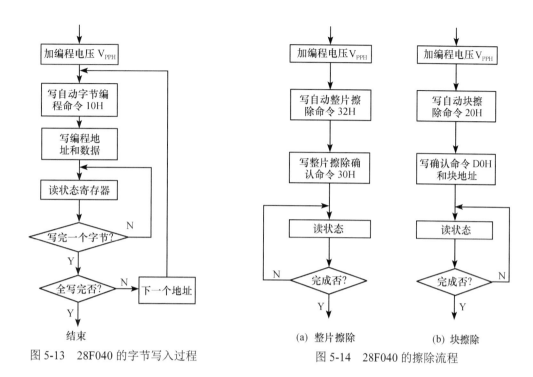

图 5-13　28F040 的字节写入过程　　　　　图 5-14　28F040 的擦除流程

表 5-6　28F040 的工作条件

	E	G	V_{PP}	A_9	A_0	$D_0 \sim D_9$
只读存储单元	V_{IL}	V_{IL}	V_{PPL}	×	×	数据输出
读	V_{IL}	V_{IL}	×	×	×	数据输出
禁止输出	V_{IL}	V_{IH}	V_{PPL}	×	×	高阻
准备状态	V_{IH}	×	×	×	×	高阻
厂家标记	V_{IL}	V_{IL}	×	V_{ID}	V_{IL}	97H
芯片标记	V_{IL}	V_{IL}	×	V_{ID}	V_{IH}	79H
写入	V_{IL}	V_{IH}	V_{PPH}	×	×	数据写入

注：V_{IL} 为低电平；V_{IH} 为高电平 V_{CC}；V_{PPL} 为 0～V_{CC}；V_{PPH} 为+12V；V_{ID} 为+12V；×表示高低电平均可。

仪表和汽车器件，同时还包括新兴的语音、图像、数据存储类产品，如数字相机、数字录音机和个人数字助理（PDA）。目前，在 PC 机的主板上就广泛采用闪速存储器来保存 BIOS 程序，便于进行程序的升级。但是将闪速存储器用来取代 RAM 就显得不合适，因为 RAM 需要能够按字节改写，而且是高速读写，目前 Flash ROM 还不能满足要求。

5.4　存储器系统的设计

存储器与 CPU 的连接需要解决的问题是根据微处理器的要求，选择合适的存储器芯片，并利用容量有限的存储器芯片组成所需要的存储器系统。存储器与 CPU 的连接主要是通过地址总线、数据总线以及控制总线进行的。

5.4.1 存储器的工作时序

半导体存储器在工作时，有其一定的读写时序。在实际应用系统中，为了能够实现正确的存储器操作，一方面要根据参数选择合适的存储器芯片，另一方面还要保证 CPU 能提供正确的读/写时序。除此以外，在设计存储器模块板上的控制逻辑电路过程中，还要为CPU 读/写时序和存储器的时序要求能密切配合进行仔细的考虑。

1. 存储器的读周期

存储器的读周期，就是从存储器读出数据所需要的时间，其时序如图 5-15 所示。

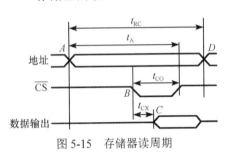

图 5-15 存储器读周期

从存储器读出数据，首先要向存储器发送地址信号，接着发送输出允许信号 $\overline{CS}$，从 $\overline{CS}$ 有效经过 t_{CX}，数据从存储器读出，出现在外部数据总线上（图中 C 点）。而从 $\overline{CS}$ 有效经过 t_{CO} 时间，数据即稳定在外部数据线上。而所谓读周期时间，就是从地址有效的 A 点，到读出数据稳定在外部数据总线上的时间 t_A。t_A 总要比 t_{CO} 大，一般将从存储器地址有效到数据有效之间的时间 t_A 作为读取时间。MOS 存储器的读取时间一般在 50～100ns。从 CPU 送出存储器地址开始，为确保在 t_A 时间之后读出的数据稳定出现在外部数据总线上，就要求 $\overline{CS}$ 信号最迟在地址有效之后的 t_A-t_{CO} 的时间段中有效，否则，在地址有效之后，经过时间 t_A 存储器读出的数据，只能保持在内部数据总线上，而不能将数据送到系统的数据总线上。

另外，需要指出的是这里所说的读取时间，并不是读周期。数据经过一个读取时间 t_A 从存储器读到数据总线后，并不能立即启动下一个读操作，还需要一定的时间进行内部操作，也就是说数据读出后需要一定的恢复时间。读周期是存储器两次连续的读操作所必须间隔的时间，读取时间加上恢复时间才是存储器的读周期时间，即图中标识的 t_{RC}，也就是图中 A 点到 D 点的时间长度。

2. 存储器的写周期

图 5-16 表示存储器的写周期时序。为将数据写入存储器单元，在写周期开始时，首先要提供写入地址到存储器。从 CPU 送出存储单元地址的 A 点开始，经过 t_{AW} 时间，在 B 点处片选信号 $\overline{CS}$ 有效，同时提供写信号 $\overline{WE}$，接着就可以输入数据进行写入了。图中，t_{AW} 是地址建立时间，t_W 是写脉冲宽度。t_W 要保持一定的宽度，但也不能太长，在地址变动期间，$\overline{WE}$ 必须为高，否则可能会导致误写入。为保证在片选信号和读/写信号无效前能将数据可靠写入，要求要写入的数据必须在 t_{DW} 之前已稳定出现在数据线上，t_{DW} 为数据的有效时间。存储器的写周期即是 A 点到 D 点的时间，它是地址建立、写脉冲宽度和写操作恢复时间三者的总和。其中，写操作恢复时间和

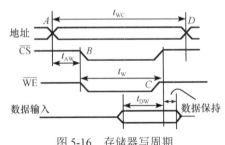

图 5-16 存储器写周期

读操作恢复时间的含义类似，也是为了进行器件内部操作而设置的。对于某些存储器件，读操作恢复时间和写操作恢复时间很小，可以认为是"0"。

需要指出的是，这里给出的读周期和写周期都是指存储器件本身能达到的最小时间要求，而当把存储系统作为一个整体考虑时，因为输入输出控制逻辑电路、系统总线驱动电路和存储器接口电路都会产生延迟，故实际的读出/写入时间比读/写周期还要长一些。

5.4.2 存储器组织结构的确定

微机存储器系统的构成与设计，一般包括以下三项工作：**存储器结构的确定、存储器芯片的选择、存储器接口的设计**。其中存储器接口的设计实际上就是要解决存储器同 CPU 三大总线的正确连接与时序匹配问题。而与地址总线的连接，本质上就是在存储器地址分配的基础上实现地址译码，以保证 CPU 能对存储器中的所有单元正确寻址。它又包括两方面：一是**高位地址译码**，用以选存储芯片；二是**低位地址线连接**，用以通过片内地址译码器译码选择单元。

存储器结构的确定，主要指采用单存储体结构还是多存储体结构。在微机系统中，为能支持各种数据宽度操作，存储器一般都以字节为单位构成，其数据宽度为 8 位。对于 CPU 的外部数据总线为 8 位的微机或单片机(如 8088 系统、MCS-51 系列单片机等)，其存储器只需用单体结构，而对于 CPU 的外部数据总线为 16 位的微机系统(如 8086、80286 系统、MCS-96 系列单片机等)，则需用两个 8 位存储体才能实现 16 位的数据传送。例如，对 8086 微机，是将 2^{20}=1MB 物理地址空间的存储器分为偶地址的存储体和奇地址的存储体，如图 5-17 所示。

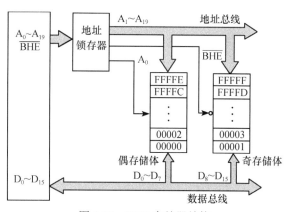

图 5-17　8086 存储器结构

偶地址存储体的数据线与数据总线 $D_7 \sim D_0$ 连接，而奇地址存储体的数据线与数据总线 $D_{15} \sim D_8$ 连接。地址总线中 $A_1 \sim A_{19}$ 同时连到两个存储体，A_0 作为偶存储体的片选信号。奇存储体则利用控制信号 $\overline{BHE}$ (总线高字节允许)作片选信号。用这种连接方法，如表 5-7 所示。A_0=0，$\overline{BHE}$ =1 时，只能访问数据线挂在数据总线 $D_7 \sim D_0$ 上的偶地址存储单元；A_0=1，$\overline{BHE}$ = 0 时，只能访问数据线挂在数据总线 $D_8 \sim D_{15}$ 上的奇地址的存储单元；当 A_0=0，$\overline{BHE}$ = 0 时，则可同时访问偶地址存储体和奇地址存储体的存储单元，从而实现 16 位数据传送。可见，当 CPU 执行对各种数据寻址的指令而适时发出 $\overline{BHE}$ 和 A_0 信号时就可控制对两个存储体相应 8 位字节或 16 位字单元的访问操作。需要指出的是,在实现 16 位数据传送时,如果低 8 位字节在偶地址存储体中,高 8 位字节在奇地址存储体中(此称为字对准或**规则存放**),一个总线周期即可完成 16 位的数据传送;反之,如果低 8 位字节在奇地址存储体中,高 8 位字节在偶地址存储体中(此称为字未对准或**非规则存放**),则需两个总线周期才可完成 16 位的数据传送。

表 5-7   存储单元的存取形式

$\overline{BHE}$	A_0	存储形式
0	0	存取高 16 位($D_{15}\sim D_0$)数据
1	0	存取低 8 位($D_7\sim D_0$)数据
0	1	存取高 8 位($D_{15}\sim D_8$)数据
1	1	无效

图 5-18 给出了 CPU 按字节和字访问存储单元的 4 种情况。

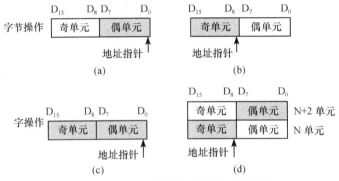

图 5-18   CPU 访问存储单元的 4 种情况

对于以 80386、80486 等 32 位 CPU 为核心的微机系统,一般使用 4 个由字节组成的存储体,以实现对 8 位字节、16 位字和 32 位双字的访问操作。例如,图 5-19 给出了 80386/80486 系统存储器结构的示意图,它将整个存储器分成 4 个存储体,分别由 $\overline{BE}_0\sim\overline{BE}_3$ 来选通,这样可以构成 32 位数据。当 $\overline{BE}_0\sim\overline{BE}_3$ 同时有效且双字对准时(低 8 位数据在存储体 0 中),在一个总线周期里就可完成 32 位数据的存储器读写操作。

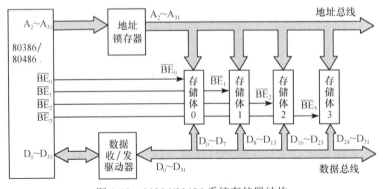

图 5-19   80386/80486 系统存储器结构

由于 8 位字长的单体存储器是构成微型计算机内部存储系统的基础，因此，本书重点介绍 8 位存储器体系的构成原理和存储器接口设计。

5.4.3　存储器地址分配与译码电路

1. 存储器地址分配与设置

在进行存储器与 CPU 连接前，首先要确定内存容量的大小和选择存储器芯片容量大小。在微型计算机中，实际的存储器装机容量往往比允许的存储空间小。例如，IBM PC/XT 中，CPU 是 8088，有 20 条地址线，可寻址的存储空间为 1MB，但系统板上实际配置的存储器只有 64KB 的 ROM 和 256KB 的 RAM，其内存地址分配情况如图 5-20 所示。它是将 ROM 安排在高端，而 RAM 安排在低端。

在实际存储器系统设计时，还需要在地址分配的基础上进行地址设置。在设置存储器地址时，通常可按下列步骤进行：

（1）根据系统实际装机存储容量和实际需要，确定各种存储器在整个存储空间中的位置。

（2）选择合适的存储芯片，画出地址分配图或列出地址分配表。

（3）根据地址分配图或表及选用的译码器件，画出相应的地址位图，以此确定片选和片内存储单元选择的地址线，进而画出片选译码电路。

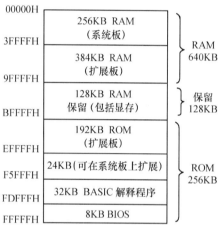

图 5-20　PC/XT 系统存储器地址分配

2. 存储器地址译码

存储器系统设计是将所选芯片与所确定的地址空间联系起来，即将存储单元与实际地址一一对应，这样才能通过寻址对存储单元进行读写。每一个存储器芯片都有一定数量的地址输入端，用来接收 CPU 的地址输出信号。CPU 的地址输出信号，原则上每次只能寻址到一个存储单元，到底一个地址信号能够寻址到哪个芯片（或几个芯片共同组成一个 8 位的单元）上的哪一个单元，这就要由地址译码电路来确定。

地址译码电路将 CPU 的地址信号按一定的规则译码成某些芯片的片选信号和地址输入信号，被选中的芯片即 CPU 寻址的芯片。译码电路在 CPU 寻址时所起的作用十分重要，根据实际情况，可采用简单的逻辑电路或专用的译码器电路来实现。

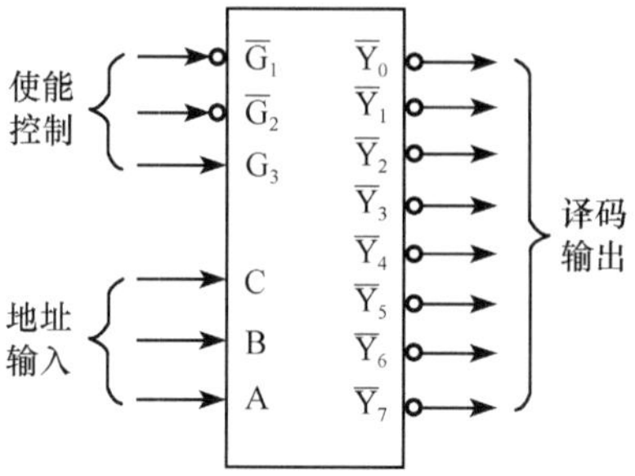

74LS138 是经常采用的一种译码器芯片。它是一个 3-8 译码器，即 3 个地址信号输入，可被译码产生 $\overline{Y}_0 \sim \overline{Y}_7$ 共 8 个译码信号输出。图 5-21 给出了 74LS138 的逻辑符号，表 5-8 是它的译码真值表。从表中可见，当输入端 A、B、C 为某一种输入状态时，输出端 $\overline{Y}_0 \sim \overline{Y}_7$ 中只有一个是有效电平（低电平 L）输出，其他输出端均为无效电平（高电平 H）。

图 5-21　74LS138 逻辑符号

表 5-8　74LS138 译码器真值表(L-低电平 H-高电平)

地址输入			允许输入			输出							
C	B	A	$\overline{G_1}$	$\overline{G_2}$	G_3	$\overline{Y_0}$	$\overline{Y_1}$	$\overline{Y_2}$	$\overline{Y_3}$	$\overline{Y_4}$	$\overline{Y_5}$	$\overline{Y_6}$	$\overline{Y_7}$
L	L	L	L	L	H	L	H	H	H	H	H	H	H
L	L	H	L	L	H	H	L	H	H	H	H	H	H
L	H	L	L	L	H	H	H	L	H	H	H	H	H
L	H	H	L	L	H	H	H	H	L	H	H	H	H
H	L	L	L	L	H	H	H	H	H	L	H	H	H
H	L	H	L	L	H	H	H	H	H	H	L	H	H
H	H	L	L	L	H	H	H	H	H	H	H	L	H
H	H	H	L	L	H	H	H	H	H	H	H	H	L

5.4.4　存储器与微处理器的连接

存储器芯片的外部引脚按功能可分为三组:数据线(DB)、地址线(AB)和控制线(CB)。在微型计算机中,CPU 对存储器进行读写操作,首先要由地址总线给出地址信号,然后发出读写控制信号,最后才能在数据总线上进行数据的读写。所以,CPU 与存储器连接时,其地址线、数据线和控制线都必须与 CPU 建立正确的连接,才能进行正确的读写操作。在连接时应注意以下问题。

1. CPU 总线的带负载能力

在存储器系统中,存储器的各种信号必须连接到 CPU 的总线上。在存储器芯片较少的系统中,CPU 总线负载能力足够时,CPU 总线可直接与存储器相连;而在存储器芯片较多的系统中,若存储器负载较大,就必须在 CPU 总线和存储器之间增加驱动电路。**地址总线只需接入单向的驱动器**,如 74LS244、74LS373 等,而**数据总线则需要接入双向驱动器**,如 74LS245 等。在 8086/8088 系统中常采用 8286 以实现对数据总线的双向驱动。

2. CPU 时序与存储器存取速度之间的配合

CPU 和存储器有各自存取信息的工作时序,因此在选择存储器芯片时应尽可能满足 CPU 取指令和读/写存储器的时序要求。所以,在选择存储器芯片时,就应考虑与 CPU 速度的匹配问题。具体地说,CPU 对存储器进行读操作时,CPU 发出地址和读命令后,存储器必须在限定时间内给出有效数据。而当 CPU 对存储器进行写操作时,存储器必须在写脉冲规定的时间内将数据写入指定存储单元,否则就无法保证迅速准确地传送数据,当所选存储器速度跟不上 CPU 时序时,设计系统时应注意插入 T_w。不过,随着大规模集成电路的迅速发展,目前存储器芯片与 CPU 的速度匹配已不成大问题。

3. 数据线的连接

在微机中,无论字长是多少,一般每个存储体(8 位机为单存储体,16 位机为双体,32 位机为 4 体)都是以一字节为基本单位来划分存储单元的,即每 8 位为一个存储单元,并对应一个存储地址。但由于存储芯片的内部结构不同,有的芯片一个地址对应 8 个存储位,有 8 条数据引线,如 2716、27128;而有的芯片一个地址对应 4 个存储位,数据引线只有 4 条,如 2114;还有的芯片只有一个存储位,只有一根数据输入、输出线,如 2118。当用这些存储字长不是 8 位的芯片构成内存时，必须用多片合在一起，并行构成具有 8 位字长的存储单元。例如，2114，需同时用两片；而 2118，则需同时用 8 片。在用多片构成存储单元时，应将它们的地址线、控制线完全并联在一起，数据线则分别接在数据总线的不同线上。

4. 存储器片选控制方法

一般来说，一个微机系统的内存储器不可能仅由一个存储器芯片组成，而是由几片甚至几十片组成。因此，内存储器的构成原理实质上就是用多个存储器芯片构成存储器系统，并使之与 CPU 总线正确连接的原理。为了简化存储器地址译码电路设计，应尽量选择存储容量相同的芯片。在工作时，CPU 发出的地址信号必须要实现两种选择：首先对存储器芯片的选择，使相关芯片的片选端 $\overline{\text{CS}}$ 为有效，这称为**片选**。还要在选中的芯片内部再选择某一存储单元，这称为**单元选择**或**字选择**。由于单元选择信号由存储器芯片的内部译码电路产生，这部分译码电路用户不需设计，一般将芯片地址线与低位地址总线一一相连即可。而片选信号则由与存储器芯片相关的外部译码电路对高位地址总线通过译码产生，这是需要自行设计的部分。

地址总线的高、低位划分因芯片的容量不同而异，如 $4\text{K} \times n$ 位芯片的低位地址总线为 $A_0 \sim A_{11}$ 共 12 位，$1\text{M} \times n$ 位芯片的低位地址总线则为 $A_0 \sim A_{19}$ 共 20 位。其余部分均为高位地址总线。根据对高位地址总线的译码方案不同，片选控制方法通常有**线选法**、**局部译码法**和**全译码法**三种。

1) 线选法

线选法就是用 CPU 的低位地址线对存储器芯片内的存储单元进行寻址，所需要地址线数目由每片的存储单元数目决定，用余下的高位地址线(或经过反相器)分别接到各存储器芯片(组)的片选端，用于区分各个芯片的地址空间。用线选法构成的存储器系统，各芯片(组)间的地址不连续；每个存储单元的地址不唯一，即有地址重叠问题；此时有相当数量的地址空间不准使用，但不需要附加其他的硬件电路，适合构成较小的存储器系统，如图 5-22(a)所示。但要注意的是，为确保每次存取只选中一个芯片，这些片选地址线在每次寻址时只能有一位有效(图中为低电平)，不允许同时有多位有效。

2) 局部译码法

局部译码法又称部分译码法，这种方法是对高位地址总线中的一部分(而不是全部)进行译码，以产生各存储器芯片的片选控制信号，如图 5-22(b)所示。当采用线选法地址线不够用，而又不需要全部系统存储空间的寻址能力时，可采用这种办法。

线选法和局部译码法的优点是**电路简单**(尤其是线选法，无须片选译码电路)，常常用于中小规模的微机系统，特别是单片机应用系统中。但这两种方法由于高位地址未全部参加译码，存在**地址的不连续性**和**多义性**，使寻址空间利用率降低，而且它们有限的寻址能力限制了存储器系统的扩展。这样，在较大的系统中，为避免地址的不连续和多义性、加强系统存储器的扩展能力，则采用另一种寻址方法——全译码法。

3) 全译码法

这种方法除了将低位地址总线直接连至各芯片的地址线，用于芯片的内部单元选择外，将剩余的高位地址线全部作为译码器的输入，用这样的译码器的输出作为片选信号，如图 5-22(c)所示。采用全译码时各芯片(组)的地址范围是唯一的，即每个存储单元的地址唯一，没有地址重叠，地址空间可以充分利用。在实际应用系统设计时，即使不需要全部存储空间，也可采用全译码法，多余的译码输出让它空着，便于需要时扩充。

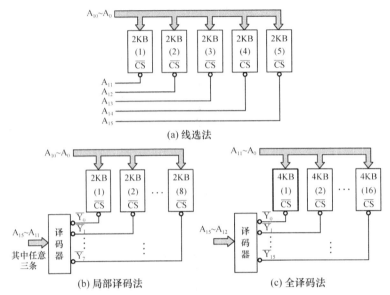

(a) 线选法

(b) 局部译码法　　　　　　　　(c) 全译码法

图 5-22　三种常用片选控制方法(设地址总线为 16 根)

5. 存储器地址分配与设置

对于一般应用系统，存储器系统的容量只占整个存储空间的一部分。存储器地址分配的步骤如下：

(1) 根据系统需要确定存储容量。确定存储器系统在存储空间中的位置，即确定存储器系统占哪一部分存储器空间。

(2) 根据存储器的用途，确定选用存储器的类型和芯片。

(3) 根据地址分配图或表及选用的译码器件，画出相应的地址位图，以此确定"片选"和片内单元选择的地址线，进而画出片选译码电路。

(4) 画出存储器与地址总线的接口连线图。

【例 5-1】为某 8 位微机(地址总线为 16 位)设计一个 12KB 容量的存储器，要求 EPROM 区为 8KB，从 0000H 开始，采用 2716 芯片(2K×8)；RAM 区为 4KB，从 2000H 开始，采用 2114(1K×4)芯片。

分析：根据要求可先列出存储器地址分配表如表 5-9 所示。当然，也可画出如图 5-23 所示相应的存储单元地址分配图。

表 5-9　示例地址分配表

容量分配	芯片型号	地址范围	容量分配	芯片型号	地址范围
2KB	2716	0000~07FFH	1KB	2114	2000~23FFH
2KB	2716	0800~0FFFH	1KB	2114	2400~27FFH
2KB	2716	1000~17FFH	1KB	2114	2800~2BFFH
2KB	2716	1800~1FFFH	1KB	2114	2C00~2FFFH

需要指出的是，在微机应用系统中，存储器或 I/O 接口译码电路的设计方案不是唯一的。例如，本例的译码电路既可以采取 ROM、RAM 分别译码，即由译码器直接输出 8 个存储器芯片所需的片选信号，也可以采取二次译码的方式。所谓**二次译码**方式，即先按"片"地址为 2KB 进行译码，得到一些映射地址空间为 2KB 的片选信号；再利用其中的某一条或某几条输出与一条地址线进行二次译码，得到映射地址空间为 1KB 的片选信号。这种方法可推广到多种不同容量的存储芯片一起使用的场合，这时可通过多层译码来相继获得容量从大到小的不同芯片的片选信号。

对于本例，由于整个存储器 ROM 和 RAM 共为 12KB，按 2KB 为一片共需 6 根"片选"信号线，故可选 74LS138 作为译码器。这

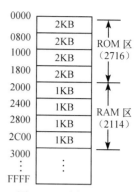

图 5-23　地址分配图

样，根据前面的地址分配表或分配图可画出如图 5-24 所示的地址位图。图中第一次译码为 2KB ROM 芯片提供片选信号，第二次译码为 1KB RAM 芯片提供片选信号。

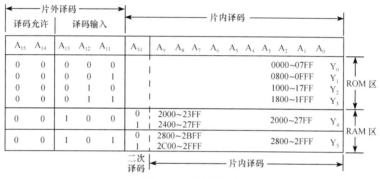

图 5-24　地址位图

根据图 5-24 的地址位图，可画出二次译码方式所对应的外部译码电路如图 5-25 所示，进一步可画出如图 5-26 所示的存储器与系统总线接口的连接图。

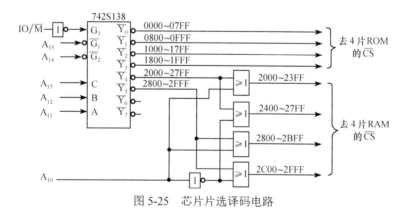

图 5-25　芯片片选译码电路

5.4.5　存储器扩展寻址

存储器芯片的存储容量有限，单片存储器芯片常常不能满足计算机存储器系统的要求，

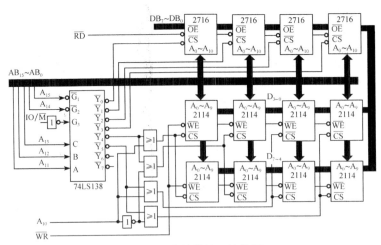

图 5-26 存储器接口连接图

需要进行存储器芯片的扩展。有时需要进行存储位数的扩展，有时需要进行存储单元数的扩展，有时既需要进行位数的扩展又需要进行存储单元数的扩展以构成存储器系统。

1. 存储位数的扩展

用存储器芯片构成存储器系统时，若存储单元数能满足要求，而每个单元的存储位数不能满足要求，就需要进行存储位数的扩展。若采用 $2^n \times 1$ 位的存储器芯片实现 $2^n \times m$ 的存储系统，这 m 片芯片通过正确连接，才能满足要求。它们的构成方法步骤如下：

(1) m 片芯片的片内地址线 $A_0 \sim A_{n-1}$ 分别相连，即各芯片的 A_0、A_1、A_2、…、A_{n-1} 分别连在一起，引出 n 根地址线，这 n 根地址线分别与 CPU 的 n 根地址线对应相连。

(2) m 片芯片的片选信号 $\overline{CS}$ 连接在一起，作为一个片选信号处理；m 片芯片的读/写信号线 $\overline{WE}$ 以及其他控制信号线也分别连在一起，作为一个整体处理。

(3) m 片芯片的数据输出端各自独立处理，就有了 m 位数据输出端。

(4) 通过上述连接，CPU 发出一组地址信号、片选信号以及控制信号后，这 m 个芯片同时被选中，从而组成了一个完整的存储单元输出，达到了扩展存储位数的目的。

2. 存储单元数的扩展

在实际应用系统设计时，当所需的存储容量要求超过微处理器的地址线所能提供的最大寻址范围(称为直接寻址空间)，或几个微处理器需要共享某一存储区域时，就需要对存储器进行扩展寻址，通常采用的方法称为多存储器模块扩充寻址。这种扩充寻址的基本原理如下(以具有 16 根地址线的 8 位微机系统为例)：

(1) 将存储器划分为若干个 64K (2^{16}) 地址容量的存储模块。

(2) 每个存储模块内部的寻址信号仍由 16 位地址总线控制，而每个存储模块的选择，则由块控制逻辑提供的块选控制信号决定。

(3) 访问某个存储单元时，必须经过两次地址译码：一次译码送出一个块选控制信号，选中存储单元所在的存储模块；二次译码则选中该模块的存储单元，进行读写操作。

实现多存储器模块扩充寻址的原理框图如图 5-27(a)所示。其中块选控制逻辑实际上就是一个输出数据锁存器，其位数等于存储模块个数，如图 5-27(b)所示。CPU 通过向这个锁存器口写入选择某一存储器模块的控制字来选中所要访问的模块，同时禁止其余模块被访问。如要访问存储器模块 0，则首先应执行输出指令：

```
MOV AL，01H      ；将选模块控制字输出到锁存器 Port，使存储模块 0 被选中
OUT Port，AL
```

随后即可对模块 0 中的存储单元进行访问。如果要访问模块 1，2，…，7，其选模块控制字则应为 02H，04H，08H，10H，20H，40H，80H。

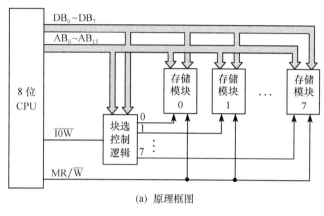

(a) 原理框图

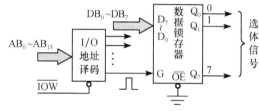

(b) 块选控制逻辑

图 5-27　多存储器模块扩充寻址原理框图

思考题与习题

5.1　SRAM、DRAM，ROM，PROM，EPROM，EEPROM 各有何特点？各用于何种场合？微型机的外部存储器有哪几种？各自的特点是什么？

5.2　高速缓存、内存、外存和虚拟存储器分别有何功能？它们之间有什么区别和联系？

5.3　常用的虚拟存储器由哪两级存储介质组成？

5.4　若用 4K×4 位的 RAM 芯片组成 32K×8 位的存储器，需要多少芯片？$A_{19} \sim A_0$ 地址线中哪些参与片内寻址？哪些参与作芯片组的片选择信号？

5.5　由存储器芯片的引脚可以计算出该存储器芯片的容量吗？请举例说明。

5.6　下列 RAM 各需要多少条地址线进行寻址？多少条数据 I/O 线？

(1)512×4；　　　　　　　　　　　　(4)4K×1；

(2)1K×8；　　　　　　　　　　　　(5)64K×1；

(3)2K×8；　　　　　　　　　　　　(6)256K×4。

5.7　使用下列 RAM 芯片，组成所需的存储容量，各需多少 RAM 芯片？各需多少 RAM 芯片组？共需多少寻址线？每块片子需多少寻址线？

(1)512×4 的芯片，组成 8K×8 的存储容量；

(2)1024×2 的芯片，组成 32K×8 的存储容量；

(3)4K×1 的芯片，组成 64K×8 的存储容量。

5.8 在有 16 根地址总线的微机系统中画出下列情况下存储器的地址译码和连接图。

(1)采用 8K×1 位芯片，要形成 64K 字节存储器。

(2)采用 4K×1 位芯片，要形成 32K 字节存储器。

(3)采用 4K×1 位芯片，要形成 16K 字节存储器。

(4)若要设计一个 256K 字节的存储器系统，应怎么办？

5.9 若用 2114 芯片组成 2KB RAM，地址范围为 3000H～37FFH，问地址线应如何连接？（假设 CPU 只有 16 条地址线，8 根数据线，可选用线选法和全译码法。）

5.10 试为某 8 位微机系统设计一个具有 8KB ROM 和 40KB RAM 的存储器。ROM 用 EPROM 芯片 2732(4K×8)组成，从 0000H 地址开始，RAM 用 SRAM 芯片 6264(8K×8)组成，从 4000H 地址开始。

5.11 习题图 5-1 为一个存储器与 8086 的连接图，试计算该存储器的地址范围，并说明该电路的特点。

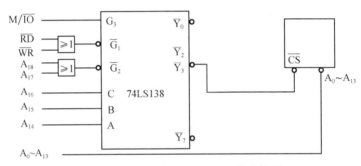

习题图 5-1 某存储器与 8086 的连接图

第6章 输入输出接口技术

6.1 接口技术基本概念

输入输出设备是计算机系统的重要组成部分，微型计算机通过它们与外界进行数据交换。这种信息交换主要是通过接口实现的，如图6-1所示。所谓**接口**是指CPU和存储器、外部设备，或者两种外部设备，或者两种机器之间通过系统总线进行连接的逻辑部件(或称电路)，它是CPU与外界进行信息交换的中转站，是CPU和外界交换信息的通道。例如，源程序和原始数据要通过接口从输入设备(如键盘)送入，运算结果要通过接口向输出设备(如CRT显示器、打印机)送出；控制命令要通过接口发出去(如步进电机的正反转)，现场状态(如温度值、转速值)要通过接口取进来。由此可见，接口部件起着数据缓冲、隔离、数据格式转换、寻址、同步联络和定时控制等作用。

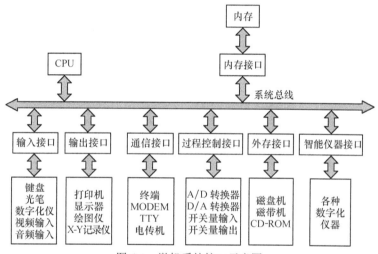

图6-1 微机系统接口示意图

6.1.1 接口的必要性

早期的计算机系统中并没有设置独立的接口部件，对外设的控制和管理均由CPU直接承担。这在当初外设种类少、操作功能简单的情况下是可行的。但随着微型计算机技术的发展，其应用越来越广泛，外设品种大量增多以及操作性能的提高，接口的设置就逐渐从需要变成了必要。其原因有以下几个方面：

(1)如果仍由CPU直接管理外设，则会使CPU完全陷入与外设打交道的沉重负担之中，从而大大降低了CPU的效率。

(2)CPU与外设两者的信号线不兼容，在信号线功能定义、逻辑定义和时序关系上都不一致。

(3)CPU与外设的工作速度不兼容，CPU速度高，外设速度低。

(4)若外部设备直接由 CPU 控制，也会使外设的硬件结构依赖于 CPU，对外设本身的发展不利。

因此，有必要设置接口电路，以便协调 CPU 与外设两者的工作，提高 CPU 效率，并有利于外设按照自身的规律发展。

6.1.2 接口的功能

各类外部设备和存储器，都是通过各自的接口电路连到微机系统总线上去的，因此用户可以根据自己的需要，选用不同类型的外设，设置相应的接口电路，把它们连到系统总线上，构成不同用途、不同规模的系统。

为了解决 CPU 与外部设备在连接时存在的矛盾，实现 CPU 与外设之间高效、可靠的信息交换，CPU 与外设之间的接口应具有如下功能。

1. 地址译码和设备选择功能

系统中一般带有多种外设，一种外设也可能有多个 I/O 接口，由于 CPU 和若干个 I/O 接口均挂在同一总线上，而接口的另一端连接外围设备，CPU 与外设之间的数据传送是经 I/O 接口通过数据总线进行的。因此，当 CPU 进行 I/O 操作时，就要借助于接口的地址译码以选定外设，保证每个时刻只允许被选中的 I/O 接口通过数据总线与 CPU 进行数据交换或通信。而非选中的 I/O 设备接口应呈高阻状态，与数据总线隔离。

2. 信息的输入与输出

接口能够根据 CPU 发来的读/写控制信号决定当前进行的是输入操作还是输出操作，并且能据此从总线上接收从 CPU 送来的数据和控制信息并传送给相应外设，或者将外设的数据或状态信息由接口送到总线上供 CPU 读入并处理。

3. 信号转换功能

信号转换功能主要有两种，其一是在串行信息传送系统中，接口要把 CPU 输出的并行数据转换成串行格式输出，或者把外设输入的串行格式的数据转换成并行数据传输给 CPU。其二是把数字信号转换成模拟信号，或者把模拟信号转换成数字信号。

另外，若外部设备是复杂的机电设备，其电气信号电平往往不是 TTL 电平或 CMOS 电平，这时还需用接口电路来完成信号的电平转换。为了防止干扰，常常使用光电耦合技术，使主机与外设在电气上隔离。

4. 对外设的控制和监测功能

接口电路能够接收 CPU 送来的命令字或控制信号，实施对外部设备的控制与管理。外部设备的工作状况则以状态字或应答信号通过接口电路返回给 CPU，通过"**握手联络**"的过程来保证主机与外设输入输出操作的同步。

5. 中断或 DMA 管理功能

在一些实时性要求较高的微机应用系统中，为了满足实时性以及主机与外设并行工作的要求，需要采用中断传送的方式；而在一些高速的数据采集或传输系统中，为了提高数据的传送速率有时还必须采用 DMA 传送方式，这就要求相应的接口电路有产生中断请求和 DMA 请求的能力以及中断和 DMA 管理的能力，如中断请求信号的发送与响应、中断源的屏蔽、中断优先级的管理等。

6. 可编程功能

现在的接口电路芯片大多数都是可编程的，因此就有可能在不改变硬件的情况下，只要修改接口驱动程序就可以改变接口的工作方式，从而提高接口的灵活性和可扩充性，使接口向智能化方向发展。

7. 错误检测功能

在接口设计中，尤其是在数据通信接口电路的设计时常要考虑对错误的检测问题。目前多数可编程接口芯片一般能检测两类错误，其一是传输错误，这类错误是由传输线路上的噪声干扰所致；其二是溢出错误，这类错误是传输速率和接收或发送速率不匹配造成的。

上述功能并非每种接口都要求具备，对不同配置和不同用途的微机系统，其接口功能不同，接口电路的复杂程度也大不一样，但前 4 种功能是一般接口都应具备的。

6.1.3 CPU 与 I/O 设备之间的接口信息

CPU 要能对外设进行编程应用，就需要与外设进行必要的信息交换。如图 6-2 所示为 CPU 与 I/O 设备要传送的信息，一般包括**数据信息**、**状态信息**和**控制信息**三大类。

1. 数据信息（data）

CPU 和外部设备交换的基本信息就是数据。在微型机中，数据通常为 8 位、16 位或 32 位。它大致可以分为三种基本类型。

（1）**数字量**。通常以 8 位或 16 位的二进制数以及 ASCII 码的形式传输，主要指由键盘、CD-ROM 光盘等输入的信息或向打印机、CRT 显示器、绘图仪等输出的信息，以及从软、硬盘写入读出的信息。

（2）**模拟量**。模拟的电压、电流或者非电量。当计算机用于控制时，大量的现场信息经过传感器把非电量的自然信息转换成模拟量的电信息，再由 A/D 变换器转换后输入计算机。计算机的控制输出也必须先经过 D/A 转换才能去控制执行机构。

（3）**开关量**。用"0""1"来表示两种状态，如电机的运转与停止，开关的合与断，阀门的打开和关闭等。

上面这些数据信息，外设都是通过接口电路与系统实现数据传送的。在输入过程中，数据信息由外设经过外设和接口之间的数据线进入接口，再经过系统的数据总线送给 CPU。在输出过程中，数据信息从 CPU 经过数据总线进入接口，再通过接口和外设之间的数据线送到外设。

2. 状态信息（status）

CPU 在传送数据信息之前，需要先了解外设的当前状态，这些状态信息是外设通过接口送往 CPU 的。对于输入设备来说，常用准备好(READY)信号来表明待输入的数据是否准备就绪，如为就绪状态，则 CPU 可以接收外设数据，否则 CPU 需要等待。对于输出设备来说，则常用忙(BUSY)信号或响应信号(ACK)表示输出设备是否处于空闲状态，如为空闲状态，则可接收 CPU 送来的信息，否则 CPU 需要等待。

3. 控制信息(control)

控制信息是 CPU 通过接口传送给外设的，CPU 通过发送控制信息控制外设的工作。如控制输入输出装置或接口启动或停止等就是常见的控制信息。

从含义上来说，数据信息、状态信息、控制信息各不相同，应该分别传送。但在微型计算机系统中，CPU 通过接口和外设交换信息时，只有输入指令(IN)和输出指令(OUT)，

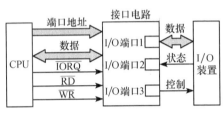

图 6-2　CPU 与 I/O 的接口及传送的信息

所以，状态信息、控制信息也被广义地看成一种数据信息。即状态信息作为一种输入数据，而控制命令作为一种输出数据,为了使它们相互之间区分开，它们必须有自己的不同端口及端口地址，如图 6-2 所示。数据信息对应一个端口；外设的状态信息也对应一个端口，CPU 访问该端口把状态信息读入，了解外设的运行情况；而 CPU 的控制信号往往也需要一个端口输出，以控制外设的正常工作。所以，一个外设或接口电路往往有几个端口地址。CPU 寻址的是端口，而不是笼统的外设。通常一个外设的数据端口是 8 位的，而状态口与控制端口往往由于只用其中的一位或两位，故不同外设的状态和控制信息可以共用一个端口。

6.1.4　I/O 端口的编址方式

计算机中所有能被指令直接寻址的 I/O 口称为**端口**。每个端口均有各自的编号即端口地址。一个端口地址只能对应一个端口，绝不允许两个端口共用一个地址，否则寻址时将发生混乱。

微机中端口的编址通常有**统一编址**和**独立编址**两种。

1. 统一编址方式(也称为存储器映射编址)

这种方式是从存储空间划出一部分地址空间给 I/O 设备，把 I/O 接口中的端口当作存储器单元一样进行访问，不设置专门的 I/O 指令。凡对存储器可以使用的指令均可用于端口。MCS-51/96 系列单片机、Motorola 系列、Apple 系列微型机和一些小型机就是采用这种 I/O 编址方式。

统一编址的主要优点如下：

(1)对 I/O 设备的访问使用存储器的指令，指令类型多，功能齐全，这使访问 I/O 设备端口的输入输出操作灵活、方便，并且还可对端口内容进行算术逻辑运算、移位等。

(2)可以使外设数目或 I/O 寄存器数目几乎不受限制，而只受总存储容量的限制。

(3)微机系统的读写控制逻辑较简单。

统一编址的主要缺点如下：

（1）占用了存储器的一部分地址空间，使可用的内存空间减少。

（2）为了识别一个 I/O 端口，必须对全部地址线译码，这样不仅增加了地址译码电路的复杂性，而且使执行外设寻址的操作时间相对增长。

2. 独立编址方式（也称为 I/O 映射编址）

这种方式是对接口中的端口单独编址而不占用存储空间，使用专门的 I/O 指令对端口进行操作，大型计算机通常采用这种方式，如 Intel 公司的 8086/80X86 和 Zilog 公司的 Z80/Z8000 等系列微处理器就是采用这种 I/O 编址方式。

处理器对 I/O 端口和存储单元的不同寻址是通过不同的读写控制信号 $\overline{\text{IOR}}$、$\overline{\text{IOW}}$ 和 $\overline{\text{MEMR}}$、$\overline{\text{MEMW}}$ 来实现的。由于系统需要的 I/O 端口寄存器一般比存储器单元要少得多，一般设置 256～1024 个端口对一般微型机系统已绰绰有余，因此选择 I/O 端口只需用 8～10 根地址线即可。

独立编址方式的主要优点如下：

（1）I/O 端口地址不占用存储器地址空间，或者说存储器全部地址空间都不受 I/O 寻址的影响。

（2）由于 I/O 地址线较少，所以 I/O 端口地址译码较简单，寻址速度较快。

（3）使用专用 I/O 指令和存储器访问指令有明显区别，可使程序编写得清晰，便于理解和检查。

独立编址方式的主要缺点如下：

（1）专用 I/O 指令类型少，远不如存储器访问指令丰富，使程序设计灵活性较差。

（2）使用 I/O 指令一般只能在累加器和 I/O 端口间交换信息，处理能力不如存储器映射方式强。

（3）要求处理器能提供存储器读/写、I/O 端口读/写两组控制信号，增加了控制逻辑的复杂性。

6.2 输入输出传送方式

外部设备与微机之间的信息传送实际上是 CPU 与接口之间的信息传送。传送的方式不同，CPU 对外设的控制方式也不同，从而使接口电路的结构及功能也不同，所以要设计接口电路，就要了解和熟悉 CPU 与外设之间传送信息的方式。传送方式一般有四种，即**无条件传送方式、查询传送方式、中断传送方式和 DMA 传送方式**。

6.2.1 无条件传送方式

这是一种最简单的传送方式，CPU 已认定外设做好输入或输出准备，所以不必查询外设的状态而直接与外设进行数据传送。这种传送方式的特点是：硬件电路和程序设计都很简单。

无条件传送方式如图 6-3 所示。输入时，认为来自外设的数据已稳定出现在三态缓冲器的

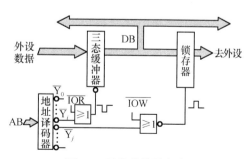

图 6-3 无条件传送方式

输入端。CPU 执行输入指令，指定的端口地址经系统地址总线 AB（对 PC 机为 $A_9 \sim A_0$）送至地址译码器，译码后产生 $\overline{Y_i}$ 信号。$\overline{Y_i}$ 为低电平说明地址线上出现的地址正是本端口的地址，端口读控制信号 $\overline{IOR}$ 有效（低电平）时，说明 CPU 正处在端口读周期。两者均为低电平时，经逻辑门后产生负脉冲，开启三态缓冲器使来自外设的数据进入系统数据总线，而 CPU 则在负脉冲的后沿从数据总线 DB 上读取数据到 CPU 的累加器，完成数据输入。

在输出时，CPU 的输出数据经数据总线 DB 加至输出锁存器的输入端，端口地址译码信号 $\overline{Y_j}$ 与 $\overline{IOW}$ 信号经逻辑门产生锁存器的控制信号。锁存器控制端为高电平时，其输出端跟随输入端变化，为低电平时输出端锁存输入端的数据送到外设。

6.2.2 查询传送方式（条件传送方式）

无条件传送方式可以用来处理简单的开关设备，但不能用来处理许多复杂的机电设备，如打印机。CPU 可以以极高的速度成组地向这些设备输出数据（微秒级），但这些设备的机械动作速度很慢（毫秒级）。如果 CPU 不管打印机的状态，不停地向打印机输出数据，打印机来不及打印，后续的数据必然覆盖前面的数据，造成数据丢失。查询传送方式是指主机在传送数据（包括输入和输出）之前，要检查外设是否"准备好"，若没有准备好，则继续查询其状态，直至外设准备好了，即确认外部设备已具备传送条件之后，才能进行数据传送。显然，在这种方式下，CPU 每传送一个数据，需花费很多时间来等待外设进行数据传送的准备，因此，信息传送的效率非常低。但这种方式传送数据比无条件传送数据的可靠性高，接口电路也较简单，硬件开销小，在 CPU 不太忙且传送速度要求不高的情况下经常采用。

1. 查询式输入

查询式输入程序流程如图 6-4(a) 所示。CPU 先从状态口输入外设的状态信息，检查外设是否已准备好数据。若未准备好，则 CPU 进入循环等待，直到准备好后才退出循环，输入数据。查询式输入接口电路框图如图 6-4(b) 所示。当输入装置的数据准备好以后，发出一个选通信号（如一定宽度的负脉冲）。该信号一方面把数据送入锁存器，另一方面使 D 触发器置"1"，即置准备好状态信号 READY 为真，并将此信号送至状态口的输入端。

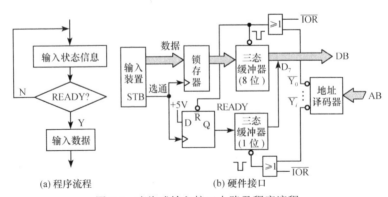

(a) 程序流程　　　　　　(b) 硬件接口

图 6-4　查询式输入接口电路及程序流程

锁存器输出端连接数据口的输入端，数据口的输出端接系统数据总线。状态口的输出也连接至系统数据总线中的某一条。CPU 先读状态口，检查 READY 信号是否为高(准备好)。若为高就输入数据，同时使 D 触发器清 0，使 READY 信号为假；若未准备好，则CPU 等待。

查询输入的部分程序如下：

```
POLL: MOV  DX, STATUS_PORT      ; DX=状态端口号
      IN   AL, DX               ; 输入状态信息
      TEST AL, 80H              ; 检查 READY 是否为高
      JE   POLL                 ; 未准备好，循环等待
      MOV  DX, DATA_PORT        ; 准备好，读入数据
      IN   AL, DX
      ……
```

2. 查询式输出

查询式输出时，CPU 必须先查外设的 BUSY 状态，看外设是否"**忙**"或数据缓冲区是否已空。所谓"**空**"就是外设已将数据缓冲区中的数据输出，处于"不忙"状态，数据缓冲区可以接收 CPU 输出的新数据。若缓冲区空，即 BUSY 为假，则 CPU 执行输出指令；否则 BUSY 为真，CPU 就等待。其程序流程如图 6-5(a)所示。

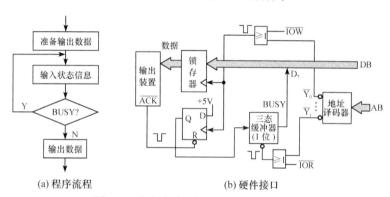

(a) 程序流程 (b) 硬件接口

图 6-5　查询式输出接口电路及程序流程

查询式输出接口电路框图如图 6-5(b)所示。输出装置把 CPU 输出的数据输出以后，发一个 $\overline{ACK}$ (acknowledge)信号，使 D 触发器清零，即 BUSY 线变为"0"。CPU 读状态口后知道外设已"空"，于是就执行输出指令。在 $\overline{IOW}$ 和译码器输出信号共同作用下，数据锁存到锁存器中，同时使 D 触发器置"1"。它一方面通知外设数据已准备好，可以执行输出操作，另一方面在输出装置尚未完成输出以前，一直维持 BUSY=1，阻止 CPU 输出新的数据。

查询输出部分程序如下：

```
POLL: MOV  DX, STATUS_PORT      ; DX=状态口地址
      IN   AL, DX               ; 输入状态信息
      TEST AL, 80H              ; 检查 BUSY
      JNE  POLL                 ; BUSY 则循环等待
```

```
        MOV   DX, DATA_PORT          ; 否则准备输出数据
        MOV   AL, BUFFER             ; 从缓冲区取数据
        OUT   DX, AL                 ; 输出数据
              ......
```

【例 6-1】 用查询方式对 A/D 转换器的数据进行采集。接口电路如图 6-6 所示。

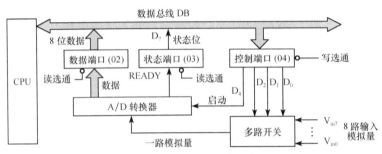

图 6-6　查询式数据采集系统

图中有 8 路模拟量输入,经多路开关选通后进入 A/D 转换器。多路开关受控制端口(04H)输出的三位二进制数 $D_2 D_1 D_0$ 的控制。当 $D_2 D_1 D_0$ 分别为 000,001,…,111 时,分别对应选 V_{in0} 通道,V_{in1} 通道,…,V_{in7} 通道中的一路模拟量输入,并送至 A/D 转换器。A/D 转换器同时受 04H 端口的控制位 D_4 的控制,启动($D_4=1$)或停止($D_4=0$)转换。当 A/D 转换器转换完成时,一方面由 READY 向状态端口(03H)的 D_7 位送有效状态信息($D_7=1$);另一方面将数据信息送数据端口(02H)暂存。当 CPU 查询到 $D_7=1$ 时,便将数据端口数据采集入 CPU,并存入微机的内存储器中。本数据采集接口电路需用到三个端口,其端口分配如图 6-7 所示。

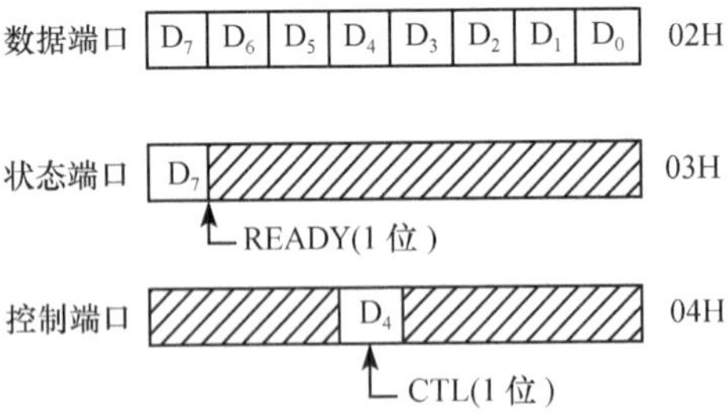

图 6-7　查询式输入接口的端口分配

实现查询式数据采集的程序段如下:

```
START: MOV   DL, 0F8H               ; 设置启动 A/D 转换的信号
       MOV   DI, OFFSET DSTOR       ; 输入数据缓冲区的地址偏移量→DI
AGAIN: MOV   AL, DL
       AND   AL, 0EFH               ; 使 D4=0
       OUT   04H, AL                ; 停止 A/D 转换
       CALL  DELAY                  ; 等待停止 A/D 操作的完成
       MOV   AL, DL
       OUT   04H, AL                ; 启动 A/D, 且选择模拟量通道 A0
POLL:  IN    AL, 03H                ; 输入状态信息
       SHL   AL, 1
       JNC   POLL                   ; 若未准备就绪, 程序循环等待
       IN    AL, 02H                ; 否则, 输入数据
       MOV   [DI], AL
       INC   DI                     ; 存至数据区
```

```
           INC    DL          ；修改多路开关控制信号指向下一路模
                                拟量通道
           JNZ    AGAIN       ；如 8 个模拟量通道未输入完，则循环
           ……                ；已完，执行别的程序段
   DSTOR   DB     8DUP（？）   ；数据区
```

6.2.3　中断传送方式

查询方式传送比无条件传送可靠性高，因此使用场合也较多。但在查询方式下，CPU主动地、不断地读取状态字和检测状态位，如果状态位表明外设未准备就绪，则 CPU 必须等待。这些过程占用了 CPU 大量工作时间，而 CPU 真正用于传输数据的时间却很少。计算机的工作效率很低。

另外，如果一个系统有多个外设，使用查询方式工作时，由于 CPU 只能轮流对每个外设进行查询，而这些外设的速度往往并不相同，这时 CPU 显然不能很好地满足各个外设随机性对 CPU 提出的输入输出服务要求。因而，不具备实时处理能力。可见，在实时系统以及多个外设的系统中，采用查询方式进行数据传送往往是不适宜的。

为了提高 CPU 的效率和使系统具有实时输入输出性能，可以采用中断传送方式。

中断传送方式的特点是：外设具有向 CPU 申请服务的能力。当输入输出设备已将数据准备好，或者输出设备可以接收数据时，便可以向 CPU 发出中断请求，CPU 可中断正在执行的程序而和外设进行一次数据传输。待输入操作或输出操作完成后，CPU 再恢复执行原来的程序。与查询工作方式不同的是，这时的 CPU 不用去不断地查询等待，而可以去处理其他事情。因此，采用中断传送时，CPU 和外设是处在并行工作的状况下，这样就大大提高了CPU 的效率。图 6-8 给出了利用中断传送方式进行数据输入时所用的接口电路的工作原理。

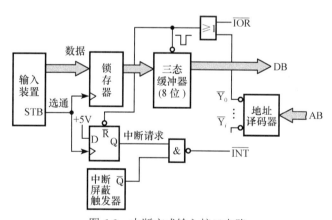

图 6-8　中断方式输入接口电路

由图 6-8 可见：当外设准备好一个数据供输入时，便发一个选通信号 STB，从而将数据输入接口的锁存器中，并使中断请求触发器置"1"。此时若中断屏蔽触发器的值为 1，则由控制电路产生一个向 CPU 请求中断的信号 $\overline{INT}$。中断屏蔽触发器的状态为 1 还是为 0，决定了系统是否允许该接口发出中断请求。

CPU 接收到中断请求后，如果 CPU 内部的中断允许触发器状态为 1，则在当前指令执

行完后，响应中断，并由 CPU 发回中断响应信号 $\overline{\text{INTA}}$，将中断请求触发器复位，准备接收下一次的选通信号。CPU 响应中断后，立即停止执行当前的工作程序，转去执行一个为外部设备的数据输入或输出服务的程序，此程序称为中断处理子程序或中断服务程序。中断服务程序执行完后。CPU 又返回到刚才被中断的断点处，继续执行原来的工作程序。对于一些慢速而且是随机地与计算机进行数据交换的外设，采用中断控制方式可以大大提高系统的工作效率。中断工作方式是计算机的一个很重要的功能，应用非常广泛。

6.2.4　直接存储器存取(DMA)传送方式

虽然中断传送方式可以在一定程度上实现 CPU 与外设的并行工作，但是在外设与内存之间进行数据传送时，还是要经过 CPU 中转，并且每次中断只传送一个数据，还要做程序的转移、保护现场和现场的恢复等工作。这对高速外设进行大批量的数据传送时，会造成中断次数过于频繁，不仅使传送速度上不去，而且耗费大量 CPU 的时间。还有，对 8086 系列的 CPU 来说，中断响应及中断返回时均会使 BIU 中的指令队列清除，EU 需等待 BIU 将中断服务程序中的指令或者断点之后的指令取到指令队列中才能开始执行程序。所有这些都表明：中断传送方式对于传送数据量大的高速外设是不适用的，必须要将字节或字的传输方式改为数据块的传输方式，这就需要 DMA 传送方式。

所谓 DMA 方式就是直接存储器存取(direct memory access)方式。在 DMA 方式下，外设通过 DMA 的一种专门接口电路——**DMA 控制器(DMAC)**，向 CPU 提出接管总线控制权的总线请求，CPU 在当前的总线周期结束后，响应 DMA 请求，把对总线的控制权交给 DMA 控制器。于是在 DMA 控制器的管理下，外设和存储器直接进行数据交换，而不需 CPU 干预，这样可以大大提高数据传送速度。

实现 DMA 传送的基本操作如下：

(1)外设可通过 DMA 控制器向 CPU 发出 DMA 请求。

(2)CPU 响应 DMA 请求，系统转变为 DMA 工作方式，并把总线控制权交给 DMA 控制器。

(3)由 DMA 控制器发送存储器地址，并决定传送数据块的长度。

(4)执行 DMA 传送。

(5)DMA 操作结束，并把总线控制权交还 CPU。

DMA 传送方式接口框图如图 6-9 所示。

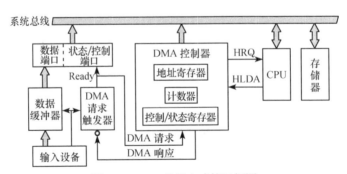

图 6-9　DMA 传送方式接口框图

DMA 之所以适用于大批量快速传送是因为：一方面，传送数据内存地址的修改、计数等均由 DMA 控制器硬件完成(而不是 CPU 指令)；另一方面，CPU 交出总线控制权，其现场不受影响，无须进行保存和恢复。但这种方式要求设置 DMA 控制器，电路结构复杂，硬件开销大。

综上所述，四种传送数据的方式各有**特点**，应用场合也各有不同。

无条件传送方式无论硬件结构和软件设计均很简单，但传送时可靠性差。常用于同步传送系统和开放式传送系统中；查询方式传送数据时可靠性很高，但计算机的使用效率很低，常用在任务比较单一的系统中；中断方式传送数据的可靠性高、效率也高，常用于外设的工作速度比 CPU 慢很多且传送数据量不大的系统中；DMA 方式传送数据的可靠性和效率都很高，但硬件电路复杂、开销较大，常用于传送速度高、数据量很大的系统中。

6.3 I/O 端口地址译码与读写控制

如何访问接口电路中的寄存器，也是接口电路设计中应该解决的问题。外部设备接口中能被 CPU 直接访问的寄存器通常称为端口。CPU 通过这些端口发送命令、读取状态和传送数据。系统中加入一个新的外设，就要给该外设分配输入输出 (I/O) 地址空间。CPU 为了对 I/O 口进行读/写操作，就需确定与自己交换信息的端口地址，能通过 CPU 发出的地址编码来识别和确认这个端口，就是所谓的端口地址译码问题。

6.3.1 I/O 地址译码方法

端口地址译码是接口的基本功能之一。CPU 在执行 IN 或 OUT 指令时，向地址总线发送外设接口的端口地址，端口地址译码电路应能产生相应的端口选通信号。通常外设接口的端口地址线分为两部分进行译码：一部分是高位地址线与 CPU 的控制信号组合，经译码电路产生 I/O 接口芯片的片选信号 $\overline{CS}$，实现片间寻址；另一部分是低位地址线直接连到 I/O 接口芯片，实现 I/O 接口芯片的片内寻址，即访问片内的寄存器。

6.3.2 I/O 地址译码电路的几种方式

译码电路的形式可分为**固定式译码**和**可选式译码**。若按译码电路采用的元器件来分，则可分为**门电路译码**和**译码器译码**。

1. 利用门电路进行地址译码

设计地址译码电路，可以用一般的组合逻辑电路。例如，要产生输入端口 35EH 的译码信号 $\overline{CS}$。即当地址线出现：

A_9 A_8 A_7 A_6 A_5 A_4 A_3 A_2 A_1 A_0
 1   1   0   1   0   1   1   1   1   0

且 $\overline{IOR}$ 及 AEN 为低时，$\overline{CS}$ 有效(低电平)，则译码电路如图 6-10 所示。

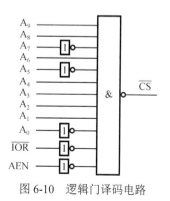

图 6-10 逻辑门译码电路

2. 采用译码器电路进行地址译码

若接口电路中需使用多个端口地址，则采用译码器芯片来完成地址译码比较方便。译码器型号很多，如 3-8 译码器 74LS138、4-16 译码器 74LS154、双 2-4 译码器 74LS139 和 74LS155 等。

例如，要产生 340H～347H 共 8 个端口地址的译码信号，可以采用图 6-11(a) 所示全译码电路。

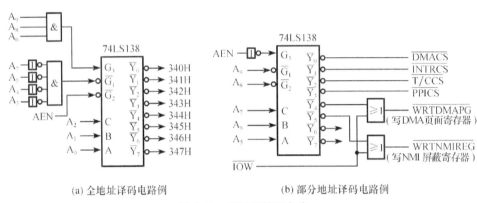

(a) 全地址译码电路例   (b) 部分地址译码电路例

图 6-11   译码器译码电路

A_2～A_0 接 C、B、A 三个输入端，由 A_9～A_3 和 AEN 产生 G_3、$\overline{G_1}$、$\overline{G_2}$ 的控制信号。读写 340H 端口，会使 $\overline{Y_0}$ 输出低电平，读写 341H 会使 $\overline{Y_1}$ 产生低电平。这种全地址译码方式译 8 个端口只占系统的 8 个端口地址，虽没有浪费地址但使用的地址线较多。另外在端口地址译码中，也可以采用部分地址译码方式，这种方法使用地址线少，电路更简单。如 PC 机系统板上的端口地址译码，采用 74LS138 译码器，如图 6-11(b) 所示。图中地址线的高 5 位 A_9～A_5 经译码器，分别产生 DMAC、中断控制器、定时计数器和可编程并行接口芯片的 $\overline{CS}$ 片选信号，而地址线的低 5 位 A_4～A_0 则作为芯片内部寄存器的访问地址。可分析得出：

DMAC 的端口地址范围是 000～01FH；中断控制器的端口地址范围是 020～03FH；定时计数器的端口地址范围是 040～05FH；可编程并行接口芯片的端口地址范围是 060～07FH 等。

这种部分地址译码方式，电路简单，但可能会浪费一部分地址，如 DMAC 占用了地址范围 00～1FH，而实际上它只使用 00～0FH。

3. 开关式可选地址译码

在用户要求扩展卡的端口地址能够适应不同的地址分配场合时，可采用开关式地址可选译码器。该开关式可选译码电路如图 6-12 所示。电路用 DIP 开关或跳线选择地址，并使用了 1 片 74LS688 八位数据比较器。当输入端 P_0～P_7 的地址与设置端 Q_0～Q_7 的状态一致时，输出 P = Q 为低，其输出控制地址译码芯片 74LS138 的译码。考虑到读写分别控制，所以把 $\overline{IOR}$、$\overline{IOW}$ 也参加译码，使 8 个端口地址作 16 个端口地址使用(8 个输入、8 个输出)。此电路必须在 A_9 = 1，AEN = 0 时才能有效译码。

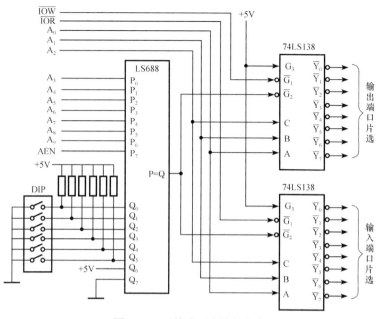

图 6-12　开关式可选译码电路

6.4　PC 系列微机及其 I/O 端口

IBM 的 PC 系列微机是计算机的组件和功能走向标准化的代表，将计算机从实验室带入了人们的日常生活中，也是采用 8088/8086 CPU 最典型的计算机系统。本节主要以 IBM PC/XT 为例，介绍其构成，并着重介绍其 I/O 端口的构成及编址。

6.4.1　IBM PC/XT 主板的构成

IBM PC 系列机的整个电路由主板和插在该板总线槽内的若干电路插板组成。PC/XT 的主板模板构成如图 6-13 所示，主要由处理器子系统、存储器子系统及 I/O 接口电路 3 个部分构成。

1）处理器子系统

处理器子系统由 CPU、数值运算协处理器(可选器件)以及其他一些外围辅助芯片(如时钟发生器和总线控制器)构成，通过它形成的系统总线可访问总线上的其他设备。

PC/XT 采用的 CPU 为 8088，且采用最大组态模式，即 8088 和总线控制器 8288 共同参与形成系统总线，该模式还允许在系统中使用多个处理器。因此在 PC/XT 的主板上还安排了数值运算协处理器 8087，可使用它支持的浮点运算指令，浮点运算的效率比软件仿真提高约 100 倍。此外，在 PC/XT 中，8088 采用的工作频率为 4.77MHz，每个时钟周期约 210ns。该频率由时钟发生器 8084 提供，它将 14.31818MHz 的晶振频率经 3 分频处理而得到。

2）存储器子系统

微机的存储器子系统由半导体存储芯片 ROM 和 RAM 构成。其中，ROM 主要用来存放固化的基本输入输出系统 BIOS(basic input/output system)。BIOS 除提供系统自举功能外，它还包含一批进行设备驱动和管理的子程序，为键盘、显示器、磁盘驱动器、时钟、

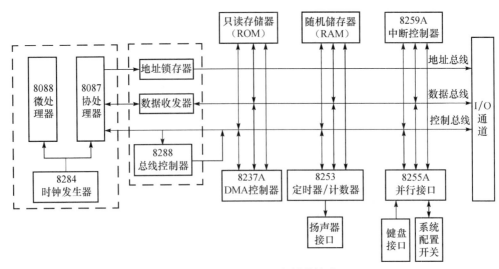

图 6-13　IBM PC/XT 主板的构成

打印口、串行口等系统的基本输入输出设备，用户也可在应用程序中直接调用 BIOS，因此它是一个十分重要的软件资源。RAM 主要用于存储包括操作系统在内的其他高层应用程序。在 PC/XT 中，系统板上一般安装有 64~256KB 的 RAM，通过存储器扩展卡最多可将它扩展到 640KB。

3）I/O 接口电路

在 PC/XT 中，I/O 接口电路包含主板上的 I/O 接口芯片及 I/O 插槽上的 I/O 接口卡。其中主板上的 I/O 接口芯片主要完成系统的控制及 CPU 与其他外部设备的通信。I/O 插槽上的 I/O 接口卡主要完成微机功能的扩展。

6.4.2　IBM PC/XT 系列微机中的 I/O 端口

1. 主板上的 I/O 接口芯片

主板上的 I/O 接口芯片大多都是可编程的大规模集成电路，完成相应的接口操作，如定时器/计数器、中断控制器、并行接口、DMA 控制器以及键盘控制器等。具体而言，各控制器的主要功能及芯片型号如下：

（1）中断控制。

中断是指 CPU 的正常工作因某种原因被打断，转去执行预先安排好的一段处理程序，待该程序结束后仍返回断点继续执行。PC/XT 采用可编程芯片中断控制器 8259A 来完成中断的控制。

（2）定时控制。

系统的定时控制在 PC/XT 中由定时控制芯片 8253 负责。这个芯片的功能和应用基本相同，都为系统提供 3 个 16 位的定时器资源。

（3）DMA 控制。

DMA 是指存储器和外设间不经 CPU 和指令，直接通过硬件实现的高速数据传送，以便为磁盘驱动器这样的高速外部设备提供服务。这种传送需要先由 DMA 控制器向 CPU 申请系统总线；CPU 让出总线后，由 DMA 控制器控制总线在存储器和外部设备间实现数据传送。PC/XT 使用 1 片 8237A 作为 DMA 控制器；提供 4 个 DMA 通道，每个通道可关联一个高速外部设备。

(4) 键盘和系统配置信息接口。

PC/XT 采用并行接口芯片 8255A 来实现键盘接口和系统配置信息的读取。该芯片有 3 个 8 位并行端口，分别用 A、B 和 C 表示。其中 A 端口用于读取从键盘传送过来的按键信息。B 端口用于控制，包括对键盘接口的串并转换控制和扬声器的发声控制等。C 端口用于读取系统的配置信息。

2. 扩展槽上的 I/O 接口控制卡

在 PC 的主板上安排有若干总线插槽，可插入各种电路插板，并通过不同板上的 I/O 接口电路来连接不同的外部设备。这些接口控制卡是由若干个集成电路按一定的逻辑功能组成的接口部件，例如，在 PC/XT 中，用户可插入 CGA 彩色图形显示卡来外接彩色显示器，插入软盘驱动器卡来连接硬盘驱动器，插入并行打印卡来外接并行打印机，插入异步通信卡来外接串行异步通信设备，插入 SDLC 同步通信卡(即网卡)来外接网络。由于系统提供的 I/O 通道十分有限，所以可选用多功能卡来同时支持多种设备。PC/XT 的 I/O 总线插槽被称作 PC 总线，它一共有 62 个信号，分 A、B 两侧，每侧各 31 个。8 根数据线、20 根地址总线位于 A 侧(卡的元件面)；6 根 DMA 联络线，以及内存和外部设备的读写控制线、电源线等位于 B 侧(卡的焊接面)。

3. IBM PC/XT 系列微机中 I/O 端口的地址分配

PC 系列微机中的 I/O 端口地址空间分为两部分，即 1024 个端口的前 256 个端口(000～0FFH)专供 I/O 接口芯片使用，后 768 个端口(100～3FFH)为 I/O 接口控制卡使用，如表 6-1 和表 6-2 所示。

表 6-1 主板上接口芯片的端口地址

I/O 芯片名称	端口地址	I/O 芯片名称	端口地址
DMA 控制器 1	000～01FH	定时器	040～05FH
DMA 控制器 2	0C0～0DFH	并行接口芯片(键盘接口)	060～06FH
DMA 页面寄存器	080～09FH	RT/CMOS RAM	070～07FH
中断控制器 1	020～03FH	协处理器	0F0～0FFH
中断控制器 2	0A0～0BFH		

表 6-2 扩展槽上接口控制卡的端口地址

I/O 芯片名称	端口地址	I/O 芯片名称	端口地址
硬驱控制卡	1F0～1FFH	同步通信卡 1	3A0～3AFH
软驱控制卡	3F0～3F7H	同步通信卡 2	380～38FH
并行口控制卡 1	370～37FH	单显 MDA	3B0～3BFH
并行口控制卡 2	270～27FH	彩显 CCA	3D0～3DFH
串行口控制卡 1	3F8～3FFH	彩显 EGA/VGA	3C0～3CFH
串行口控制卡 2	2F0～2FFH	游戏控制卡	200～20FH
原型插件板(用户可用)	300～31FH	PC 网卡	360～36FH

如果我们要设计 I/O 接口电路，就必须使用 I/O 端口地址。在选定 I/O 端口地址时要注意：

(1) 凡是被系统配置占用了的端口地址一律不能使用。

(2) 从原则上讲，未被系统占用的地址用户都可以使用，但对计算机厂家申明保留的地址，不要使用，以免发生 I/O 端口地址重叠和冲突造成所设计的产品与系统不兼容。

(3) 通常，用户可使用 300H～31FH，这是 PC 系列微机留作实验卡用的。在用户可用的 I/O 地址范围内，为了避免与其他用户开发的接口控制卡发生地址冲突，最好采用地址开关。

思考题与习题

6.1 为什么要在 CPU 与外设之间设置接口？

6.2 微型计算机的接口一般具有哪些功能？

6.3 什么叫端口？I/O 端口的寻址方式有几种？各有何特点？8086 系统中采用哪种编址方式？

6.4 微机输入输出传送方式有几种？各有何特点？各自用在什么场合？请对比说明。

6.5 什么情况下两个端口可以用同一个地址？

6.6 在输入输出接口电路中为什么要求输入接口加三态缓冲器，输出接口加锁存器？

6.7 试设计一个查询式输入接口，画出电路图并写出相应的输入程序。

6.8 设计一个外设端口地址译码器，使 CPU 能寻址 4 个地址范围：

(1) 240～247H；　　　(2) 248～24FH；　　　(3) 250～257H；　　　(4) 258～25FH。

6.9 在具有多个外设的微机系统中，查询方式的工作过程是如何进行的？它的优缺点是什么？

6.10 试用组合逻辑电路设计一个译码电路，使片选信号 $\overline{CS}$ 在 300～3FFH 的 I/O 地址范围内使能。

6.11 某微机系统，其 I/O 地址 2F0H～2F7H 未用，试设计一个完全译码电路产生 8 个片选信号，使 2F0H～2F3H 为输出端口，2F4H～02F7H 为输入端口。（设总线接口信号有：$AB_9 \sim AB_0$，$\overline{MEMW}$，$\overline{MEMR}$，$\overline{IOR}$，$\overline{IOW}$，AEN。）

6.12 试设计一个输入设备的片选信号 $\overline{CS}$，使其端口地址为 87F7H，画出其与 8088 系统总线的连接图。

6.13 某微机系统存储器及 I/O 地址空间共 64K，地址分配如下表所示，试画出相应译码电路，给出相应的各个片选信号。若要对 RAM 寻址到 128 字节，译码电路又该如何设计？（设总线接口信号有：$AB_{15} \sim AB_0$，IO/$\overline{M}$，$\overline{RD}$，$\overline{WR}$。）

RAM	FFFF～FC00 (1K)
I/O 口	FBFF～F800 (1K)
ROM	F7FF～E800 (4K)
EPROM	E7FF～E000 (2K)
Flash ROM	DFFF～0000 (56K)

6.14 试给出将 CPU 的 IO/$\overline{M}$，$\overline{RD}$，$\overline{WR}$ 信号转换为总线读写信号 $\overline{MEMW}$，$\overline{MEMR}$，$\overline{IOR}$ 及 $\overline{IOW}$ 的逻辑电路。

6.15 如习题图 6-1 所示，用一片 74LS373 作为输入接口，读取三个开关状态，用另一片 74LS373 作为输出接口，点亮红、绿、黄三个发光二极管。请画出该电路与 PC 机 ISA 总线的完整接口电路，要求按图中给出的端口地址设计出相应的译码电路，并编写能同时实现以下三种功能的程序：

(1)K_0、K_1、K_2全部合上时，红灯亮；

(2)K_0、K_1、K_2全部断开时，绿灯亮；

(3)其他情况黄灯亮。

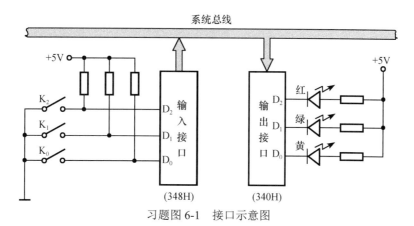

习题图 6-1　接口示意图

第 7 章　定时与计数技术

7.1　概　　述

微机系统中的定时，可分为两类：一类是计算机本身运行的时间基准——内部定时，使计算机每种操作都按照严格的时间节拍执行；另一类是外部设备实现某种功能时，在外设与 CPU 之间或外设与外设之间的时间配合——外部定时。前者，计算机内部定时，已由 CPU 硬件结构确定了，有固定的时序关系，无法更改。后者，外部定时，由于外设或被控对象的任务不同，功能各异，无一定模式，因此往往需要用户自己设定。当然，用户在考虑外设和 CPU 连接时，不能脱离计算机的定时要求，即应以计算机的时序关系为依据来设计外部定时机构，以满足计算机的时序要求，这叫作**时序配合**。至于在一个过程控制、工艺流程或监测系统中，各个控制环节或控制单元之间的定时关系完全取决于被处理、加工、制造和控制的对象的性质，因而可以按各自的规律独立进行设计。由于定时的本质是计数，把若干小片的计时单元累加起来，就获得一段时间，因此，我们把计数作为定时的基础来讨论。

定时技术可分为**软件定时**和**硬件定时**两种方法。

软件定时一般是执行一段循环程序，通过调整循环次数控制定时长短。其特点是：不需专用硬件电路，故成本低、操作简单方便，但需耗费 CPU 的工作时间，降低了 CPU 的工作效率。

硬件定时是采用通用的定时/计数器或单稳延时电路。其特点是：定时时间长、使用灵活并且不占用 CPU 的时间，因此在微机系统中得到广泛应用。目前用于定时/计数的可编程集成电路芯片种类很多，本书主要介绍在 IBM PC 系列微机中使用的 Intel 8253 系列定时/计数器(记作 T/C)。

7.2　可编程定时/计数器 8253

7.2.1　外部特性与内部逻辑

1. 8253 的特点

(1) 有 3 个独立的 16 位计数器。

(2) 每个计数器均可按二进制或者 BCD 码计数。

(3) 各计数器都有 6 种不同工作方式。

其引脚见图 7-1，各引脚的功能定义如下：

数据总线 $D_0 \sim D_7$：三态输出输入线，用于将 8253 与系统数据总线相连，是 8253 与 CPU 接口数据线，供 CPU 向 8253 读写数据、命令和状态信息。

片选信号 $\overline{\text{CS}}$：输入信号，低电平有效。

读信号 $\overline{\text{RD}}$：输入信号，低电平有效。由 CPU 发出，用于对 8253 寄存器读操作。

写信号 $\overline{\text{WR}}$：输入信号，低电平有效。由 CPU 发出，用于对 8253 寄存器写操作。

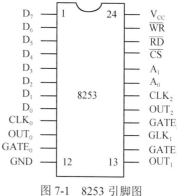

图 7-1 8253 引脚图

地址译码线 A_1、A_0：这两根线接到系统地址总线的 A_1、A_0 上。当 $\overline{\text{CS}}=0$，8253 被选中时，A_1、A_0 用于选择 8253 内部寄存器，以便对它们进行读写操作。8253 内部寄存器与地址码 A_1、A_0 的关系如表 7-1 所示。

时钟信号 CLK：CLK 为输入信号。3 个计数器，各有一独立的时钟输入信号，分别为 CLK_0、CLK_1、CLK_2。时钟信号的作用是在 8253 进行定时或计数工作时，每输入一个时钟信号 CLK，便使定时或计数值减 1。它是计量的基本时钟。

表 7-1 8253 读写操作及端口地址

$\overline{\text{CS}}$	$\overline{\text{RD}}$	$\overline{\text{WR}}$	A_1	A_0	操作	PC/XT	扩展板
0	1	0	0	0	加载 T/C_0（向计数器 0 写入"计数初值"）	40H	304H
0	1	0	0	1	加载 T/C_1（向计数器 1 写入"计数初值"）	41H	305H
0	1	0	1	0	加载 T/C_2（向计数器 2 写入"计数初值"）	42H	306H
0	1	0	1	1	向控制寄存器写"方式控制字"	43H	307H
0	0	1	0	0	读 T/C_0（从计数器 0 读出"计数初值"）	40H	304H
0	0	1	0	1	读 T/C_1（从计数器 1 读出"计数初值"）	41H	305H
0	0	1	1	0	读 T/C_2（从计数器 2 读出"计数初值"）	42H	306H
0	0	1	1	1	无操作三态		
1	×	×	×	×	禁止		
0	1	1	×	×	无操作三态		

门选通信号 GATE：输入信号，作用是用来禁止、允许或开始计数过程。3 个通道每一个都有自己的门选通信号，分别为 $GATE_0$、$GATE_1$、$GATE_2$。对 8253 的 6 种不同工作方式，GATE 信号的控制作用不同（参见后面的表 7-2）。

计数器输出信号 OUT：输出信号。3 个独立通道，每个都有自己的计数器输出信号，分别为 OUT_0、OUT_1、OUT_2。OUT 信号的作用是，计数器工作时，当定时或计数值减为 0 时，即在 OUT 线上输出 OUT 信号，用以指示定时或计数已到。这个信号可作为外部定时、计数控制信号引到 I/O 设备用来启动某种操作（开/关或启/停），也可作为定时、计数已到的状态信号供 CPU 检测，或作为中断请求信号使用。

2. 内部逻辑结构

8253 内部有 6 个模块，其结构框图如图 7-2 所示。

（1）数据总线缓冲器：数据总线缓冲器是一个三态双向 8 位寄存器，用于将 8253 与系统数据总线 $D_7 \sim D_0$ 相连。CPU 通过数据总线缓冲器向 8253 写入数据、命令或从数据总线缓冲器读取数据和状态信息。

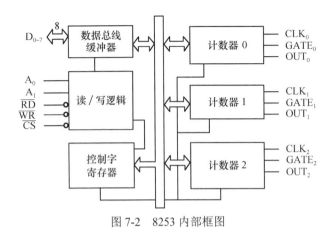

图 7-2　8253 内部框图

数据总线缓冲器有三个基本功能：向 8253 写入确定 8253 工作方式的命令；向计数寄存器装入初值；读出计数器的初值或当前值。

(2) 读/写逻辑：读/写逻辑由 CPU 发来的读、写信号和地址信号组成，选择读出或写入寄存器，并且确定数据传输的方向，即是读出还是写入。

(3) 控制字寄存器：控制字寄存器接收 CPU 送来的控制字。这个控制字用来选择计数器及相应的工作方式。控制字寄存器只能写入，不能读出，其内容将在后面讨论。

(4) 计数器：8253 三个独立的计数通道，每个通道的内部结构完全相同，如图 7-3 所示。该图表示计数通道由 16 位减 1 计数器、16 位计数初值寄存器和 16 位输出锁存器组成。初始化时，首先是将计数通道装入的计数初值送到计数初值寄存器中保存，然后送到减 1 计数器。计数器启动后(GATE 允许)，在时钟脉冲 CLK 作用下，进行减 1 计数，直到计数值减为 0，输出 OUT 信号，计数结束。计数初值寄存器的内容，在计数过程中保持不变。因此，若要知道计数初值，则可从计数初值寄存器直接读出。而如果想要知道计数过程中当前计数值，则必须将当前值锁存后，从输出锁存器读出，不能直接从减 1 计数器中读出当前值。

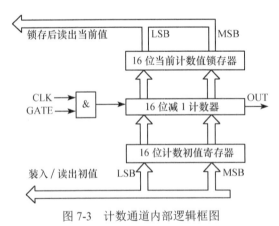

图 7-3　计数通道内部逻辑框图

7.2.2　读写操作及编程命令

CPU 对 8253 芯片的读写操作有以下三种情况。

1. 写操作——芯片初始化

芯片加电后，其工作方式是不确定的，为了正常工作，要对芯片进行初始化。初始化的工作有两点：一是向控制寄存器写入方式控制字，以选择计数器(三个之中的一个)，确定其工作方式(六种方式之一)，指定计数器计数初值的长度和装入顺序以及计数值的码制(BCD 码或二进制码)；二是向已选定的计数器按方式控制字的要求写入计数初值。

工作方式命令字的格式如下：

D_7	D_6	D_5	D_4	D_3	D_2	D_1	D_0
SC_1	SC_0	RL_1	RL_0	M_2	M_1	M_0	BCD
计数器选择		读写字节数		工作方式			码制

(1) $D_7 D_6 (SC_1 SC_0)$：用于选择计数器。其中：

$SC_1 SC_0 = 00$——选择 0 号计数器；　　$SC_1 SC_0 = 01$——选择 1 号计数器；

$SC_1 SC_0 = 10$——选择 2 号计数器；　　$SC_1 SC_0 = 11$——非法。

(2) $D_5 D_4 (RL_1 RL_0)$：用来控制计数器读/写的字节数(1 或 2 字节)及读写高低字节的顺序。其中：

$RL_1 RL_0 = 00$——为一特殊命令(即锁存命令)，把由 $SC_1 SC_0$ 指定的计数器的当前值锁存在锁存寄存器中，以便随时去读取它；

$RL_1 RL_0 = 01$——仅读/写一个低字节；

$RL_1 RL_0 = 10$——仅读/写一个高字节；

$RL_1 RL_0 = 11$——读/写 2 字节，先是低字节，后是高字节。

(3) $D_3 \sim D_1 (M_2 \sim M_0)$：用来选择计数器的工作方式。其中：

$M_2 M_1 M_0 = 000$——方式 0；　　$M_2 M_1 M_0 = 011$——方式 3；

$M_2 M_1 M_0 = 001$——方式 1；　　$M_2 M_1 M_0 = 100$——方式 4；

$M_2 M_1 M_0 = 010$——方式 2；　　$M_2 M_1 M_0 = 101$——方式 5。

(4) $D_0 (BCD)$：用来指定计数器的码制，是按二进制数还是按 BCD 码计数。其中：

BCD=0(二进制)；　　　　　　　　BCD=1(BCD 码)。

例如，选择 2 号计数器，工作在方式 2，计数初值为 533H(2 字节)，采用二进制计数，其程序段如下：

```
TIMER    EQU    40H            ; 0 号计数器端口地址
MOV      AL, 10110100B         ; 2 号计数器的方式控制字
OUT      TIMER+3, AL           ; 写入控制寄存器
MOV      AX, 533H              ; 计数初值
OUT      TIMER+2, AL           ; 先送低字节到 2 号计数器
MOV      AL, AH                ; 取高字节
OUT      TIMER+2, AL           ; 后送高字节到 2 号计数器
```

2. 读当前计数值——锁存后读操作

在事件计数器的应用中，需要读出计数过程中的计数值，以便根据这个值进行计数判断。为此，8253 内部逻辑提供了将当前计数值锁存后读操作功能。具体做法是，先发一条

锁存命令(即方式控制字中的 $RL_1 RL_0 = 00$)，将当前计数值锁存到输出锁存器；然后，执行读操作，即可得到锁存器的内容。

例如，要求读出并检查 1 号计数器的当前计数值是否是全"1"(假定计数值只有低 8 位)其程序段如下：

```
L: MOV  AL, 01000000B    ; 1 号计数器的锁存命令
   OUT  TIMER+3, AL       ; 写入控制寄存器
   IN   AL, TIMER+1       ; 读 1 号计数器的当前计数值
   CMP  AL, 0FFH          ; 比较
   JNE  L                 ; 非全"1"，再读
   HLT                    ; 是全"1"，暂停
```

3. 读装入的计数值——直接读操作

8253 内部还提供了一种功能，使程序员能在不干扰实际计数过程的情况下，读出装入的计数值，这只需对选定的计数器发出 IN 指令即可。分两次读，第 1 次从计数寄存器读出装入计数值的低字节，第 2 次读出高字节。但要注意的是：为了保证能稳定地读出装入计数值，所选的计数器的工作方式必须能被 GATE 电平输入禁止或者能被禁止时钟输入的外部逻辑所禁止。

7.2.3 工作方式及特点

8253 芯片的每个计数通道都有六种工作方式可供选用。区分这六种工作方式的主要标志有三点：一是输出波形不同；二是启动计数器的触发方式不同；三是计数过程中门控信号 GATE 对计数操作的影响不同。现结合各种操作实例，分别讨论不同工作方式的特点及编程方法。实例中 8253 的三个计数器及控制器的端口地址分别是 304H、305H、306H 和 307H。

1. 方式 0——计数结束时中断

方式 0 有如下三个特点：

① 当向计数器写完计数值时，开始计数，相应的输出信号 OUT 就开始变成低电平。当计数器减到零时，OUT 立即输出高电平。

② 门控信号 GATE 为高电平时，计数器工作；当 GATE 为低电平时，计数器停止工作，其计数值保持不变。

③ 在计数器工作期间，如果重新写入新的计数值，则计数器将按新写入的计数值重新工作。

方式 0 的上述工作特点可用图 7-4 所示的时序来表示。

【例 7-1】 使计数器 T_1 工作在方式 0 进行 16 位二进制计数，其程序段如下：

```
MOV DX, 307H          ; 控制口
MOV AL, 01110000B     ; 方式字
OUT DX, AL
MOV DX, 305H          ; T1 数据口
MOV AL, BYTEL         ; 计数值低字节
```

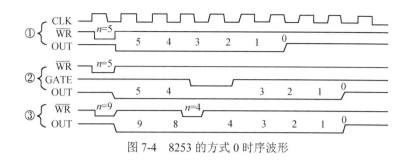

图 7-4　8253 的方式 0 时序波形

```
OUT DX，AL
MOV AL，BYTEH            ；计数值高字节
OUT DX，AL
```

2. 方式 1——程序可控单稳

方式 1 为可编程的单稳态工作方式。此方式设定后，输出 OUT 就变成高电平；写入计数值后，计数器并不立即开始工作，直到门控信号 GATE 出现之后的一个时钟周期的下降沿，才开始工作，使输出 OUT 变成低电平。计数值回零后输出变高，见图 7-5 中的①。

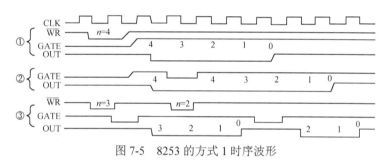

图 7-5　8253 的方式 1 时序波形

在计数器工作期间，当 GATE 又出现一个负脉冲的上升沿时，计数器重新装入原计数初值并重新开始计数，见图 7-5 中的②。如果工作期间对计数器写入新的计数值，则要等到当前的计数值计满回零且门控信号再次出现上升沿后，才按新写入的计数值开始工作，见图 7-5 中的③。

【例 7-2】　使计数器 T_2 工作在方式 1，进行 8 位二进制计数，其程序段如下：

```
MOV DX，307H             ；控制口
MOV AL，10010010B        ；方式字
OUT DX，AL
MOV DX，306H             ；T2 数据口
MOV AL，BYTEL            ；低 8 位计数值
OUT DX，AL
```

程序中把 T_2 设定成仅读/写低 8 位计数初值，高 8 位自动补 0。

3. 方式 2——频率发生器

方式 2 是一种能自动装入时间常数的 N 分频器。其工作特点如下：
① 计数器计数期间，输出 OUT 为高电平，计数器回零后，输出为低电平并自动重新

装入原计数值，低电平维持一个时钟周期后，输出又恢复高电平并重新作减法计数。

② 在计数器工作期间，如果向此计数器写入新的计数值，则计数器仍按原计数值计数，直到计数器回零并在输出一个时钟周期的低电平之后，才按新写入的计数值计数。

③ 门控信号 GATE 为高电平时允许计数。若在计数期间，门控信号变为低电平，则计数器停止计数，待 GATE 恢复高电平后，计数器将按原设定的计数值重新开始计数，工作时序如图 7-6 所示。

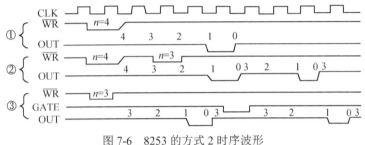

图 7-6　8253 的方式 2 时序波形

【例 7-3】　使计数器 T_0 工作在方式 2，进行 16 位二进制计数。其程序段如下：

```
MOV DX，307H        ；命令口
MOV AL，00110100B   ；方式字
OUT DX，AL
MOV DX，304H        ；T0 数据口
MOV AL，BYTEL       ；低 8 位计数值
OUT DX，AL
MOV AL，BYTEH       ；高 8 位计数值
OUT DX，AL
```

4. 方式 3——方波频率发生器

工作方式 3 与方式 2 基本相同，也具有自动装入时间常数的能力，不同之处在于：

① 工作在方式 3 对 OUT 引脚输出的不是一个时钟周期的低电平，而是占空比为 1∶1 或近似 1∶1 的方波；当计数初值为偶数时，输出在前一半的计数过程中为高电平，在后一半的计数过程中为低电平。

② 当计数初值为奇数时，在前一半加 1 的计数过程中，输出为高电平，后一半减 1 的计数过程中为低电平。例如，若计数初值设为 5，则在前 3 个时钟周期中，引脚 OUT 输出高电平，而在后两个时钟周期中则输出低电平。8253 的方式 2 和方式 3 都是最为常用的工作方式，工作时序如图 7-7 所示。

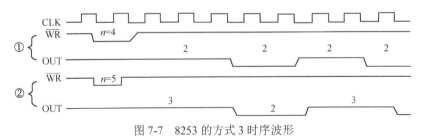

图 7-7　8253 的方式 3 时序波形

5. 方式 4——软件触发

方式 4 是一种由软件启动的闸门式计数方式，即由写入计数值触发工作。其特点是：

① 此方式设定后，输出 OUT 就开始变成高电平；写完计数值后，计数器开始计数，计数完毕，计数回零结束时，输出变为低电平；低电平维持一个时钟周期后，输出又恢复高电平，但计数器不再计数，输出也一直保持高电平不变。

② 门控信号 GATE 为高电平时，允许计数器工作，为低电平时，计数器停止计数。在其恢复高电平后，计数器又从原设定的计数值开始作减 1 计数，工作时序如图 7-8 所示。

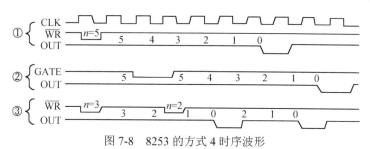

图 7-8　8253 的方式 4 时序波形

③ 计数器工作期间，若向计数器写入新的计数值，则不影响当前的计数状态，仅当当前计数值计完回零时，计数器才按新写入的计数值开始计数，一旦计数完毕，计数器将停止工作。

【例 7-4】　使计数器 T_1 工作在方式 4，进行 8 位二进制计数，并且只装入高 8 位计数值，其程序段如下：

```
MOV DX，307H        ；命令口
MOV AL，01101000B   ；方式字
OUT DX，AL
MOV DX，305H        ；T₁数据口
MOV AL，BYTEH       ；高 8 位计数值
OUT DX，AL
```

6. 方式 5——硬件触发

方式 5 工作特点在于由外部上升沿触发计数器，即

① 在方式 5 下，写入计数初值后，计数器并不立即开始计数，而要由门控信号出现的上升沿启动计数。计数器计数回零后，将在输出一个时钟周期的低电平后恢复高电平。

② 在计数过程中(或者计数结束后)，如果门控再次出现上升沿，则计数器将从原设定的计数初值重新计数。其他特点基本与方式 4 相同，工作时序如图 7-9 所示。

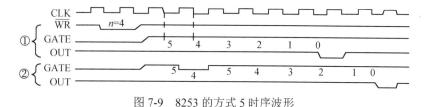

图 7-9　8253 的方式 5 时序波形

7. 六种工作方式的比较

上面分别说明了 8253 六种方式的工作过程，现在来对比分析这六种方式的特点和彼此之间的差别，以便在应用时，有针对性地加以选择。

(1) 方式 0(计数结束中断)和方式 1(可控单稳)。

这两种方式的输出波形类似，它们的 OUT 在计数开始变为低电平，在计数过程中保持低电平，计数结束立即变高电平，此输出作为计数结束的中断请求信号，或作单稳延时，两者均无自动重装能力。

它们的不同点主要在于启动计数器的触发信号，方式 0 由写信号 $\overline{WR}$ 的上升沿触发，方式 1 由门控信号 GATE 上升沿触发。

(2) 方式 2(频率发生器)和方式 3(方波发生器)。

这两种方式共同的特点是具有自动再加载(装入)能力。即减 1 至 0 时初值寄存器的内容又被自动装入减 1 计数器继续计数，于是 OUT 可输出连续的波形。输出信号的频率都是 f_{CLK}/初值。

两者的区别在于：方式 2 在计数过程中输出高电平，而在每当减 1 至 0 时输出宽度为 $1T_{CLK}$ 的负脉冲。方式 3 是在计数过程中，输出 1/2 初值×T_{CLK}[若初值为奇数，则是 1/2(初值+1)×T_{CLK}]的高电平，然后输出 1/2 初值×T_{CLK} [若初值为奇数，则是 1/2(初值-1)×T_{CLK}]的低电平，于是 OUT 的信号是占空比为 1∶1 的方波(或近似方波)。

(3) 方式 4(软件触发延时选通)和方式 5(硬件触发延时选通)。

这两种方式的 OUT 输出波形相同，在计数器过程中 OUT 为高电平,在计数结束后 OUT 输出一个宽度为 $1T_{CLK}$ 的负脉冲，这个脉冲可作为在延时(初值×T_{CLK})后的选通脉冲。它们无自动重新装入能力。

两者的区别是计数启动的触发信号不同，前者由写信号 $\overline{WR}$ 启动计数. 后者从 GATE 的上升沿开始计数。

从以上对比分析可知，一般方式 0、1 和方式 4、5 选作计数器用(输出 1 个电平或 1 个脉冲)，而方式 2、3 选作定时器用(输出周期脉冲或周期方波)。

表 7-2 列出了各种工作方式中门控信号 GATE 的控制作用和 OUT 引脚的输出状态。

表 7-2　各方式中 GATE 信号的控制作用和输出波形比较

工作方式	GATE 引脚输入状态所起的作用				OUT 引脚输出状态
	低电平	下降沿	上升沿	高电平	
0	禁止计数	暂停计数	置入初值后，由 $\overline{WR}$ 上升沿开始计数，由 GATE 的上升沿继续计数	允许计数	计数过程中输出低电平。计数至 0，输出高电平(单次)
1	不影响计数	不影响计数	置入初值后，由 GATE 的上升沿触发开始计数，或重新开始计数	不影响计数	输出宽度为 n 个 CLK 的低电平(单次)
2	禁止计数	停止计数	置入初值后，$\overline{WR}$ 上升沿开始计数，由 GATE 的上升沿重新开始计数	允许计数	输出 n 个 CLK 高电平和宽度为 1 个 CLK 的负脉冲(重复波形)
3	禁止计数	停止计数	置入初值后，由 $\overline{WR}$ 上升沿开始计数，由 GATE 的上升沿重新开始计数	允许计数	输出宽度为 n 个 CLK 的方波(重复波形)
4	禁止计数	停止计数	置入初值后，由 $\overline{WR}$ 上升沿开始计数，由 GATE 的上升沿重新开始计数	允许计数	计数至 0，输出宽度为 1 个 CLK 的负脉冲(单次)
5	不影响计数	不影响计数	置入初值后，由 GATE 的上升沿触发开始计数，或重新开始计数	不影响计数	计数至 0，输出宽度为 1 个 CLK 的负脉冲(单次)

7.3 定时/计数器 8253 的应用举例

某应用系统中 8253 端口地址为 304H～307H，硬件电路图如图 7-10 所示。输入时钟 CLK 为 1MHz 周期脉冲信号，利用 8253 做一个秒信号发生器，要求输出占空比为 1：1 的 1Hz 方波信号。

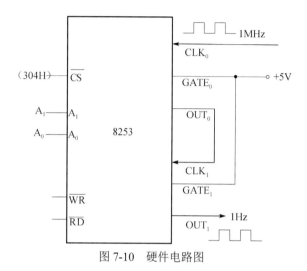

图 7-10　硬件电路图

解　这个例子要求用 8253 做一个分频电路，要求输出占空比为 1：1 的方波，分频系数 N 可按下式进行计算：

$$N = \frac{f_{\text{in}}}{f_{\text{out}}} = \frac{1 \times 10^6}{1} = 1000000$$

因为 8253 一个计数器最大的计数次数是 65536，所以对于 $N = 1000000$，一个计数器无法完成上述分频要求。因此需要找到两个数 N_1 和 N_2，使得取值 $N = N_1 \times N_2$，利用两个计数器级分别进行初值为 N_1 和 N_2 的计数即可完成。因此在如图 7-10 所示电路图中，CLK_0 接 1MHz 信号源，OUT_0 接作为计数器 1 的输入时钟 CLK_1，OUT_1 作为信号输出，$GATE_0$ 和 $GATE_1$ 接 V_{CC}。需要注意的是：用到 8253 多个计数器时，每个计数器要分别初始化。

源程序代码如下：

```
MOV    AL, 00110110B     ; 计数器 0 的初始化
MOV    DX, 307H
OUT    DX, AL
MOV    DX, 304H
MOV    AX, 1000          ; N1=1000
OUT    DX, AL
MOV    AL, AH
OUT    DX, AL
MOV    AL, 01110110B     ; 计数器 1 的初始化
MOV    DX, 307H
```

```
OUT     DX,AL
MOV     DX,305H
MOV     AX,1000          ; N₂=1000
OUT     DX,AL
MOV     AL,AH
OUT     DX,AL
```

思考题与习题

7.1 计数与定时技术在微机系统中有什么作用？请举例说明。

7.2 8253 有哪几种工作方式？各有何特点？其用途如何？

7.3 在一个定时系统中，8253 的端口地址范围是 490H～493H，试对 8253 的三个计数器进行编程。其中，计数器 0 工作在方式 1，计数初值为 4080H；计数器 2 工作在方式 3，计数初值为 2480H。

7.4 某应用系统中，系统提供一个频率为 20kHz 的时钟信号，要求每隔 10ms 完成一次扫描键盘的工作。为了提高 CPU 的工作效率，先采用定时中断的方式进行键盘的扫描。在系统中采用了 8253 定时器的通道 0 来实现这一要求，且 8253 计数器 0～2 和控制寄存器的 I/O 地址依次为 80H、81H、82H 和 83H。完成如下要求：

(1) 画出 8253 的连接示意图；

(2) 分析应选择哪种方式，并确定计数初值；

(3) 写出其初始化程序。

7.5 请用全译码方式画出与 ISA 总线的硬件连接图（用 74LS138 作为地址译码器），并写出相应的程序。（提示：ISA 总线中相应的地址线、控制线为 A_0～A_9、$\overline{IOR}$、$\overline{IOW}$、AEN。）

7.6 某 8253 的输出波形如下：

请设计一个输入波形，并画出该 8253 的硬件原理图（8253 的端口地址为 308H～30BH，全译码方式），写出相应的驱动程序。

第8章 并 行 接 口

8.1 概　　述

CPU 和 I/O 设备之间交换数据可以按位进行，即按串行方式传送，见图 8-1(a)；也可以一次传送一字节或一个字，即按并行方式传送，见图 8-1(b)。

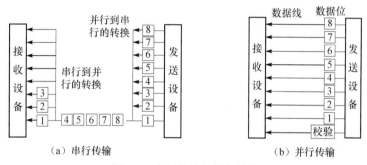

图 8-1　串行传输和并行传输

串行传送由于只在一、二根通信线路上传送数据，因此传送速率较低，但可大大降低通信线路的成本，主要用于远距离传送和通信，如各种网络通信、无线通信等。而并行传送因在多条线路上传送信息而具有传送速率快、效率高的特点，如磁盘、光盘、打印机、扫描仪等，但不适于远距离传送和通信。

并行接口有以下几方面的特点：

(1)并行接口最基本的特点是在多根数据线上，以数据字节(字)为单位与 I/O 设备或被控对象传送信息。在实际应用中，凡在 CPU 与外设之间同时需要两位以上信息传送时，就要采用并行接口。

(2)并行接口适用于近距离传送的场合，通常传输距离小于 30 米。

(3)在并行接口中，除了少数场合之外，一般都要求在接口与外设之间设置并行数据线的同时，至少还要设置两根握手信号线，以便互锁异步握手方式的通信。

(4)并行传送的信息,不要求固定的格式,这与串行传送的信息有数据格式的要求不同。例如，异步串行通信的格式是一个数据，它包括起始位、数据位、校验位和停止位。

(5)从并行接口的电路结构来看，并行口有硬线连接接口和可编程接口之分。硬线连接接口的工作方式及功能用硬线连接来设定，用软件编程的方法不能加以改变。如果接口的工作方式及功能可以用软件编程的方法加以改变，则称为可编程接口。

8.2　可编程并行接口芯片 8255A

可编程并行接口芯片 8255A 已广泛应用于实际工程中，如 8255A 与 A/D, D/A 配合构成数据采集系统等。因其可由用户在程序中写入方式字或控制字来进行功能的设定和控制，而具有广泛的适应性及很高的灵活性。

8.2.1 Intel 8255A 的基本特性

(1)具有两个 8 位(A 口和 B 口)和两个 4 位(C 口高/低四位)并行输入输出端口，C 口可按位操作。

(2)具有三种工作方式。

方式 0——基本输入输出(A、B、C 口均有)。

方式 1——选通输入输出(A、B 口具有)。

方式 2——双向选通输入输出(A 口具有)。

(3)在方式 1 和方式 2 时，C 口作为 A 口、B 口的联络线。

(4)内部有控制寄存器、状态寄存器和数据寄存器供 CPU 访问。

(5)有中断申请能力，但无中断管理能力。

(6)可用程序设置各种工作方式并查询各种工作状态。

8.2.2 8255A 的外部引线与内部结构

8255A 采用 40 脚的 DIP 封装，其外部引线如图 8-2 所示。

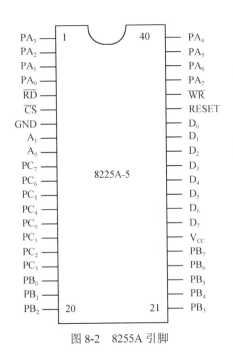

图 8-2 8255A 引脚

1. 外部引线

作为接口电路的 8255A 具有**面向主机系统总线**和**面向外设**两个方向的连接能力。

(1)面向系统总线的信号线。

$D_7 \sim D_0$：双向数据线。CPU 通过它向 8255A 发送命令、数据；8255A 通过它向 CPU 回送状态、数据。

$\overline{CS}$：片选信号线，该信号低电平有效，由系统地址总线经 I/O 地址译码器产生。CPU 通过发高位地址信号使它变成低电平时，才能对 8255A 进行读写操作。当 $\overline{CS}$ 为高电平时，切断 CPU 与芯片的联系。

A_1、A_0：芯片内部端口地址信号线，与系统地址总线低位相连。该信号用来寻址 8255A 内部寄存器。两位地址，可寻址片内四个端口地址。

$\overline{RD}$：读信号线，该信号低电平有效。CPU 通过执行 IN 指令，发读信号将数据或状态信号从 8255A 读至 CPU。

$\overline{WR}$：写信号线，该信号低电平有效。CPU 通过执行 OUT 指令，发出写信号，将命令代码或数据写入 8255A。

RESET：复位信号线，该信号高电平有效。它清除控制寄存器并将 8255A 的 A、B、C

三个端口均置为输入方式；输出寄存器和状态寄存器被复位，并且屏蔽中断请求；24 条面向外设的信号线呈现高阻悬浮状态。这种状态一直维持，直到用方式命令才能改变，使其进入用户所需的工作方式。

（2）面向 I/O 设备的信号线。

$PA_0 \sim PA_7$：端口 A 的输入输出线。

$PB_0 \sim PB_7$：端口 B 的输入输出线。

$PC_0 \sim PC_7$：端口 C 的输入输出线。

这 24 根信号线均可用来连接 I/O 设备，通过它们可以传送数字量信息或开关量信息。

2. 8255A 的内部结构

8255A 的内部结构如图 8-3 所示。它由以下 4 个部分组成。

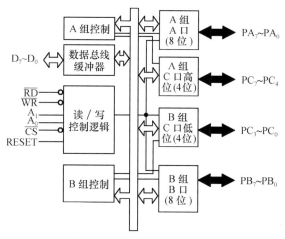

图 8-3 8255A 内部结构框图

（1）数据总线缓冲器。

三态双向 8 位缓冲器，它是 8255A 与 CPU 系统数据总线的接口。所有数据的发送与接收，以及 CPU 发出的控制字和从 8255A 来的状态信息都是通过该缓冲器传送的。

（2）读写控制逻辑。

读写控制逻辑由读信号 $\overline{RD}$ 、写信号 $\overline{WR}$ 、片选信号 $\overline{CS}$ 以及端口选择信号 $A_1 A_0$ 等组成。读写控制逻辑控制了总线的开放与关闭和信息传送的方向，以便把 CPU 的控制命令或输出数据送到相应的端口；或把外设的信息或输入数据从相应的端口送到 CPU。

8255A 的基本操作及在 PC/XT 和扩展板上的端口地址如表 8-1 所示。

表 8-1 8255A 基本操作与端口地址

$\overline{CS}$	A_1	A_0	$\overline{RD}$	$\overline{WR}$	读操作	内容	PC/XT	扩展板
0	0	0	0	1	PA 口→数据总线	数据	60H	300H
0	0	1	0	1	PB 口→数据总线	数据	61H	301H
0	1	0	0	1	PC 口→数据总线	数据或状态	62H	302H
					写操作			
0	0	0	1	0	PA 口←数据总线	数据	60H	300H

$\overline{CS}$	A_1	A_0	$\overline{RD}$	$\overline{WR}$	读操作	内容	PC/XT	扩展板
0	0	1	1	0	PB 口←数据总线	数据	61H	301H
0	1	0	1	0	PC 口←数据总线	数据	62H	302H
0	1	1	1	0	控制寄存器←数据总线	控制字	63H	303H
					无操作情况			
0	1	1	0	1	控制口不能读		63H	303H

(3) 数据端口 A、B、C。

8255A 包括 3 个 8 位输入输出端口。每个端口都有 1 个数据输入寄存器和 1 个数据输出寄存器。输入时端口有三态缓冲器的功能，输出时端口有数据锁存器功能。在实际应用中，PC 口的 8 位可分为两个 4 位端口（方式 0 下），也可以分成一个 5 位端口和一个 3 位端口（方式 1 下）来使用。

(4) A 组和 B 组控制电路。

控制 A、B 和 C 三个端口的工作方式，A 组控制 A 口和 C 口的上半部（$PC_7 \sim PC_4$），B 组控制 B 口和 C 口的下半部（$PC_3 \sim PC_0$）的工作方式和输入输出。A 组、B 组的控制寄存器还接收按位控制命令，以实现对 PC 口的按位置位复位操作。

8.2.3 8255A 的编程命令

8255A 的编程命令包括工作方式控制字和对 PC 口的按位操作控制字两个命令，它们是用户使用 8255A 组建各种接口电路的重要工具。

由于这两个命令都是送到 8255A 的同一个控制端口，为了让 8255A 能识别是哪个命令，故采用特征位的方法。若写入的控制字的最高位 $D_7=1$，则是工作方式控制字；若写入的控制字 $D_7=0$，则是 PC 口的按位置位/复位控制字。

1. 工作方式控制字

作用：指定 PA、PB、PC 是作输入还是作输出端口以及选择 8255A 的工作方式。
格式及每位的定义如下：

1	D_6	D_5	D_4	D_3	D_2	D_1	D_0
特征位	A 组方式		A 口	$C_{7\sim4}$	B 组方式	B 口	$C_{3\sim0}$
	00=0 方式		0=输出	0=输出	0=0 方式	0=输出	0=输出
	01=1 方式		1=输入	1=输入	1=1 方式	1=输入	1=输入
	10=2 方式						

从方式字可知，A 组有三种方式（方式 0、1、2），B 组有两种工作方式（方式 0、1）。置 1 指定为输入，置 0 指定为输出。

例如，要把 A 口指定为 0 方式，输出；C 口上半部定为输出；B 口指定为 1 方式，输入；C 口下半部定为输入。则工作方式字是：10000111B 或 87H。

将此控制字的内容写到 8255A 的控制寄存器，即实现了对 8255A 工作方式的指定，或

称完成了对 8255A 的初始化。初始化的程序段为

```
MOV DX，303H        ；8255A 控制口地址
MOV AL，87H         ；初始化(工作方式)控制字
OUT DX，AL          ；送到控制口
```

2. PC 口按位置位/复位控制字

作用：指定 PC 口的某一位输出高电平还是低电平。
格式及每位的定义如下：

0	D_6	D_5	D_4	D_3	D_2	D_1	D_0
特征位	不用			位选择			1=置位
				000 = C 口 0 位			0=复位
				001 = C 口 1 位			
				⋮			
				111 = C 口 7 位			

利用按位置位/复位控制字可以使 PC 口的 8 根线中的任意一根置成高电平输出或低电平输出。

例如，若要把 C 口的 PC_5 引脚置高(置位)，则命令字应该为 00001011B 或 0BH。

将该命令字的内容写入 8255A 的命令寄存器，就实现了将 PC 口的 PC_5 引脚置位的操作：

```
MOV DX，303H        ；8255A 控制口地址
MOV AL，0BH         ；使 PC5=1 的控制字
OUT DX，AL          ；送到控制口
```

按位置位/复位命令产生的输出信号，可控制开关的通/断，继电器的吸合/释放，马达的启/停等操作的选通信号。

另外，在后面将要讨论的 8255A 的状态字中的中断允许位 INTE 的置位和复位，即允许 8255A 提出中断与禁止 8255A 提出中断，也是采用这个按位控制的命令字来实现的。

8.2.4 8255A 的工作方式

在使用 8255A 时，除了对 3 个并行端口进行功能分配，逐一设置为作输入或输出之外，还要考虑输入输出的方式。同样是输入(或输出)，若方式不同，则引脚的信号定义不一样，工作时序也不一样，在接口设计时，硬件连接和软件编程也不一样。

1. 8255A 的方式 0

方式 0 的特点：

(1)方式 0 是一种**基本输入输出**工作方式。方式 0 下 8255A 的 24 条 I/O 线全部由用户分配功能，不设置专用联络信号。这种方式不能采用中断与 CPU 交换数据，只能用于简单(无条件)传送。输出锁存，输入只有缓冲能力而无锁存功能。

(2)方式 0 下,8255A 分成彼此独立的两个 8 位和两个 4 位并行口,这四个并行口都能被指定作为输入或者作为输出用,共有 16 种不同的组态。特别地,方式 0 下,只能把 C 口的高 4 位为一组或低 4 位为一组同时输入或输出。

(3)端口信号线之间无固定的时序关系,由用户根据数据传送的要求决定输入输出的操作过程。方式 0 没有设置固定的状态字。

(4)单向 I/O,一次初始化只能指定某一端口作输入或作输出,不能使该端口同时既作输入又作输出。

2. 8255A 的方式 1

1)方式 1 的特点

(1)方式 1 是一种**选通输入输出**方式,在面向 I/O 设备的 24 根线中,设置专用的中断请求和联络信号线。因此,这种方式通常用于查询(条件)传送或中断传送,数据的输入输出都有锁存能力。

(2)PA 和 PB 为数据口,而 PC 口的大部分引脚分配作联络信号用,用户对这些引脚不能再指定作其他用途。

(3)各联络信号线之间有固定的时序关系,传送数据时,要严格按照时序进行。

(4)输入输出操作产生确定的状态字,这些状态信息可作为查询或中断请求之用。

2)方式 1 下输入输出信号线的分配及其时序关系

方式 1 下 8255A 引脚的功能分配和方式 0 的不同在于方式 1 分配了专用联络线和中断线,并且这些专用线在输入和输出时各不相同,PA 口和 PB 口的也不相同。

(1)方式 1 下输入时的引脚及时序。

联络信号的定义。

当 A 口和 B 口为输入时,各指定了 C 口的 3 根线作为 8255A 与外设及 CPU 之间的应答信号线,如图 8-4 所示。

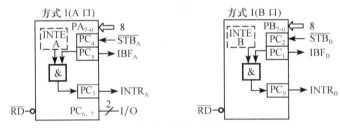

图 8-4 方式 1 输入时引脚定义

$\overline{STB}$:外设送到 8255A 的"输入选通"信号,低电平有效。当它变为低电平时,将数据锁存到 8255A 端口的输入数据寄存器。

IBF:8255A 送回外设的"输入缓冲器满"信号,高电平有效。当它为高电平时,说明外部数据已送到 8255A 的输入缓冲器,但尚未被 CPU 取走,通知外设不能送新数据;只有当它为低电平,即 CPU 已读取数据,输入缓冲器变空时,才允许外设送新数据。

INTR:8255A 送到 CPU 的"中断请求"信号,高电平有效。当它为高电平时,请求 CPU 从 8255A 读数。使 INTR 变为高电平的条件是:当"输入选通信号"无效($\overline{STB}=1$),即数据已打入 8255A 时,"输入缓冲器满"信号有效(IBF=1),并且中断请求被允许(INTE=1)

三个条件都具备时，才使 INTR 变高，向 CPU 发出中断请求。"中断允许"信号 INTE 是 8255A 为控制中断而设置的内部控制信号。当 INTE=1 时，允许中断；当 INTE=0 时，禁止中断。这要通过向 C 口写入按位置位/复位命令来设置，内部不能自动产生这个控制信号。

方式 1 输入的工作时序。

方式 1 的工作时序如图 8-5 所示。其信号交接的过程如下：

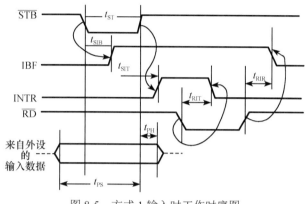

图 8-5　方式 1 输入时工作时序图

① 数据输入时，外设处于主动地位，当外设准备好数据并放到数据线上时，首先发 $\overline{STB}$ 信号，由它把数据输入到 8255A。

② 在 $\overline{STB}$ 的下降沿约 300ns，数据已锁存到 8255A 的锁存器后，引起 IBF 变成高电平，表示"输入缓冲器满"，禁止输入新数据。

③ 在 $\overline{STB}$ 的上升沿约 300ns，中断允许(INTE=1)的情况下，IBF 的高电平产生中断请求，使 INTR 上升变成高电平，通知 CPU 接口中已有数据，请求 CPU 读取。CPU 接受中断请求后，转到相应的中断子程序。在子程序中执行 IN 指令，将锁存器中的数据取走。

若 CPU 采用查询方式，则通过查询状态字中的 INTR 位或 IBF 位是否置位来判断有无数据可读。

④ CPU 执行读操作时，$\overline{RD}$ 的下降沿使 INTR 复位，撤销中断请求，为下一次中断请求做好准备。$\overline{RD}$ 信号的上升沿延时一段时间后清除 IBF 使其变低，表示接口的输入缓冲器变空，允许外设输入新数据。如此反复，直至完成全部数据的输入。

(2)方式 1 下输出时的引脚及时序。

联络信号的定义。

A 口和 B 口输出时的引脚定义如图 8-6 所示。

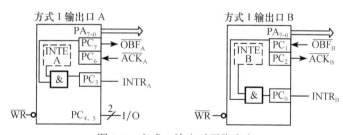

图 8-6　方式 1 输出时引脚定义

$\overline{\text{OBF}}$：8255A 送到外设的"输出缓冲器满"信号，低电平有效。当它为低电平时，表示 CPU 已将数据写到 8255A 输出端口，通知外设来取数。

$\overline{\text{ACK}}$：外设送到 8255A 的"回答"信号，低电平有效。当它为低电平时，表示外设已经从 8255A 的端口接收到了数据，它是对 $\overline{\text{OBF}}$ 的一种回答。$\overline{\text{ACK}}$ 信号的下降沿延时一段时间后，清除 $\overline{\text{OBF}}$，使其变成高电平，为下一次输出做好准备。

INTR：8255A 送到 CPU 的"中断请求"信号，高电平有效。当它为高电平时，请求 CPU 向 8255A 写数。INTR 变成高电平的条件是 $\overline{\text{OBF}}$、$\overline{\text{ACK}}$ 和 INTE 都为高电平，表示输出缓冲器已变空（$\overline{\text{OBF}}=1$），回答信号已结束（$\overline{\text{ACK}}=1$），外设已收到数据，并且允许中断（INTE=1）同时确定才能产生中断请求。

方式 1 输出的工作时序。

方式 1 输出的工作时序，如图 8-7 所示。其信号交接的过程如下：

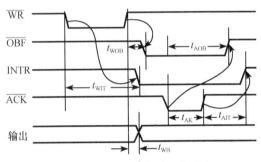

图 8-7　方式 1 输出时工作时序

① 数据输出时，CPU 处于主动地位，当 CPU 向 8255A 写一个数据时，$\overline{\text{WR}}$ 的上升沿使 $\overline{\text{OBF}}$ 有效，表示输出缓冲器已满，通知外设读取数据。$\overline{\text{WR}}$ 并且使中断请求 INTR 变低、封锁中断请求。

② 外设读取数据后，用 $\overline{\text{ACK}}$ 回答 8255A，表示数据已收到。

③ $\overline{\text{ACK}}$ 的下降沿将 OBF 置为高电平，使 $\overline{\text{OBF}}$ 无效，为下一次输出做准备。在中断允许（INTE=1）的情况下 $\overline{\text{ACK}}$ 的上升沿使 INTR 变为高电平，产生中断请求。CPU 响应中断后，在中断服务程序中，执行 OUT 指令，向 8255A 写下一个数据。

3）方式 1 的状态字

8255A 的状态字为查询方式提供了状态标志位，如 IBF 和 $\overline{\text{OBF}}$。由于 8255A 不能直接提供中断矢量，因此当 8255A 采用中断方式时，CPU 也要通过读状态字来确定中断源，实现查询中断，如 INTR_A 和 INTR_B 分别表示 A 口和 B 口的中断请求。

状态字的含义如图 8-8 所示。

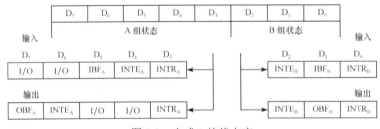

图 8-8　方式 1 的状态字

状态字是通过读 C 口获得的，A 组的状态位占 C 口的高 5 位，B 组的状态位占低 3 位。要指出的是，从 C 口读出的状态字与 C 口的外部引脚无关，如在输入时，状态位 PC4 和 PC2 表示的是 INTE_A 和 INTE_B 的状态，而不是外部引脚 PC4 和 PC2 的联络信号 $\overline{\text{STB}}$ 的状态；在输出时，PC6 和 PC2 表示的也是 INTE_A 和 INTE_B，而不是外部引脚 PC6 和 PC2 的联络信号

$\overline{ACK}$ 的状态。

从状态字的含义可见：

(1)输入和输出操作的状态字是不同的，使用时应"对号入座"，查相应的状态位。若采用查询方式，则一般是查 INTR 是否置位，当然亦可查 IBF 或 $\overline{OBF}$ 位。

(2)状态字中设置了 INTR 位，说明 8255A 只能提供查询中断，而不能提供矢量中断。若需采用矢量中断则需借助中断控制器来提供中断矢量。

(3)状态字中的 INTE 位，是控制标志位，控制 8255A 能否提出中断请求，因此它不是 I/O 操作过程中自动产生的状态，而是由程序通过按位置位/复位命令来设置或清除的。

例如，若允许 PA 口输入中断请求，则必须设置 $INTE_A=1$，即置 $PC_4=1$；若禁止它中断请求，则置 $INTE_A=0$。即置 $PC_4=0$。其程序段如下：

```
MOV DX, 303H          ；8255A 命令口
MOV AL, 00001001B     ；置 PC4=1，允许中断请求
OUT DX, AL
MOV AL, 00001000B     ；置 PC4=0，禁止中断请求
OUT DX, AL
```

4)方式 1 的接口方法

在方式 1 下，首先根据实际应用的要求确定 A 口和 B 口是作输入还是输出，然后把 C 口中分配作联络的专用应答线与外设相应的控制或状态线相连。如果采用中断方式，则还要把中断请求线接到微处理器或中断控制器；若采用查询方式，则中断请求线可以空着不接。

方式 1 的中断处理，由于 8255A 不能直接提供中断矢量，所以一般都通过系统中的中断控制器来提供寻找中断服务程序入口地址的中断类型号。当然，对于不采用矢量中断的微处理器，可以将 INTR 线直接连到 CPU 的中断线(例如，在单片机系统中)。

方式 1 下 CPU 采用查询方式时，对输入通过 C 口检查 IBF 位的状态，对输出查 $\overline{OBF}$ 位的状态或者查 INTR 位的状态。

3. 8255A 的方式 2

1)方式 2 的特点

(1)PA 口为**双向选通输入输出**，一次初始化可指定 PA 口既作输入口又作输出口。这一点与方式 0 及方式 1 下，一次初始化只能指定为输入口或为输出口的单向传送不同。

(2)设置专用的联络信号线和中断请求信号线，因此，方式 2 下可采用中断方式和查询方式与 CPU 交换数据。

(3)各联络线间的时序关系和状态字基本是方式 1 下在输入和输出两种操作的组合。

2)方式 2 下引脚定义及时序

(1)联络信号的定义。

方式 2 是一种双向选通输入输出方式，它把 A 口作为双向输入输出口，把 C 口的 5 根线($PC_3 \sim PC_7$)作为专用应答线，所以，8255A 只有 A 口才有方式 2。

方式 2 下为双向传送所设置的联络线，实质上就是 A 口在方式 1 下输入和输出时两组联络信号线的组合。故各个引脚的定义也与方式 1 的相同，只有中断请求信号 INTR 既可以

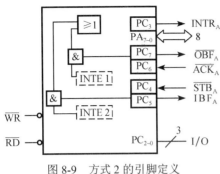

图 8-9　方式 2 的引脚定义

作为输入的请求中断，也可以作为输出的请求中断。其引脚定义如图 8-9 所示。

（2）工作时序。

方式 2 的时序关系如图 8-10 所示。方式 2 的时序基本上也是方式 1 下输入时序与输出时序的组合。输入输出的先后顺序是任意的，根据实际传送数据的需要选定。输出过程是由 CPU 执行输出指令向 8255A 写数据（$\overline{WR}$）开始的，而输入过程则是从外设向 8255A 发选通信号 $\overline{STB}$ 开始的，因此，只要求 CPU 的 $\overline{WR}$ 在 $\overline{ACK}$ 以前发生；$\overline{RD}$ 在 $\overline{STB}$ 以后发生就行。

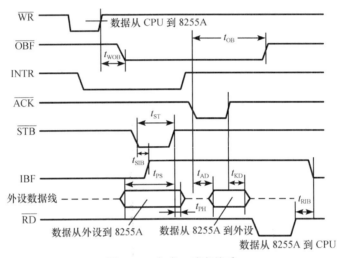

图 8-10　方式 2 时序关系

（3）方式 2 的状态字。

方式 2 的状态字的含义是方式 1 下输入和输出状态位的组合，不再赘述。

状态字中有两位中断允许位，$INTE_1$ 是输出中断允许，$INTE_2$ 是输入中断允许。方式 2 的状态字如图 8-11 所示。

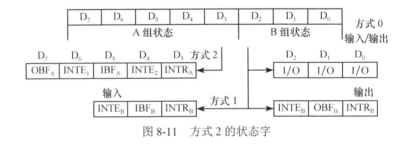

图 8-11　方式 2 的状态字

8.3　8255A 应用举例

【例 8-1】　采用 8255A 进行双机并行通信的接口电路如图 8-12 所示。现要求在甲乙两台微机之间并行传送 1KB 数据。甲机发送，乙机接收。甲机一侧的 8255A 采用方式 1 工作，乙机一侧的 8255A 采用方式 0 工作。两机的 CPU 与接口之间都采用查询方式交换数据。

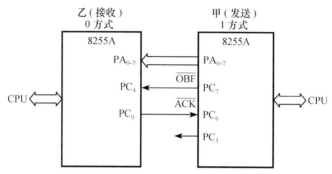

图 8-12 双机并行传送接口电路框图

解 甲机 8255A 是方式 1 发送，因此，把 PA 口指定为输出，发送数据，而 PC_7 和 PC_6 引脚分别固定作为联络线 $\overline{OBF}$ 和 $\overline{ACK}$。乙机 8255A 是方式 0 接收，故把 PA 口定义为输入，接收数据，而选用引脚 PC_4 和 PC_0 作为联络线。虽然两侧的 8255A 都设置了联络线，但有本质的差别：甲机 8255A 是方式 1，其联络线是固定的，不可替换；乙机的 8255A 是方式 0，其联络线是不固定的，可选择，如可选择 PC_4、PC_1 或 PC_3、PC_2 等任意组合。

软件编程，接口驱动程序包含发送与接收两个程序。

甲机发送程序

```
        MOV     DX, 303H            ; 8255A 命令口
        MOV     AL, 10100000B       ; 初始化工作方式字
        OUT     DX, AL
        MOV     AL, 0DH             ; 置发送中断允许 INTEA=1
        OUT     DX, AL              ; PC6=1
        MOV     AX, 0030H           ; 发送数据内存首址
        MOV     ES, AX
        MOV     BX, 00H
        MOV     CX, 400H            ; 发送字节数
        MOV     DX, 300H            ; 向 A 口写第一个数，产生第一个 OBF 信号
        MOV     AL, ES：[BX]        ; 送给对方，以便获取对方的 ACK 信号
        OUT     DX, AL
        INC     BX                  ; 内存加 1
        DEC     CX                  ; 字节数减 1
    L:  MOV     DX, 302H            ; 8255A 状态口
        IN      AL, DX              ; 查发送中断请求 INTRA=1?
        AND     AL, 08H             ; PC3=1?
        JZ      L                   ; 若无中断请求则等待；有中断请求则向 A 口写数
```

```
    MOV         DX, 300H            ; 8255A PA 口地址
    MOV         AL, ES：[BX]         ; 从内存取数
    OUT         DX, AL              ; 通过 A 口向乙机发送第二个数据
    INC         BX                  ; 内存地址加 1
    DEC         CX                  ; 字节数减 1
    JNZ         L                   ; 字节未完，继续
    MOV         AX, 4C00H           ; 已完，退出
    INT         21H                 ; 返回 DOS
```

在上述发送程序中，是查状态字的中断请求 INTR 位（PC$_3$），实际上，也可以查发送缓冲器满 $\overline{OBF}$（PC$_7$）的状态，只有当发送缓冲器空时 CPU 才能送下一个数据。

乙机接收程序

```
        MOV     DX, 303H            ; 8255A 命令口
        MOV     AL, 10011000B       ; 初始化工作方式字
        OUT     DX, AL
        MOV     AL, 00000001B       ; 置 ACK =1（PC₀=1）
        OUT     DX, AL
        MOV     AX, 040H            ; 接收数据内存首址
        MOV     ES, AX
        MOV     BX, 00H
        MOV     CX, 400H            ; 接收字节数
L1:     MOV     DX, 302H            ; 8255A PC 口
        IN      AL, DX              ; 查甲机的 OBF =0？（PC₄=0）
        AND     AL, 10H             ; 即查甲机是否有数据发来
        JNZ     L1                  ; 若无数据发来则等待；若有数据，则从 A
                                      口读数
        MOV     DX, 300H            ; 8255APA 口地址
        IN      AL, DX              ; 从 A 口读入数据
        MOV     ES：[BX], AL         ; 存入内存
        MOV     DX, 303H            ; 产生 ACK 信号. 并发回给甲机
        MOV     AL, 00000000B       ; PC₀置 "0"
        OUT     DX, AL
        NOP
        NOP
        MOV     AL, 00000001B       ; PC₀置 "1"
        OUT     DX, AL
        INC     BX                  ; 内存地址加 1
        DEC     CX                  ; 字节数减 1
        JNZ     L1                  ; 字节未完，则继续
        MOV     AX, 4C00H           ; 已完，退出
        INT     21H                 ; 返回 DOS
```

【例8-2】 如图8-13所示采用8255A组成微机与键盘接口,设8255的端口地址为40H～43H,键盘的行线接在 PA_0～PA_3 上,列线接在 PB_0～PB_3 上, PA 端口定义为输出端口,PB 端口定义为输入端口。要求采用行扫描法,编程实现按键识别并产生键码。

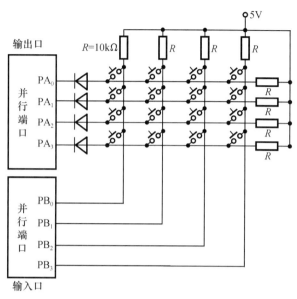

图 8-13　基于 8255A 的微机与键盘接口

解　行扫描法实现按键识别并产生键码的步骤如下:

(1)快速检查是否有键按下:使 PA_0～PA_3 输出全为 0,读取 PB_0～PB_3 上的数据,只要有 1 位为 0,则必定有某键被按下。

(2)去抖动:延时 20ms 左右,等待按键通、断引起的抖动消失,然后判断具体按下的到底是哪个键。

(3)确定被按下的键:从 0 行开始,顺序逐行扫描,即该行输出 0。每扫描一行,读入列线数据,从 0 列开始,逐列检查,判断是否有输入为 0 的列,若无,则顺序扫描下一行,并检查各列;若检查到某列线为 0,则该行、列交点上的按键为被按下的键。

判断有无键按下的程序如下:

```
            MOV AL, 82H          ; 设置8255控制字,方式0,A口输出,B
                                   口输入
            OUT 43H, AL
            MOV AL, 0            ; 使各行线为0
            MOV 40H, AL
    WAIT:   IN  AL, 41H          ; 读列线数据
            AND AL, 0FH          ; 判断是否有列线处于低电平
            CMP AL, 0FH
            JZ  WAIT
            MOV CX, 16EAH
    DELAY:  LOOP   DELAY         ; 延时20ms去抖动
```

有键按下后，判断键号的程序如下：

```
BEGIN: MOV      BL, 4         ; 行数送 BL
       MOV      BH, 4         ; 列数送 BH
       MOV      AL, 0FEH      ; 送起始行扫描码，0 行=0
       MOV      CL, 0FH       ; 送键盘屏蔽码
       MOV      CH, 0FFH      ; 送起始键号，(CH)=0FFH
LOOP1: OUT      40H, AL       ; 扫描一行
       ROL      AL, 1         ; 准备下一行扫描码
       MOV      AH, AL        ; 保存到 AH 中
       IN       AL, 41H       ; 从 PB 端口读列值
       AND      AL, CL        ; 屏蔽无关位
       CMP      AL, CL        ; 有无列线为 0
       JNZ      LOOP2         ; 有，转去查找本行键号
       ADD      CH, BH        ; 无，指向本行末列键
       MOV      AL, AH        ; 取回扫描码
       DEC      BL            ; 行数减 1
       JNZ      LOOP1         ; 未完，则扫描下一行
       JMP      BEGIN         ; 重新开始
LOOP2: INC      CH            ; 指向本行首列键号
       RCR      AL, 1         ; 右移一位
       JC       LOOP2         ; 列值非 0，继续查找下一列
       MOV      AL, CH        ; 列值为 0，列号送 AL(以下对键号分别处理)
       CMP      AL, 0
       JZ       KEY0
        ......
       CMP      AL, 0FH
       JZ       KEY15
```

【例 8-3】 如图 8-14 所示采用 8255A 组成 8 位动态 LED 显示器。设 8255 的端口地址为 40H~43H。如图 8-15 所示为多位动态显示存储区的数据安排定义，其中 SEGPT 为给显示程序提供的一个可供查询的显示字符段码表，DISMEM 为显示数据缓冲区。要求编程实现在 LED 中显示缓冲区中的数据(即"1998. 10."字样，且"."用独立 LED 显示)。

解 为了简化硬件，降低成本，减小功耗，多位 LED 显示采用一种**动态扫描、分时循环显示**的方法。微机的一个 8 位输出端口同时接 8 个 LED 的段线引脚，另一个输出端口作为位选之用。如图 8-14 所示，这是一个采用共阳极连接方式组成的 8 位 LED 显示器电路。从端口 A 向各位 LED 送相同的段码，而各位的阳极则分别由端口 B 的一个引脚输出驱动后去控制。当某一引脚输出 0(低电平)时，对应位显示；反之，尽管段码也加到了该位上，但却不显示。这样，便可借助于动态扫描、分时显示的办法，利用人眼视觉的滞留效应，采用一定的频率不断往 8 个 LED 送显示码和扫描码，从显示器上可以看见相当稳定的数字显示。实现人眼看上去的各位"同时"显示。

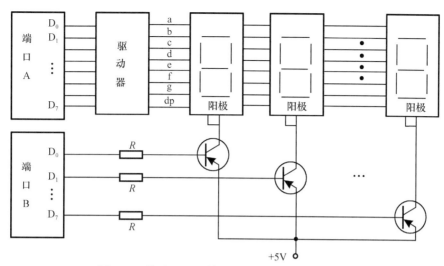

图 8-14　基于 8255A 的 8 位动态 LED 显示器接口

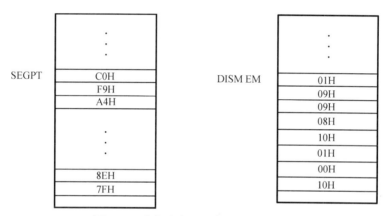

图 8-15　多位动态显示存储区数据安排

对应的汇编语言程序如下：

```
        MOV     DI, DISMEM      ; 指向显示缓冲区首址
        MOV     CL, 0FEH        ; 指向左端 LED 显示器
        MOV     AL, 0FFH        ; 将 FF 送位码寄存器，关显示
        OUT     PortB, AL
DISP:   MOV     AL, [DI]        ; 取要显示的字符
        MOV     BX, SEGPT       ; 段码表首址送 BX
        XLAT                    ; 将要显示的字符转换为对应的段码存入 AL
        OUT     PortA, AL       ; 将段码送至端口 A
        MOV     AL, CL          ; 将位码送端口 B
        OUT     PortB, AL
        PUSH    CX              ; 保存位码至堆栈
        MOV     CX, 30H         ; 延时一定时间
DELAY:  LOOP    DELAY
        POP     CX              ; 从堆栈取出位码
```

```
          ROL    CL, 1
          CMP    CL, 0FEH      ; 显示至最右端了吗
          JZ     DESEND        ; 是，转出口
          INC    DI            ; 否，指向下一位要显示的字符
          JMP    DISP
  DISEND: RET
  SEGPT   DB     C0H           ; 0
          DB     F9H           ; 1
          DB     A4H           ; 2
          DB     B0H           ; 3
          DB     99H           ; 4
          DB     92H           ; 5
          DB     82H           ; 6
          DB     FBH           ; 7
          DB     80H           ; 8
          DB     90H           ; 9
          DB     88H           ; A
          DB     83H           ; B
          DB     C6H           ; C
          DB     A1H           ; D
          DB     86H           ; E
          DB     8EH           ; F
          DB     7F            ; ·
```

思考题与习题

8.1 在输入过程和输出过程中，并行接口分别起什么作用？

8.2 8255A 的方式 0 一般使用在什么场合？在方式 0 时，如要使用应答信号进行联络，应该怎么办？

8.3 8255A 初始化编程：端口 A 和 B 均为方式 1，其中 B、C 口为输出口，A 为输入口，请写出方式选择控制字。

8.4 请编一段输出程序，使 8255A 口 C 的 PC3 和 PC7 均输出占空比为 3/4 的周期脉冲，但 PC7 的输出信号频率为 PC3 的 1/2。

8.5 当数据从系统数据总线向 8255A 的端口 B 读入时，8255A 的几个控制信号 $\overline{CS}$，A_1，A_0，$\overline{RD}$，$\overline{WR}$ 分别是什么？

8.6 现有四种简单外设：①一组 8 位开关；②一组 8 位 LED 指示灯；③一个按钮开关；④一个蜂鸣器。要求：

(1) 用 8255A 作为接口芯片，将这些外设构成一个简单的微机应用系统，画出接口连接图。

(2) 编制三种驱动程序，每个程序必须至少包括有两种外设共同作用的操作，给出程序清单。

8.7 现要求用 8255A 作为终端机的接口。由 A 口输出字符到终端机的显示缓冲器，B 口用于键盘输入字符，C 口为终端状态信息口。当 PC0=1 时表示键盘输入字符就绪，PC7=0 表示显示缓冲器已空。要求用查询方法把从键盘输入的每个字符都送到终端机的显示缓冲器上，当输入的是回车符时（ASCII 码为

0DH)则操作结束。假设该 8255A 芯片的端口地址为 60H~63H，请编写包括 8255A 初始化的输入输出驱动程序。

8.8 8255A 作为打印机接口，工作于方式 0，如习题图 8-1 所示。试编写程序实现：CPU 用查询方式向打印机输出首地址为 0FADH 的 30 个字符（ASCII 码）。8255A 的端口地址为 200H~203H。（图中 $\overline{\text{DSTB}}$ 为选通信号，低电平有效，BUSY 为忙信号，高电平有效。）

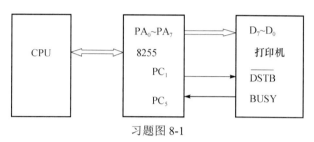

习题图 8-1

第9章 串 行 接 口

9.1 串行通信的基本概念

9.1.1 串行通信的特点

并行通信，一次可同时传送多位数据，传输速度快。在并行通信中，传输线数目比较多，除了数据线之外还有通信联络控制线。但是，当多微机系统中的各台微机相距比较远时，一般不能使用并行通信，其原因是以下两点；一是通信线路费用昂贵，如两台微机进行 16 位并行通信，约需 20 条线，如果距离较长，则电线电缆的费用是很大的；二是由于众多的连线间极易引入干扰，又容易发生线路故障，这就大大降低了整个通信系统的可靠性。

如果采用两条线，即一条通信线加上一条地线来进行通信，传送的信息(数据信息和控制信息)按位**逐位传送**，我们将这种方式称为**串行通信**。显然，串行通信的速度要比并行通信慢得多，但在线路上的开销却省得多。

串行通信之所以被广泛采用，其中一个主要原因是可以使用现有的电话网进行信息传送，即只要增加调制解调器，远程通信就可以在电话线上进行。这不但降低了通信成本，而且免除了架设线路和线路维护的繁杂工作。

一般来说，串行通信有以下特点；

(1)由于在一根传输线上既传输数据信息又传送控制联络信息，这就需要串行通信中的一系列约定，从而识别在一根线上传送的信息流中，哪一部分是联络信号，哪一部分是数据信号。

(2)串行通信的信息格式有异步和同步信息格式。与此对应，有异步串行通信和同步串行通信两种方式。

(3)由于串行通信中的信息逻辑定义与 TTL 不兼容，故需要进行逻辑电平转换。

(4)为降低通信线路的成本和简化通信设备，可以利用现有的信道(如电话信道等)，配备以适当的通信接口，便可在任何两点实现串行通信。

9.1.2 传输速率与传送距离

1. 波特率

在并行通信中，传输速率是以每秒传送多少字节(B/s)来表示的。而串行通信中，在基波传输的情况下用每秒传送的位数(bit/s)来表示数据传输速率。此时，可以用**波特率**来表示数据传输速率，即 1 波特(baud)= bit/s。波特率是衡量通信线路基本电信号发送率的一种量度，它仅是电学上的量度单位，而不是信息的量度单位。换言之，波特率是指发送到通信线路上的电脉冲速率。

常用的标准波特率是 110、300、1200、2400、4800、9600、19200 波特等。CRT 终端能处理 9600 波特的传输，而点阵打印机通常以 2400 波特来接收信号。

2．传输距离与传输速率的关系

串行接口或终端以基带方式直接传送串行信息流的最大距离与传输速率及传输线的电气特性有关，**传输距离随传输速率的增加而减小**。RS-232C 标准规定，当数据传送速度小于 20Kbit/s 且电缆的电容负荷小于 2500pF 时，传送距离小于 30m。由于电缆的电容没有这么大，当传输速度较慢时，传输距离将超过这个距离。在实际应用中，对远距离传送，一般都需要加入 MODEM。

9.2 异步串行通信协议

通信协议是指通信双方的一种约定，包括对数据格式、同步方式、传送速度、传送步骤、检纠错方式以及控制字符定义等作出统一规定，通信双方必须共同遵守。因此，也叫作**通信控制规程**，或称**传输控制规程**，它属于国际标准化组织 ISO（International Standardization Organization）提出的 **OSI/RM**（open system interconnect reference model）七层开放系统互连参考模型中的数据链路层。

目前，采用的串行通信协议有两类：**异步通信和同步通信**。同步协议又有**面向字符**、**面向比特**和**面向字节计数**三种。我们重点学习异步串行通信协议。

9.2.1 特点及传输格式

异步串行通信协议也称**起止式异步协议**，其特点是通信双方以一个**字符**作为数据传输单位，且**发送方传送字符的间隔时间是不定的**。在传输一个字符时总是以起始位开始，以停止位结束。异步串行通信传输格式如图 9-1 所示。

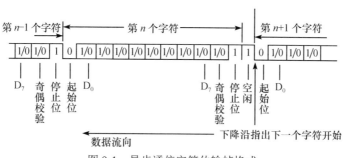

图 9-1 异步通信字符传输帧格式

由图 9-1 可知，一个字符除表示字符信息的数据位（位长度 5～8 位可选）外，还有若干个附加位：起始位（1 位，值恒为 0），奇偶位（可选有无），停止位（长度 1、1.5 和 2 可选，值恒为 1）。传送 1 个字符必须以起始位开始，以停止位结束。这个过程称为一**帧**。

异步串行通信协议还规定：信号 1 称为**传号**（或称为标志状态 MARK），信号 0 为**空号**（或称间隔状态 SPACE）。

异步通信的一帧传输经历以下步骤：

(1)无传输。

发送方连续发送传号，处于信息 1 状态，表明通信双方无数据传输。

(2)开始传输。

发送方在任何时刻将传号变为空号(由 1 变为 0)，并持续 1 位时间表明发送方开始传输。与此同时，接收方收到空号后，开始与发送方同步，并期望收到随后的数据。

(3)数据传输。

数据位的长度可由双方事先确定，可选择 5～8 位。数据传输规定**低位在前，高位在后**。

(4)奇偶校验。

数据传输之后是可供选择的奇偶校验位发送和接收。奇偶位的状态取决于选择的奇偶校验类型。如果选择奇校验，则该字符数据位和校验位中为 1 的位数应为奇数。如果选择偶校验，则该字符数据位和校验位中为 1 的位数应为偶数。

(5)停止传输。

在奇偶位(选择有奇偶校验)或数据位(选择无奇偶校验)之后发送或接收的停止位，其状态恒为 1。停止位的长度可在 1、1.5 或 2 位三者中选择。

由以上分析可知，在发送方发送一帧字符之后，可以用下面两种方式发送下一帧字符：

(1)连续发送：即在上一帧停止位之后立即发送下一帧的起始位。

(2)随机发送：即在上一帧停止位之后仍然保持传号状态，直至开始发送下一帧时再变为空号。

例如，我们选择数据位长度为 7 位，选择奇校验，停止位为 1 位，采用连续发送方式，则传送一个字符 E 的 ASCII 码的波形如图 9-2 所示。传送时数据的低位在前，高位在后。

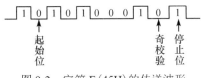

图 9-2　字符 E(45H)的传送波形

9.2.2　错误检测

通信过程中有可能产生传送错误，接收方通常可检测到如下一些错误：

(1)**奇偶错**。

在通信线路上因噪声干扰而引起的某些数据位的改变，则会引起奇偶校验错。

(2)**溢出错**。

若先接收的字符尚未被 CPU 读取，后面的字符又传送过来，则会引起溢出错。

(3)**帧格式错**。

若接收方在停止位的位置上检测到一个空号(信息 0)，则会引起帧格式错。一般来说，帧格式错的原因较复杂，可能是双方通信速率不一致，或是双方数据格式不匹配；或线路噪声改变了停止位的状态；或因时钟不匹配、不稳造成未能按照协议装配成一个完整的字符帧等。

9.3　串行接口标准

在进行串行通信的线路连接时，通常要解决两个问题：一是计算机与外设之间要共同遵守的某种约定，这种约定称为**物理接口标准**，包括电缆的机械特性、电气特性、信号功能及传送过程的定义，它属于 ISO 的 OSI/RM 七层参考模型中的物理层，EIA RS-232C、RS-422、RS-485 标准所包含的接口电缆及连接器均属于此类，二是按接口标准设置计算机与外设之间进行串行通信的接口电路。

9.3.1　EIA RS-232C 接口标准

RS-232C 标准是美国电子工业协会 EIA(Electronic Industries Association)于 1969 年公布的通信协议。字母 RS 表示 recommended standard(推荐标准)，232 是识别代号，C 是标准的版本号。

RS-232C 标准最初是为远程通信连接**数据终端设备**(data terminal equipment，DTE)与**数据通信设备**(data circuit-terminating equipment，也称为 data communication equipment，DCE)而制定的。目前它被广泛地用于计算机，典型的 DTE 是 PC 机，典型的 DCE 是调制解调器 MODEM(modulator-demodulator)。

RS-232C 标准对串行通信接口的有关问题，如信号功能、电气特性和机械特性都进行了较明确的规定。由于通信接口与设备制造厂商都生产与 RS-232C 兼容的通信设备，因此它已成为微机串行通信接口中广泛采用的一种标准。例如，目前在 IBM PC 机上的 COM1、COM2 接口，就是 RS-232C 接口。

1. 机械特性

连接器采用 DB-25(25 芯)和 DB-9(9 芯)插头、插座，如图 9-3 所示。插头针与针之间、插座孔与孔之间的间距及外形尺寸均有固定的大小。

（a）DB-9插头

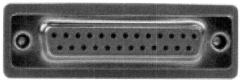
（b）DB-25插座

图 9-3　RS-232C 连接器

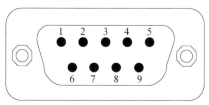

图 9-4　DB-9 连接器引脚编号定义

2. 功能特性

早期微机支持 20mA 电流环接口，因此需要使用 DB-25 连接器。现在计算机 RS-232C 串行接口不再支持 20mA 电流环接口，一般使用 DB-9 连接器(图 9-4)。因此，本节仅介绍 DB-9 所使用的信号线功能，如表 9-1 所示。

表 9-1　DB-9 连接器引脚功能定义表

引脚编号	引脚名称	作用	功能说明
1	DCD	载波检测	DTE←DCE，DCE 正在接收通信链路数据
2	RxD	接收数据	DTE←DCE，DTE 接收串行数据
3	TxD	发送数据	DTE→DCE，DTE 发送串行数据

引脚编号	引脚名称	作用	功能说明
4	DTR	数据终端就绪	DTE→DCE，DTE 就绪
5	GND	信号地	所有信号的公共地
6	DSR	数据设备就绪	DTE←DCE，DCE 就绪
7	RTS	请求发送	DTE→DCE，DTE 请求 DCE 发送数据
8	CTS	清除发送	DTE←DCE，DCE 允许 DTE 发送数据
9	RI	振铃指示	DTE←DCE，DCE 通知 DTE 有振铃信号

3. 传输速率

RS-232C 标准规定的数据传输速率为每秒 150、300、600、1200、2400、4800、9600、19200 波特。

4. 电缆长度

RS-232C 标准允许的连接电缆不超过 50 英尺(15.24m)，但若能保证电缆总电容小于 2500pF，则电缆长度可超过限定值。

5. 电气特性

RS-232C 标准对信号的逻辑电平、最高数据传输和各种信号功能都进行了规定。
在 TxD 和 RxD 数据线上采用**负逻辑**：

逻辑 1(MARK)=-15～-3 V
逻辑 0(SPACE)= +3～+15V

在控制线上采用**正逻辑**：

信号有效(接通，ON 状态，正电压)= +3～+15V
信号无效(断开，OFF 状态，负电压)=-15～-3V

RS-232C 选择-15～-3V 和+3～+15V 这个范围而不采用 TTL 逻辑(0～5V)的原因，是为了提高抗干扰能力和增加传送距离。由于传号和空号状态用相反的电压表示，其间有 6V 的差距，这就极大地提高了数据传输的可靠性。

EIA RS-232C 用**正负电压**来表示逻辑状态，而 TTL 是以**高低电平**表示逻辑状态。因此，为了能够同计算机接口或终端的 TTL 器件连接，必须在 EIA RS-232C 与 TTL 电路之间进行电平和逻辑关系的变换。实现这种变换可以用分立元件，也可以用集成电路芯片。

目前集成电路转换器件使用更广泛，如 MC 1488、SN 75150 芯片可完成 TTL 电平到 EIA 电平的转换，而 MC 1489、SN 75154 芯片可实现 EIA 电平到 TTL 电平的转换。

由于 MC 1488/1489 要求使用±15V 高压电源，不太方便。现在常用的 RS-232C/TTL 转换芯片是 MAX 232。

MAX 232 内部有电压倍增电路和转换电路，只需+5V 电源便可实现 TTL 电平与 RS-232C 电平转换，使用起来十分方便。MAX 232 的引脚图和内部逻辑框图如图 9-5 所示。由图可知，一个 MAX 232 芯片可连接两对收/发线，从而完成 TTL-EIA 双向电平转换，其中，T_{1IN}、T_{2IN} 为 TTL/CMOS 电平输入端，

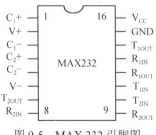

图 9-5　MAX 232 引脚图

R_{1OUT}、R_{2OUT} 为 TTL/COMS 电平输出端，均为 0～5V，而 T_{1OUT}、T_{2OUT} 为 RS-232C 电平输出端，R_{1IN}、R_{2IN} 为 RS-232C 电平输入端，均为-10～+10V。

9.3.2　RS-422、RS-485 接口标准

由于 RS-232C 接口标准是单端收发，抗共模干扰能力差，所以传输速率低（<20Kbit/s）、传输距离短（<15m）。为了实现在更远的距离和更高的速率上直接连接，EIA 在 RS-232C 的基础上，制定了更高性能的接口标准如 RS-422、RS-423 和 RS-485 接口标准，这些标准总的目标是：

(1) 与 RS-232C 兼容，即为了执行新标准，无须改变原来采用的 RS-232C 标准的设备。

(2) 支持更高的传输速率。

(3) 支持更远的传送距离。

(4) 增加信号引脚数目。

(5) 改善接口的电气特性。

常用的 RS-232C、RS-422 和 RS-485 这几种接口标准的特点如表 9-2 所示。

表 9-2　常用串行接口标准的性能

特性参数	RS-232C	RS-422	RS-485
工作模式	单端发，单端收	双端发，双端收	双端发，双端收
在传输线上允许的驱动器和接收器数目	1 个驱动器 1 个接收器	1 个驱动器 10 个接收器	32 个驱动器 32 个接收器
最大电缆长度	15m	1200m（90Kbit/s）	1200m（100Kbit/s）
最大速率	20Kbit/s	10Mbit/s（12m）	10Mbit/s（15m）
驱动器输出（最大电压）	±25V	±6V	-7～+12V
驱动器输出（信号电平）	±5V（带负载） ±15V（未带负载）	±2V（带负载） ±6V（未带负载）	±1.5V（带负载） ±5V（未带负载）
驱动器负载阻抗	3～7kΩ	100Ω	54Ω
驱动器电源开路电流（高阻抗态）	V_{max}/300Ω（开路）	±100μA（开路）	±100μA（开路）
接收器输入电压范围	±15V	±12V	-7～+12V
接收器输入灵敏度	±3V	±200mV	±200mV
接收器输入阻抗	2～7kΩ	4kΩ	12kΩ

9.4　串行通信接口设计

9.4.1　串行通信接口的基本任务

(1) 进行**串/并转换**。由于计算机处理数据是并行的，而串行通信是一位一位依次顺序地传送数据。因此，当数据由计算机送至终端时，首先由串行接口电路把并行数据转换为串行数据；而在计算机接收由终端送来的串行数据时，也要由接口电路将其转换为并行数据才能由计算机进行处理。

(2) 实现**串行数据格式化**。如在异步通信方式下，接口电路能在发送时自动生成和接收时自动去掉起/停位。在面向字符的同步方式下，接口能在数据块前面加/减同步字符。总之，

接口电路要能实现不同通信方式下的数据格式化。

(3)**可靠性校验**。在发送时,接口电路自动生成奇偶校验位;在接收时,接口电路检查字符的奇偶校验位或其他校验码,以确定是否发生传送错误。

(4)实现接口与数据通信设备(DCE)之间的**联络控制**。

9.4.2 串行接口电路的组成

随着大规模集成电路技术的发展,通用的可编程串行接口芯片种类越来越多。这些串行接口芯片都能实现上面提出的串行接口的基本任务。采用这些芯片为核心的串行通信接口电路比较简单,只需附加地址译码电路、波特率发生器以及 EIA 与 TTL 电平转换器就可以了。

通用的可编程串行接口芯片主要有两类。

(1)**通用同步异步接收发送器**(universal synchronous asynchronous receiver/transmitter,USART),是适合于作起止式异步协议和同步面向字符协议的接口电路,典型的集成芯片如 Intel 8251A。

(2)**通用异步接收发送器**(universal asynchronous receiver/transmitter,UART),适用于起止式异步协议,典型的集成芯片如 INS 8250/16550。

INS 8250 最早由 National Semiconductor 公司生产,广泛应用于 PC,升级版本有 16450、16550 等。早期的 IBM PC 系列机使用 INS 8250 作为 UART 接口芯片。随着计算机技术的不断发展,UART 芯片的传输速率也不断提高。当前,UART 接口芯片通常已经不是以单独的接口芯片出现,而是已经被集成到超大规模集成芯片中。但在硬件组成和软件编程方面,它保持了向下兼容。因此,本节仍以 INS 8250 作为 UART 接口芯片来介绍,给出的例程可以在当前的 IBM PC 系列机上运行。

9.5 可编程串行接口芯片 8250

9.5.1 INS 8250 的基本性能

(1)支持起止式异步协议。

(2)支持 5~8 位数据位,停止位可选择 1、1.5 或 2 位。

(3)具有独立的收、发时钟。

(4)支持全双工通信,发送和接收均采用双缓冲器结构。

(5)可进行奇偶校验,具有奇偶错、溢出错和帧格式错的检测能力。

(6)可控制 MODEM,可编程,支持中断工作方式。

(7)使用单一的 5V 电源,40 脚双列直插型封装。

9.5.2 8250 的内部逻辑与外部引脚

1. 8250 的结构框图及工作原理

8250 的内部结构如图 9-6 所示,由内部数据总线实现各部件之间的通信。

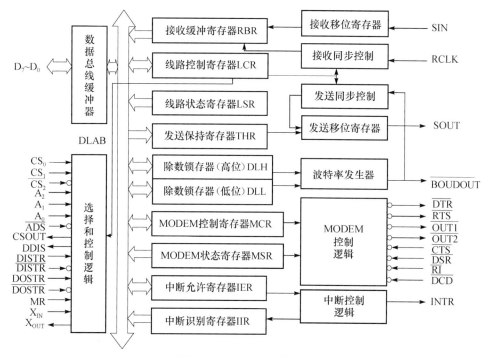

图 9-6 8250 内部结构框图

数据总线缓冲器是三态双向 8 位缓冲器，它使 8250 与系统数据总线连接起来。CPU 通过输入输出指令可通过数据总线缓冲器读/写 8250 数据，也可以写入控制字和命令字。8250 的状态信息也可通过数据总线缓冲器读入 CPU。

1）数据的发送

发送器具有发送保持寄存器、发送移位寄存器组成的双缓冲结构，实现由并行数据到串行数据的转换。

当发送数据时，8250 接收 CPU 送来的并行数据，保存在发送保持寄存器 THR 中。只要发送移位寄存器没有正在发送的数据，发送保持寄存器的数据就进入发送移位寄存器。同时，8250 按照编程规定的起止式通信字符格式，加上起始位、奇偶校验位和停止位，从串行数据输出引脚 SOUT 逐位输出。每位的时间长度由传输速率确定。此外，8250 还能发送终止字符，即输出连续的低电平，以通知对方终止通信。

发送移位寄存器进行串行发送的同时，CPU 可以向 8250 提供下一个发送数据，从而可以保证数据的连续发送。

2）数据的接收

接收器具有接收缓冲寄存器、接收移位寄存器组成的双缓冲结构，将接收的串行数据转换为并行数据。

8250 需要首先确定起始位才能开始接收数据。8250 的数据接收时钟 RCLK 使用 16 倍波特率的时钟信号。接收器用 RCLK 检测到串行数据输入引脚 SIN 由高电平变低后，连续测试 8 个 RCLK 时钟周期，若采样到的都是低电平，则确认为起始位；否则视为干扰。在确认了起始位后，每隔 16 个 RCLK 时钟周期对 SIN 输入的数据进行一次采样，直至规定的数据格式结束。8250 起始位的检测如图 9-7 所示。

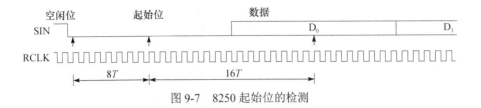

図 9-7 8250 起始位的检测

当接收数据时，8250 的接收移位寄存器对 SIN 引脚输入的串行数据进行移位接收。

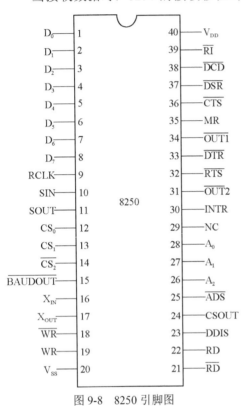

图 9-8 8250 引脚图

8250 按照通信协议规定的字符格式自动删除起始位、奇偶校验位和停止位，把 SIN 引脚移位输入的串行数据转换成并行数据。每接收完一个字符，8250 把数据送入接收缓冲寄存器 RBR。接收器在接收数据的同时，还会检测是否出现奇偶校验错、帧格式错、溢出错或接收到终止符，同时在线路状态寄存器 LSR 中置相应位，供 CPU 处理。

此外，在 CPU 读取接收数据的同时，8250 可以继续接收下一个数据，这样可以保证数据的连续接收。

2. 8250 外部引脚信号说明

8250 用来作为 CPU 与外设或调制解调器之间的接口，如图 9-8 所示。

1) 与 CPU 的连接信号

(1) 数据线：$D_0 \sim D_7$，三态双向，用于 CPU 与 8250 之间交换信息。

(2) 地址线：$A_0 \sim A_2$，用于寻址 8250 内部寄存器，如表 9-3 所示。

表 9-3 8250 寄存器寻址

DLAB	$A_2\ A_1\ A_0$	寄存器
0	0 0 0	接收缓冲寄存器 RBR (读)
0	0 0 0	发送保持寄存器 THR (写)
1	0 0 0	除数锁存器 (高) DLH
1	0 0 1	除数锁存器 (低) DLL
0	0 0 1	中断允许寄存器 IER
×	0 1 0	中断识别寄存器 IIR (只读)
×	0 1 1	线路控制寄存器 LCR
×	1 0 0	MODEM 控制寄存器 MCR
×	1 0 1	线路状态寄存器 LSR
×	1 1 0	MODEM 状态寄存器 MSR
×	1 1 1	暂时存储寄存器，一般不用

(3)片选信号：CS_0，CS_1，$\overline{CS_2}$，输入；CSOUT，输出。

3 个片选输入都有效时，才选中 8250 芯片，同时 CSOUT 输出高电平有效。

(4)地址选通信号：$\overline{ADS}$，输入。当该信号为低电平时，锁存上述地址线和片选线的输入状态，保证读写期间的地址稳定。若不会出现地址不稳定现象，则不必锁存，只将 $\overline{ADS}$ 引脚接地。

(5)读控制信号：$\overline{RD}$ 和 RD，或记为 $\overline{DISTR}$ 和 DISTR。这两个信号作用相同，但有效电平相反。8250 被选中时，如果读控制信号有效，CPU 可从被选的内部寄存器中读出数据。

(6)写控制信号：$\overline{WR}$ 和 WR，或记为 $\overline{DOSTR}$ 和 DOSTR。这两个信号作用相同，但有效电平相反。8250 被选中时，如果写控制信号有效，CPU 可将数据写入被选的内部寄存器。

(7)驱动器禁止信号：DDIS，CPU 从 8250 读取数据时，DDIS 引脚输出低电平，用来禁止外部收发器对系统总线的驱动；其他时间，DDIS 为高电平。

(8)主复位线：MR，输入，高电平有效。当其有效时，8250 复位，部分寄存器和输出信号处于初始化状态。

2)时钟信号

外部晶体振荡器电路产生的时钟信号送到时钟输入引脚 X_{IN}，作为 8250 的基准工作时钟。时钟输出引脚 X_{OUT} 是基准时钟信号的输出端，可用作其他功能的定时控制。外部输入的基准时钟，经 8250 内部波特率发生器分频后产生发送时钟，并经波特率输出引脚 $\overline{BAUDOUT}$ 输出。接收时钟引脚 RCLK 可接收外部提供的接收时钟信号；若采用发送时钟作为接收时钟，则只要 RCLK 引脚和 $\overline{BAUDOUT}$ 引脚直接相连。

3)异步串行接口信号

用于实现 RS-232C 接口，TTL 电平。

(1)串行数据输入：SIN，对应 RxD，用于接收串行数据。

(2)串行数据输出：SOUT，对应 TxD，用于发送串行数据。

(3)调制解调器控制：包括数据终端就绪 $\overline{DTR}$、数据设备就绪 $\overline{DSR}$、发送请求 $\overline{RTS}$、清除发送 $\overline{CTS}$、接收线路检测 $\overline{DCD}$（对应载波检测 CD）和振铃指示 $\overline{RI}$。这些信号的含义与 RS-232C 标准规定相同。

4)其他

(1)输出线：$\overline{OUT1}$ 和 $\overline{OUT2}$ 由调制解调器控制寄存器 MCR 的 D_2 和 D_3 使其输出低电平，复位时为高电平。

(2)中断请求信号：INTR，输出，高电平有效。

8250 内部有 4 种类型的中断，若允许 8250 中断，则其中任意一个中断源有中断请求，INTR 输出高电平。

9.5.3　8250 的内部寄存器

8250 内部有 9 种可访问的寄存器，用引脚 $A_0A_1A_2$ 来寻址，同时还需利用线路控制寄存器 LCR 的最高位 DLAB，以区分共用相同端口地址的不同寄存器。

1. 接收缓冲寄存器 RBR($A_2A_1A_0$=000, DLAB=0，读)

作用：缓存接收到的数据。

串行数据通过 SIN 引脚逐位输入到接收移位寄存器，接收移位寄存器把输入的串行数据按照通信格式转换成并行数据，并送入接收缓冲寄存器 RBR。CPU 可通过读该寄存器来得到串行接口接收到的数据。

2. 发送保持寄存器 THR($A_2A_1A_0$=000, DLAB=0，写)

作用：保存要发送的数据。

CPU 将要发送的数据写入发送保持寄存器 THR，然后进入发送移位寄存器，发送移位寄存器按照通信格式转换成串行数据，逐位输出到 SOUT 引脚。

3. 线路控制寄存器 LCR($A_2A_1A_0$=011)

作用：指定串行异步通信的格式。

D_7	D_6	D_5 D_4 D_3	D_2	D_1 D_0
DLAB	间断位	奇偶位	停止位	数据位
0=正常 1=访问除数锁存器	0=正常 1=SOUT 强制置于 逻辑 0 状态	000=无校验 001=奇校验 011=偶校验 101=检验位恒为 1 111=检验位恒为 0	0=1 位 1=2 位	00=5 位 01=6 位 10=7 位 11=8 位

〖注意〗 当数据位为 5 位时，如果 D_2=1，此时停止位为 1.5 位。

4. 线路状态寄存器 LSR($A_2A_1A_0$=101)

作用：提供串行异步通信的当前状态，供 CPU 读取。

D_7	D_6	D_5	D_4	D_3	D_2	D_1	D_0
0	TEMT	THRE	BI	FE	PE	OE	DR
	1=发送移位 存器为空	1=发送保持器 THR 为空	1=检测到间 断位	1=帧格 式错	1=校验 错	1=溢出 错	1=接收数据 就绪

〖注意〗 一旦读过 LSR，则 8250 中所有错误位都将自动复位。

5. 除数锁存器 DLH 和 DLL

作用：可对 8250 的波特率进行编程。

8250 的接收器时钟和发送器时钟由时钟输入引脚 X_{IN} 的基准时钟 16 分频得到。不同的数据传输速率，需要不同的分频系数，除数锁存器保存设定的分频系数。分频系数(即除数)的计算公式如下：

分频系数＝X_{IN} 基准时钟频率 /(16×波特率)

除数寄存器是 16 位的，写入前注意使 LCR 寄存器的 DLAB＝1。分频系数的高 8 位写入 DLH（$A_2A_1A_0$=001, DLAB=1），低 8 位写入 DLL（$A_2A_1A_0$=000, DLAB=1）。

【例 9-1】 8250 的输入时钟频率为 1.8432MHz，波特率为 4800。

分频系数=$1.8432\times10^6/(4800\times16)$=24。因此，DLH=00H，DLL=18H。

6. MODEM 控制寄存器 MCR（$A_2A_1A_0$=100）

作用：设置 8250 与数据通信设备（如 MODEM）之间联络应答的输出信号。

D_7	D_6	D_5	D_4	D_3	D_2	D_1	D_0
0	0	0	LOOP	OUT2	OUT1	RTS	DTR
			1=环路检测	用户指定输出 2	用户指定输出 1	1=RTS 引脚有效	1=DTR 引脚有效

7. MODEM 状态寄存器 MSR（$A_2A_1A_0$=110）

作用：反映 MODEM 控制输入信号的当前状态及其变化情况。

D_7	D_6	D_5	D_4	D_3	D_2	D_1	D_0
DCD	RI	DSR	CTS	DDCD	TERI	DDSR	DCTS
1=DCD 有效	1=RI 有效	1=DSR 有效	1=CTS 有效	1=DDCD 位改变	1=RI 位改变	1=DSR 位改变	1=CTS 位改变

8. 中断允许寄存器 IER（$A_2A_1A_0$=001，DLAB=0）

作用：允许或禁止 8250 请求中断。

D_7	D_6	D_5	D_4	D_3	D_2	D_1	D_0
0	0	0	0	MS	Error	TBE	RBF
				1=MODEM 状态改变则中断	1=接收数据出错则中断	1=发送保持器空则中断	1=接收缓冲器满则中断

9. 中断识别寄存器 IIR（$A_2A_1A_0$=010，只读）

作用：判断有无中断请求并判断是哪一类中断请求。

D_7	D_6	D_5	D_4	D_3	D_2	D_1	D_0
0	0	0	0	0	ID2	ID1	IP
					11=接收数据出错中断，优先级最高　10=接收缓冲器满中断，优先级次高　01=发送保持器空中断，优先级次低　00=MODEM 状态改变中断，优先级最低		1=无中断　0=有尚未处理的中断

9.5.4 串行通信接口电路

1. RS-232C 的连接

1) 远距离通信时的连接

作为 DTE，计算机用 RS-232C 接口连接调制解调器，可利用电话线路实现远距离通信。

数据终端设备（DTE）与数据通信设备（DCE）通过 RS-232C 的连接，其实就是对应引脚直接相连。图 9-9 给出的是 DB9 连接器的引脚号。

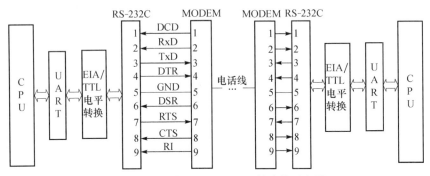

图 9-9 远距离通信 RS-232C 的连接示意图

2) 近距离通信时的连接

两台微机可直接利用 RS-232C 接口进行短距离通信，而不需要使用 MODEM，这种连接称为**零调制解调器**（null modem）。

图 9-10（a）是不使用联络信号的 3 线相连方式，TxD 和 RxD 交叉连接。

图 9-10（b）也是常用的一种方法。双方的 RTS 和 CTS 各自互接，利用请求发送信号 RTS 来产生允许发送 CTS，表示请求传送总是允许的。DTR 和 DSR 互连，用数据终端就绪 DTR 产生数据设备就绪 DSR。

在上述两种连接方法中，通信双方并未进行真正的联络应答，传输的可靠性需要利用软件来保证。

图 9-10（c）是使用联络信号的多线相连方式，这种连接方式通信比较可靠，但所用连线较多。

2. INS 8250 的连接

I/O 读信号与 8250 的数据输入选通引脚连接，I/O 写信号与 8250 的数据输出选通引脚连接，以控制 8250 的读写操作。

系统复位信号 RESET 与 8250 的复位引脚 MR 连接。

8250 外部提供的基准时钟频率为 1.8432MHz（振荡器频率为 18.432MHz，再经 10 分频，通过 X_{IN} 引脚接入）。

串行接收和发送使用相同的传输率，所以 $\overline{BAUDOUT}$ 与 RCLK 相连。

用户可定义的引脚 $\overline{OUT1}$ 在 PC 中未用。

$\overline{OUT2}$ 用于控制 INTRPT，可作为 8250 的中断请求允许。

INS 8250 连接示意图如图 9-11 所示。

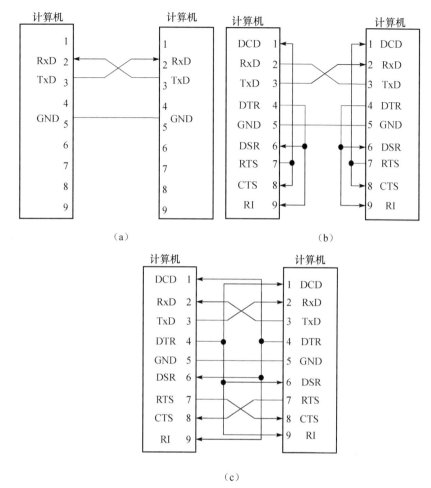

图 9-10 直接利用 RS-232C 接口进行短距离通信的连接示意图

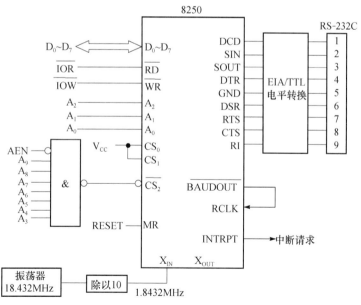

图 9-11 INS 8250 连接示意图

3. PC 机中的串行接口

PC机的串行通信接口一般命名为COM1、COM2等,其异步串行通信适配器采用8250(或其升级版本, 如 16550), 再加上必要的 TTL 电平与 EIA 电平转换电路,并在软件上保持兼容。

在 Windows 系统中,可通过设备管理器下的端口(COM 和 LPT)来查看 PC 机串行通信接口的数量及 I/O 地址,还可进行相应的设置。

9.5.5 8250 的初始化编程

以 PC 机的 COM1(I/O 地址为 3F8H～3FFH)为例, 说明 8250 的初始化编程的过程。

(1)设置波特率。

通信双方需要约定相同的传输速率, 从而根据通信双方约定的波特率和基准时钟频率确定分频系数,并写入除数寄存器。

为了将分频系数写入除数寄存器,必须先使线路控制寄存器 LCR 的最高位 DLAB 置 1。

(2)设置通信数据格式。

通信双方需要约定相同的通信数据格式, 即起始位、数据位、停止位、校验位。

(3)设置工作方式。

通过调制解调器控制寄存器 MCR 的 D_3 位控制 $\overline{OUT2}$,可选择允许或禁止中断,以确定工作方式采用中断还是查询。设置 $\overline{OUT2}$ 为高, 则禁止中断, 采用查询方式; 设置 $\overline{OUT2}$ 为低, 则允许中断, 采用中断方式。

另外, MCR 的最低 2 位通常都置为 1, 以使 $\overline{DTR}$ 和 $\overline{RTS}$ 有效。即使系统没有使用调制解调器,也可如此设置。

(4)设置中断允许。

如果不采用中断工作方式, 则应设置中断允许寄存器 IER 为全 0, 以禁止所有中断请求。否则应根据需要允许相应级别的中断,不使用的中断则仍禁止。

【例 9-2】 某 PC 机的 COM1 地址为 3F8H。要求:波特率为 9600, 1 位停止位, 8 位数据位, 奇校验。采用查询工作方式,编写初始化程序。

解 分频系数$=1.8432 \times 10^6/(9600 \times 16)=12$, 因此, DLH=00H, DLL=0CH。

LCR 控制字=00001011B, 即 0BH。

初始化程序如下:

```
    MOV    DX, 3F8H+3     ; LCR 的地址
    MOV    AL, 80H
    OUT    DX, AL         ; 使 LCR 的 D7=1
    MOV    DX, 3F8H       ; DLL 的地址
    MOV    AL, 0CH        ; DLL 数值
    OUT    DX, AL         ; 写除数低 8 位
    INC    DX             ; DLH 的地址
    MOV    AL, 00H        ; DLH 数值
    OUT    DX, AL         ; 写除数高 8 位
```

```
    MOV     DX, 3F8H+3      ; LCR 的地址
    MOV     AL, 0BH         ; 1 位停止位, 8 位数据位, 奇校验
    OUT     DX, AL          ; 写入 LCR
    MOV     DX, 3F8H+4      ; MCR 的地址
    MOV     AL, 03H         ; 查询方式, 并使 DTR 和 RTS 有效
    OUT     DX, AL          ; 写入 MCR
    MOV     DX, 3F8H+1      ; IER 的地址
    MOV     AL, 00H         ; 禁止所有中断
    OUT     DX, AL          ; 写中断允许寄存器
```

9.5.6 应用实例

【例 9-3】 在两台 PC 机之间通过异步串行通信实现聊天功能, 即双方任意一台 PC 机键盘输入的字符均可在另一台 PC 机屏幕上显示。假定每台 PC 机均使用 COM1 口(I/O 地址均为 3F8～3FFH), 采用查询工作方式, 使用相同的程序。

解 由于是近距离传输, 可以不设 MODEM, 而采用 9.5.4 节的方式互连。

软件编程方面, 当初始化 8250 后, 程序需要不断读取 8250 的线路状态寄存器 LSR。若有错则显示 "!"; 若接收到对方发来的字符则显示在屏幕上; 若是本机键盘输入的字符, 则发送给对方; 若本机按下 ESC 键则退出程序。

采用 C 语言, 编程工具为 Turbo C 2.0, 实验环境为 DOS。

关键函数:

(1) inportb。

功能: 从指定硬件端口读入一字节。

原型: int inportb (int port);

参数说明: port 指定端口地址, 函数返回从硬件端口读入的一字节数据。

(2) outportb。

功能: 输出一字节到指定的硬件端口。

原型: void outportb (int port, char byte);

参数说明: port 指定端口地址, byte 指定需要写入该端口的字节数据。

(3) bioskey。

原型: int bioskey (int cmd);

功能: 若 cmd=1, 函数查询键盘是否有键按下, 若按下一个键则返回非零值, 否则返回 0。若 cmd=0, 函数等待键盘有键按下并返回其键值(低 8 位为 ASCII 码)。

源程序如下:

```
#include <stdio.h>
#include <stdlib.h>
#include <dos.h>
#include <bios.h>
#define COM1 0x3F8
#define ESC 0x1b
```

```
void main()
{
    unsigned char ch, status, data;
    /* 初始化 8250 */
    outportb(COM1+3, 0x80);            /* 置 LCR 的 DLAB=1 */
    outportb(COM1, 0x0c);              /* 波特率 9600，写入 DLL */
    outportb(COM1+1, 0x00);            /* 写入 DLH */
    outportb(COM1+3, 0x0b);            /* 1 位停止位，8 位数据位，奇校验 */
    outportb(COM1+4, 0x03);            /* 查询方式，DTR 和 RTS 有效 */
    outportb(COM1+1, 0x00);            /* 禁止所有中断 */
    for(;;)
    {
        status=(unsigned char)inportb(COM1+5);
                                       /* 读入 LSR */
        if(status & 0x1e )             /* 判断是否有错 */
            printf( "!" );             /* 有错则显示错误信息 */
        if(status & 0x01 )             /* 判断是否接收到数据 */
        {
            data=(unsigned char)inportb(COM1);
                                       /* 读入接收到的数据 */
            printf( "%c", data);
        }
        if(status & 0x20 )             /* 判断能否发送数据 */
        {                              /* 能发送数据 */
            if(bioskey(1)!=0 )         /* 检测键盘有无按键 */
            {
                ch=(unsigned char)bioskey(0);
                                       /* 读入本机按键 */
                if(ch==ESC)
                    exit(0);           /* 如果是 ESC 键，则退出程序 */
            outportb(COM1, ch);        /* 发送字符给对方 */
            }
        }
    }
}
```

思考题与习题

9.1 为什么要在 RS-232C 与 TTL 之间进行电平转换？

9.2 请画出起止式异步传送时 A 的 ASCII 码波形图，假设数据位 8 位，停止位为 1 位，采用偶校验。

9.3 设采用 8250 进行串行异步传输，每帧信息对应 1 位起始位，8 位数据位，1 位奇数验位，2 位停止位，波特率为9600bit/s，则每分钟能传输的最大字符数为多少个？若要传送1MB的文件需要多长时间？

9.4 若8250的输入时钟频率为1.8432MHz，波特率为19200，则分频系数是多少？

9.5 设PC的串口地址为2F8H，波特率为4800，1位停止位，8位数据位，偶校验。编程实现LCR的初始化。

9.6 用串口线连接两台计算机，利用已有工具软件在两台计算机之间传送一个文件（如图片、视频等），并验证传送的正确性。

9.7 采用汇编语言或C语言编写聊天程序，具有利用串口来接收、发送聊天信息并显示在屏幕上的功能。

9.8 采用汇编语言或C语言编写程序，实现利用串口在两台计算机之间传送文件的功能。

第10章 中 断 技 术

10.1 中断的基本概念

10.1.1 中断简介

1. 中断的定义

中断是指计算机的 CPU 在正常运行程序时,由于内部或外部某个紧急事件的发生,CPU 暂停正在运行的程序,而转去执行请求中断的那个外设或事件的中断服务(处理)程序,待处理完后再返回被中断的程序,继续执行的过程。中断系统是实现中断的软、硬件的集合。中断系统使计算机在与外设的信息交换中实现并行处理和实时处理。随着微型计算机的发展,中断系统不断增加新的功能。中断系统可以用来实现自动管理,如虚拟存储器的管理、自动保护、多道程序运行、多机连接等。中断技术的先进性是衡量微型计算机的重要指标之一。

2. 中断源

任何能引发中断的事件都称为**中断源**。中断源可分为硬件中断源和软件中断源两类。

硬件中断源主要包括外部设备(如键盘、打印机)、数据通道(如磁盘机、磁带机)、时钟电路(如定时器)和故障源(如电源掉电)等;而软件中断源主要包括为调试程序设置的中断(如断点、单步执行等)、终端指令以及指令执行过程出错(如除法运算时除数为零)等。

10.1.2 中断处理过程

对于一个中断源的中断处理过程应包括以下几个步骤:中断请求、中断排队或称中断判优、中断响应、中断处理和中断返回等环节。

1. 中断请求

中断请求是由中断源向 CPU 发出中断请求信号。外部设备发出中断请求信号要具备以下两个条件:

(1)外部设备工作已经告一段落。例如,输入设备只有在启动后,将要输入的数据送到接口电路的数据寄存器(即准备好要输入的数据)之后,才可以向 CPU 发出中断请求。

(2)系统允许该外设发出中断请求。如果系统不允许该外设发出中断请求,可以将这个外设的请求屏蔽。当这个外设中断请求被屏蔽时,虽然这个外设准备工作已经完成,也不能发出中断请求。

2. 中断排队

中断申请是随机的，有时会出现多个中断源同时提出中断申请，但 CPU 每次只能响应一个中断源的请求，那么究竟先响应哪一个中断源的请求呢？这就必须根据各中断源工作性质的轻重缓急，预先安排一个**优先级**顺序，当多个中断源同时申请中断时，即按此优先级顺序进行排队，等候 CPU 处理。一般是把最紧迫和速度最高的设备排在最优先的位置上。CPU 首先响应优先级别最高的中断源，当中断处理完毕后，再响应级别低的中断申请。

中断排队可以采用硬件的方法，也可以采用软件的方法。前者速度快，但需要增加硬设备；后者无须增加硬设备，但速度慢，特别是中断源很多时尤为突出。

软件采用查询技术。当 CPU 响应中断后，就用软件查询以确定是哪些外设申请中断，并判断它们的优先权。一个典型的软件优先权排队接口电路如图 10-1 所示，图中把 8 个外设的中断请求触发器组合起来，作为一个端口，并赋以设备号。把各个外设的中断请求信号相"或"后，作为 INTR 信号，故其中任一外设有中断请求，都可向 CPU 送出 INTR 信号。当 CPU 响应中断后，把中断寄存器的状态，作为一个外设读入 CPU，逐位检测它们的状态，若哪一位为 1，则该位对应的外设有中断请求，就转到相应的服务程序的入口。其流程如图 10-2 所示。

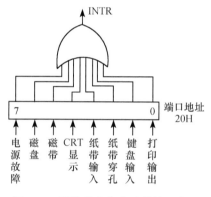

图 10-1 用软件查询方式的接口电路

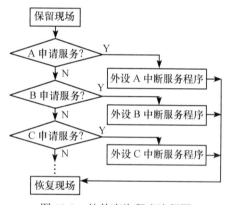

图 10-2 软件查询程序流程图

相应的查询程序如下：

```
XOR     AL, AL          ; CF 清 0
IN      AL, 20H         ; 输入中断请求触发器的状态
RCL     AL, 1           ; 左移一位，检测最高位是否有请求
JC      POW             ; 有，转相应服务程序
RCL     AL, 1           ; 否，检测下一位
JC      DISS
```

查询方法的优点是：

(1)询问的次序，即是优先权的次序。显然，最先询问的，优先权的级别最高。

(2)省硬件。不需要有判断与确定优先权的硬件排队电路。

查询方法的缺点是：由询问转至相应的服务程序入口的时间长，尤其是在中断源较多的情况下。

硬件优先权排队电路，目前均采用专用中断管理接口芯片如 8259A 等。

3. 中断响应

经中断排队后，CPU 收到一个当前申请中断的中断源中优先级别最高的中断请求信号，如果允许 CPU 响应中断(IF=1)，在执行完一条指令后，就中止执行当前程序，而响应中断申请。此时首先由硬件电路保护断点，即将当前正在执行的程序的段地址(CS)和偏移地址(IP)以及标志寄存器(FR)压入堆栈；然后关闭 CPU 内的允许中断触发器 IF(可屏蔽中断时)；接下来就是寻找中断服务程序入口地址。

寻找中断服务程序入口地址的方法分软件和硬件两种。软件方法即为上述的查询方式。在硬件方式中，目前均采用**矢量中断**方式。所谓矢量中断即当 CPU 响应中断后，由提出中断请求的中断源向 CPU 发去一个中断矢量，CPU 根据这个中断矢量找到中断程序入口地址，而转到相应的中断服务程序。以 Intel 为 CPU 的 PC 系列微型计算机系统就采用矢量中断方式。

4. 中断处理

中断处理即进入中断服务程序。通常，在中断服务程序之前，为保证主程序中有些寄存器的内容在中断前后保持一致，不能因为中断而产生变化，还应进行现场保护，即将服务子程序要用到的各寄存器加以保护，一般是压入堆栈。在中断服务程序的末尾恢复这些寄存器的内容，即恢复现场。保护现场和恢复现场一般使用 PUSH 和 POP 指令实现，所以要注意寄存器内容入栈出栈的顺序。

5. 中断返回

中断服务程序的最后一条指令必须是 IRET 中断返回指令，将使保护在堆栈中的断点出栈，并送回到 CS:IP 中，以便 CPU 能重新从断点处继续执行原来被中断的程序。同时，IRET 还具有恢复 FR 内容的功能。故在此之前不必另加开中断指令。

10.2　PC 系列机的中断结构

8086/8088 CPU 可以处理 256 种不同类型的中断，每一种中断都给定一个编号(0～255)，称**中断类型号**。CPU 根据中断类型号来识别不同的中断源。8086/8088 CPU 的中断源如图 10-3 所示。从图中可以看出 8086/8088 CPU 的中断源可以分为两大类：一类来自 CPU 的外部，由外设的请求引起，称为外部中断(硬件中断)；另一类来自 CPU 的内部，由执行指令时引起，称为内部中断(软件中断)。

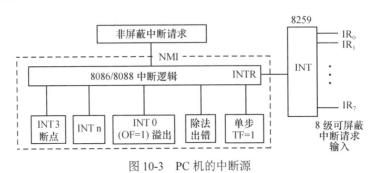

图 10-3　PC 机的中断源

10.2.1 内部中断

内部中断是由于执行 INT n（或 INT 3）、INTO 等指令，或者是由于除法出错，或者是进行单步操作引起的中断。

(1)CPU 执行 INT n 指令，产生中断矢量号为 n 的中断。这里简称为 n 号矢量中断。由于 0～255 号的任何一个中断矢量号都可以编程设定，因此，INT n 指令可以用来调用所有中断服务子程序。

(2)CPU 执行 INT 3 指令而产生的中断，称为**断点中断**。INT 3 指令被执行后，立即产生矢量地址号为 3 的中断，也可以称为 3 号中断。此指令是单字节的，代码为 0CCH。一般是在需要设置断点的程序中，在断点处安插此指令。INT 3 指令被执行后，CPU 就会在矢量地址表中，根据矢量号 3 找到对应的断点处理程序的入口地址，或称地址指针。通常，在该服务程序中，安排有显示或打印断点处的各种信息，如 CPU 寄存器状态和标志寄存器内容等。

(3)当 CPU 内部溢出标志位 OF 被置 1 时，执行一条溢出中断指令 INTO，会产生 4 号中断。INTO 指令通常安排在算术指令之后，以便在运算过程中，一旦产生溢出错误，能及时进行处理。

(4)除法出错中断。在执行 DIV 除法指令或 IDIV 整除指令时，若所得的商数超出了目标寄存器的容量，如用数值 0 作为除数，这种非法操作会引起 0 号矢量中断。

(5)单步中断。当将 CPU 内标志寄存器的单步标志 TF 位置为 1 后，CPU 每执行完一条指令，会产生 1 号矢量中断。这种中断方式，常被用来作为调试程序的单步操作手段，所以又称为**单步中断**。

用户在调试程序时，需要单步执行编写的程序，这时先执行设置单步标志程序段，将标志位 TF 置为 1，然后，CPU 往下执行一条指令之后，会产生 1 号中断。CPU 自动将标志和断点现场压进堆栈保存起来，将标志 IF 和 TF 清 0，进入 1 号中断服务程序处理用户设置的事务。**注意**，由于响应中断时 TF 标志被清 0，所以若在中断服务程序中不重新将 TF 置 1，则中断服务程序将不以单步形式执行。最后，执行中断返回指令，使断点现场和标志信息从堆栈中弹出而恢复它们的原来状态；CPU 再往下执行一条指令后，又重复发生 1 号中断，如此重复操作下去。

内部中断的特点：

(1)中断矢量号由 CPU 内部自动提供，不需要执行中断响应总线周期去读取矢量号。

(2)除单步中断外，所有内部中断都不可以用软件屏蔽，即都不能通过执行 CLI 指令使 IF 清 0 来禁止对它们的响应。但单步中断可以通过软件将 TF 标志置 1 或清 0，以控制执行完一条指令后是否引起单步中断。

(3)从中断响应的优先顺序上，除单步外，所有内部中断的优先级别均高于外部中断。

(4)软中断已失掉了随机性。软中断是由安排在程序中的中断指令引起的，中断指令安排于程序的何处，何时执行此指令，是可以事先知道的。

10.2.2 外部中断

8086/8088 芯片中有两根中断请求信号输入引脚：NMI 和 INTR，它们用来输入外部中断源产生的中断请求。

1. 非屏蔽中断 NMI

NMI 是边沿有效触发的输入信号，只要输入脉冲有效宽度(高电平持续时间)大于两个时钟周期，就能被 8086/8088 锁存。对 NMI 请求的响应不受中断标志位的控制，即不管 IF 的状态如何，只要 NMI 信号有效，CPU 在当前指令执行结束后，立即响应非屏蔽中断请求。它的优先级别高于 INTR。NMI 引起 2 号矢量中断，这是由芯片内部设置的，所以 CPU 不需要执行中断响应总线周期去读取矢量号码。**NMI 中断一般用来处理紧急事件。**如在 IBMPC/XT 机中，NMI 用来处理存储器奇偶校验错和 I/O 通道 RAM 奇偶校验出错等事务。

2. 可屏蔽中断 INTR

INTR 由 8259A 可编程中断控制器的 INT 输出信号驱动。8259A 的 8 级中断请求输入端 IR_0～IR_7 依次接到需要请求中断的外部设备。这些外部设备请求中断时，发出的请求信号进入 8259A 的 IR 端。由 8259A 根据优先权和屏蔽状态决定是否发出 INT 信号到 CPU 的 INTR 端。因此，该信号必须在中断请求被接受前保持有效。

8086/8088 CPU 是否响应 INTR 的请求，取决于中断允许标志位 IF 的状态。若 IF=1，则响应 INTR 请求；若 IF=0，则不响应。中断标志位 IF 是用 STI 指令置 1，并可用 CLI 指令清 0。因此对 INTR 中断的响应，可以用软件来控制。当系统复位后，或当 8086/8088 响应中断请求后，都使 IF=0，此时，要允许 INTR 请求，必须先用 STI 指令来使 IF 置 1 之后，才能响应 INTR 的请求。

CPU 响应 INTR 请求时，连续执行两个中断响应的总线周期。在第 1 个总线周期，CPU 使地址/数据总线处于浮空状态，并在 T_2～T_4 发出中断响应信号 INTA；在第 2 个总线周期，CPU 再次发出 INTA 信号。8259A 在第 2 个总线周期此信号有效时将中断矢量号送上数据总线，CPU 读取它，将读到的中断矢量号乘以 4，然后以它为索引去查找矢量表，就找到对应的中断服务程序的入口地址。INTR 中断矢量号可以是 5～255 号。

8086/8088 中断的优先级别按下列由高到低的顺序排列: **除法错、INT n、INTO→NMI→INTR→单步。**

10.2.3 中断矢量和中断矢量表

中断矢量表是存放中断向量的一个特定的内存区域，所谓中断向量，就是中断服务程序的入口地址。对于 8086/8088 CPU 系统，所有的中断服务程序的入口地址都存放在中断矢量表中。

8086/8088 CPU 可以处理 256 种中断，每种中断对应一个中断矢量号，每个中断矢量号与一个中断服务程序的入口地址相对应。每个中断矢量号要占用 4 字节单元。两高字节单元用来存放中断服务程序入口的段地址 CS，两低字节单元用来存放从段地址到中断服务程序入口地址的偏移值 IP。所以，256 个中断矢量号要占用 1024 字节的存储器单元，地址号从主内存的 00000H 到 003FFH。

当 CPU 调用中断矢量号为 n(n=0～255)的中断服务程序时，首先把矢量号乘以 4，得到中断矢量表的地址为 $4n$，然后把矢量表 $4n$ 地址表开始的两低字节单元的内容装入 IP 寄存器，即 IP←（4*n*，4*n*+1）；再把两高字节单元内容装入代码段寄存器 CS，即 CS←（4*n*+2，4*n*+3）。

例如，键盘中断的矢量号为 09H，它对应的中断服务程序的入口逻辑地址为 0BF7H：0125H。键盘中断对应的中断矢量表位于 0000:0024H 开始的 4 单元。这 4 个单元的内容如下：

0024H	25
0025H	01
0026H	F7
0027H	0B

中断矢量表设置在 RAM 低位存储区（00000H～003FFH）内。所以它并不常驻内存，每次开机或系统复位启动后，在系统正式工作之前都必须对其进行初始化，即将相应的中断服务程序入口地址装入中断矢量表中。系统配置和使用的中断的中断矢量由系统软件装入。而用户自己设置的中断，在中断矢量表中没有中断矢量时，需用户在程序中将中断矢量装入表中。现举例说明。

假如中断类型号为 60H，中断服务程序的段基址为 SEG_INTR，地址偏移量为 OFFSET_INTR，装入中断矢量表的程序如下：

```
......
CLI                          ；关中断
CLD                          ；地址增量
MOV     AX, 0
MOV     ES, AX               ；ES=0
MOV     DI, 4*60H            ；矢量表指针送 DI
MOV     AX, OFFSET_INTR
STOSW                        ；中断程序偏移地址送[DI][DI+1]且 DI+2
MOV     AX, SEG_INTR
STOSW                        ；段基址送[DI+2][DI+3]
STI                          ；开中断
......
```

10.3　8259A 可编程中断控制器

Intel 8259A 是可编程中断控制器，用于系统的中断管理，外围设备可通过 8259A 的中断请求线 INT 把中断请求信号送往 CPU 的 INTR 线，以便提出中断请求。8259A 的主要功能是管理 8 个中断源电路的中断，并能对其进行优先级管理。

10.3.1　8259A 可编程中断控制器的特点

可编程中断控制器的特点如下：
（1）每片芯片具有 8 级优先权控制，可连接 8 个中断源。
（2）通过级联可扩展至 64 级优先权控制，最多可连接 64 个中断源。

(3) 每一级中断均可屏蔽或允许。

(4) 在中断响应周期，可提供相应的中断矢量号。

(5) 具有固定优先权、循环优先权、完全嵌套、特殊嵌套、一般屏蔽、特殊屏蔽、自动结束和非自动结束中断等多种工作方式，可通过编程进行选择。

8259A 是一种功能很强的可编程中断管理芯片，它可以对中断源进行优先权判决，当被 CPU 响应后可以向 CPU 提供中断矢量号 n，还可以根据需要屏蔽中断请求。一片 8259A 可以管理 8 级中断源。

例如，PC/XT 机用 1 片 8259A 管理 8 级外部中断源。采用主从级联方式可以扩大中断源数目。例如，PC/AT 机用两片 8259A 级联，管理 15 级中断源。若用 9 片 8259A 级联，不必附加外部电路就能管理 64 级中断源。通过对 8259A 编程，可以选择多种优先权排序方法和工作方式。例如，固定优先权、循环优先权、完全嵌套、特殊嵌套、一般屏蔽、特殊屏蔽、自动结束和非自动结束中断等。

10.3.2 8259A 的框图和引脚

1. 8259A 框图

8259A 框图如图 10-4 所示。8259A 芯片内各部分的功能如下：

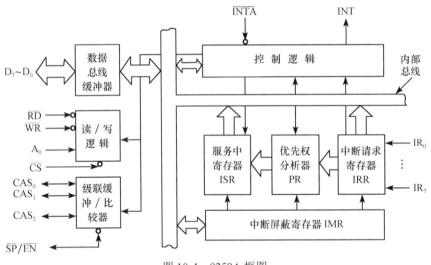

图 10-4 8259A 框图

(1) 中断请求寄存器 IRR。

IRR 是一个 8 位锁存寄存器，用来锁存外部设备送来的 $IR_0 \sim IR_7$ 中断请求信号。外部设备若有中断请求送到 $IR_0 \sim IR_7$，就将其锁存到 IRR 寄存器的相应位。此寄存器可以被 CPU 读出。

(2) 中断屏蔽寄存器 IMR。

IMR 是一个 8 位的寄存器。用来设置中断请求的屏蔽信号。当此寄存器的第 i 位被置 1 时，则与之对应的 IR_i 中断申请线被屏蔽。这些屏蔽位能禁止 IRR 寄存器中对应的置 1 位发出中断请求信号 INT。屏蔽优先级别较高的中断请求输入，不会影响优先级较低的中断请求输入。因此，可以使用软件方法设置 IMR 来改变中断优先级别。

（3）服务寄存器 ISR。

ISR 是一个 8 位的寄存器。用来存放当前正在服务的中断级。

响应中断后，在收到第一个中断响应信号 $\overline{INTA}$ 时，由优先权判决电路，根据 IRR 中各请求位的优先级别和 IMR 中屏蔽位的状态，将允许中断的最高优先级请求位，选通到 ISR 中，使 ISR 相应位置 1，表明该位对应的中断源正在被服务。因此 ISR 用来存放正在被服务的所有中断级，包括尚未服务完而被更高优先级打断的中断级。在处理某一级中断的整个过程中，ISR 与之对应位一直保持为 1。只有当它被服务完毕，在返回之前才由中断结束命令 EOI 将其清 0。在不进行中断服务时，ISR 各位都为 0。例如，当 CPU 响应第 3 级中断时，在中断响应期间，$\overline{INTA}$ 信号将 ISR 的第 3 位置为 1。若该级中断尚未处理完毕，而 1 号设备又发出中断请求 IR_1 信号，由于 IR_1 比 IR_3 优先级别高，并且允许在第 3 级中断处理的过程中，响应级别更高的中断请求，则系统进入多重中断，将第 3 级中断挂起，转去执行第 1 级中断服务程序。这样除 ISR 的第一位被置 1 外，它的第 3 位仍保持为 1 状态。当第 1 级中断服务结束后，ISR 的第 1 位被复位，此时 ISR 中的第 3 位仍为 1 状态，必须等第 3 级中断服务完毕，才使第 3 位复位。

（4）优先权判决电路。

优先权判决电路用来识别和管理各中断请求信号的优先级别。各中断请求信号的优先级别，可以通过对 8259A 编程进行设定和修改。当几个中断请求同时出现时，由优先权判决电路，根据控制逻辑规定的优先级别和 IMR 的内容，判断哪一个信号的优先级别最高，CPU 首先响应优先级最高的中断请求。把优先权最高的 IRR 中置 1 位送入 ISR。当 8259A 正在为某一级中断请求服务时，若出现另一个中断请求，则由优先权判决电路，判断新提出中断申请的优先级别，是否高于正在处理的那一级中断。若是，则进入多重中断处理。

（5）控制逻辑。

在 8259A 的控制逻辑电路中，有一组初始化命令字寄存器 $ICW_1 \sim ICW_4$ 和一组操作命令字寄存器 $OCW_1 \sim OCW_3$。

启动 8259A 工作前，应先送初始化命令字给 8259A，在以后的整个工作过程中将保持不变。操作命令则用来在工作过程中修改中断管理规则。控制逻辑电路，按照编程设定的工作方式来管理 8259A 的全部工作。在 IRR 中有未被屏蔽的中断请求位被置 1 时，控制逻辑使 INT 引脚输出高电平，向 CPU 请求中断。在中断响应期间，它使中断优先级别最高的 ISR 相应位置 1，同时使对应的 IRR 位清 0，并发送相应的中断矢量代码到数据总线上。在中断服务结束时，按照编程规定的方式进行结束处理。

（6）数据总线缓冲器。

这是 8 位的双向三态缓冲器。用作 8259A 与系统数据总线 $D_7 \sim D_0$ 的接口。8259A 通过数据缓冲器接收 CPU 发来的控制字，也通过它向 CPU 发送中断矢量代码和状态信息。

（7）读/写控制逻辑。

此电路接收来自 CPU 的读/写命令，完成规定的操作。由 CS 芯片选通信号和 A_0 地址线是 0 或 1 电平决定访问片内某个寄存器。在 CPU 写入 8259A 时，通过执行 OUT 指令使 $\overline{WR}$ 有效，把写入 8259A 的命令字送到相应的命令寄存器 ICW_i 和 OCW_i 内；在 CPU 对 8259A 进行读操作时，通过执行 IN 指令使 $\overline{RD}$ 有效，将相应的 IRR、ISR 或 IMR 寄存器的内容送到数据总线上，读入 CPU。

(8) 级联缓冲器/比较器。

这个功能部件在级联方式的主从结构中，用来存放和比较系统中各个从 8259A 的从设备标志 ID。与此部件相关的有 3 根级联线 $CAS_0 \sim CAS_2$ 和主从设备设定/缓冲器读写线 $\overline{SP}/\overline{EN}$。

3 根级联线 $CAS_0 \sim CAS_2$ 用来构成 8259A 的主从式控制结构。当某个 8259A 作为主设备时，它的 $CAS_0 \sim CAS_2$ 是输出引脚；当 8259A 作为从设备时，它的 $CAS_0 \sim CAS_2$ 是输入引脚。在系统中，应将全部 8259A 的 $CAS_0 \sim CAS_2$ 对应端互连。编程时，从 8259A 的从设备标志保存在它的级联缓冲器内。

在中断响应期间，首先，主 8259A 把申请中断的优先级别最高的从设备标志码输出到级联线 $CAS_0 \sim CAS_2$ 上；接着，从 8259A 把收到的从设备标志码与级联缓冲器内保存的从设备标志进行比较；最后，在后续的第 2 个 $\overline{INTA}$ 脉冲期间，与设备标志码一致的从 8259A 被选中，由它把中断矢量码送到数据总线上。这个中断矢量码的高 5 位是编程时预先设定的，保存在控制逻辑的 ICW_2 寄存器内。

$\overline{SP}/\overline{EN}$ 是双向双功能引脚，低电平有效。它的两种功能是：当处于缓冲方式时（所谓**缓冲方式**是，8259A 数据引脚与系统总线之间加双向数据总线缓冲器 8286），它是起 $\overline{EN}$ 作用的输出引脚。用作控制缓冲器接收和发送数据传送方向的控制信号。在大系统中，当多个 8259A 具有独立的局部数据总线时，用它作为控制数据收发器的方向。当不处于缓冲方式时，它是输入引脚，用作主从设备标志。当 $\overline{SP}=1$ 时，用来指明 8259A 为主设备，而当 $\overline{SP}=0$ 时，用来指明 8259A 是从设备。

2. 8259A 的引脚

8259A 是一种具有 28 根引脚、双列直插式封装的大规模集成电路专用芯片。其引脚配置如图 10-5 所示。

(1) $D_7 \sim D_0$：数据总线、双向。与 CPU 的数据通道相连。在小系统中，可直接与 CPU 的数据总线连接；在较大系统中，需接总线驱动器。

(2) $\overline{CS}$：片选信号、输入、低电平有效。它有效，表示正在访问该 8259A。一般是接至地址译码器的输出。

(3) $\overline{RD}$：读信号、输入。

(4) $\overline{WR}$ 写信号、输入。

(5) $CAS_0 \sim CAS_2$：三根级联线。

(6) $\overline{INTA}$：中断响应信号、输入。

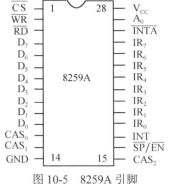

图 10-5　8259A 引脚

(7) INT：中断请求信号、输出。8259A 用此线向 CPU 发送中断请求信号，接至 CPU 的 INTR 引脚。

(8) $IR_7 \sim IR_0$：由外部 I/O 设备或其他 8259A 输入的中断请求信号。

(9) $\overline{SP}/\overline{EN}$：主从设备的设定/缓冲器读写控制。

(10) A_0：地址选择信号，用于对 8259A 内部的两个可编程寄存器进行选择，与地址总线 A_0 连接。

3. 8259A 的级联

在一个系统中，8259A 可以级联，一片主 8259A，若干片从 8259A，最多可以有 8 片从 8259A，把中断源扩展到 64 个。

10.3.3 中断触发方式和中断响应过程

外部设备可以采用两种触发方式，向 8259A 提出中断请求：**电平触发方式和边沿触发方式**。由用户通过对 8259A 的初始化编程来选择所需要的触发方式。

当选用电平触发方式时，8259A 通过采样 IR_i 端上输入的持续一定时间的高电平，来识别外部输入的中断请求信号。

当选用边沿触发方式时，中断请求的实现是通过 IR_i 输入的电平从低电平到高电平的跳变，并一直保持高电平，直到中断被响应为止。

下面主要介绍单个 8259A 的中断响应过程。

（1）当它的一条或多条中断请求线（$IR_0 \sim IR_7$）变为高电平时，它就使中断请求锁存器 IRR 相应的位置 1。

（2）8259A 分析这些请求，如果中断屏蔽寄存器相应的 IMR 位不被屏蔽、请求中断的级别高于正在服务的中断程序的级别等条件都满足了，它就向 CPU 发出高电平有效信号 INT，请求中断服务。

（3）在当前一条指令执行完毕，且 IF=1 时，CPU 响应中断请求，并发出两个 $\overline{INTA}$ 中断响应信号。

（4）8259A 接到来自 CPU 的第 1 个 $\overline{INTA}$ 信号，把 ISR 中允许中断的最高优先级的相应位置位，而把 IRR 中对应的位清 0。

（5）8259A 接到第 2 个 $\overline{INTA}$ 信号时，送出中断矢量码，CPU 读取该矢量码。若是自动 EOI（AEOI）方式，在这个 $\overline{INTA}$ 信号结束时，芯片硬件电路自动使 ISR 相应位复位；如果是其他方式，则由中断服务程序发出的 EOI 命令才能使 ISR 复位。

级联结构时，在收到第 1 个 $\overline{INTA}$ 信号后，主设备的 8259A 把当前申请中断且优先级别最高的从设备的 8259A 的 ID 代码，通过 $CAS_0 \sim CAS_2$ 送到相应从设备 8259A。相应的从 8259A 在收到第 2 个 $\overline{INTA}$ 信号时，将中断矢量送到数据线上。

10.3.4 8259A 的编程控制

8259A 是一块功能很强的可编程中断控制器，它有多种工作方式和中断优先级排序。例如，固定优先级、循环优先级、一般嵌套、特殊嵌套、一般屏蔽、特殊屏蔽等。两种中断响应方式：矢量中断或查询。它可以用于 8 位机系统，如 8080/8085 模式，或用于 16 位机系统，如 8086/8088 模式。可以用单片来管理八级中断，还可以采用级联来扩大所管理的中断级。与数据总线连接时，可以采用非缓冲方式或缓冲方式。有两种触发方式：电平或边沿触发。中断服务结束时，清 ISR 也可以有多种选择，可选用自动结束或送中断结束命令。而结束命令又有两种选择，即常规中断结束命令或指定中断结束命令。所以在 8259A 工作之前要根据系统的要求和硬件的连接模式，对它进行编程设定。

8259A 的工作状态和操作方式，根据接收到 CPU 的命令而确定。CPU 送给 8259A 的命令分两类：一类是**初始化命令字**，也称预置命令字 ICW，8259A 在开始操作之前，必须对它写入初始化命令字，使它处于预定的初始状态；另一类是**操作命令字**，也称操作控制字 OCW，用来控制 8259A 执行不同的操作方式，如中断屏蔽、中断结束、优先权循环和 8259 内部寄存器状态的读出和查询等，操作控制字可以在初始化后的任何时刻写入 8259A，用它来动态地控制 8259A 的中断管理方式。更多的关于 8259A 的编程控制、8259A 的工作方式以及其在 PC 系列微机中的应用内容可参见扩展阅读。

8259A 的编程控制　　　　8259A 的工作方式　　　　PC/XT 和 PC/AT 系统中的中断

10.4　可编程 DMA 控制器

DMA(direct memory access)传送是微型计算机中一种十分重要的工作方式，它主要用于需要大批量、高速度的数据传送系统中，如软硬盘、光盘的存取，高速数据采集系统，图像处理以及高速通信系统等。

在一般程序控制传送方式(包括查询和中断方式)下，数据从存储器送到外设或从外设送到存储器，一般都要执行输入输出指令，经过 CPU 的累加器中转，再加上修改存储器地址和检查数据是否传送完毕等指令，这将花费不少时间。而采用 DMA 传送方式时，存储器与外设直接传送数据，不需要 CPU 的干预，减少了中间环节，并且修改地址指针和控制数据块传送长度等工作均由硬件完成，因此大大提高了传送速度。在 DMA 传送方式下，CPU 将系统的控制权交给 DMA 控制器(DMAC)，由 DMAC 负责完成数据传送的全过程。

10.4.1　DMA 传送过程及工作状态

DMA 工作过程如图 10-6 所示。

DMA 操作开始前，用户应先对 DMAC 编程，将待传送的数据段的起始地址、长度、

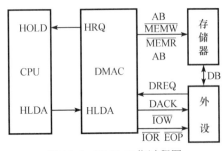

图 10-6　DMA 工作过程图

传送方向、DMAC 的通道号等信息送到 DMAC，即对 DMAC 进行初始化。然后当外设提出申请后即可进行 DMA 传送。DMA 传送过程可分为以下几个阶段：

1)DMA 申请

当 DMAC 初始化后，外设若需 DMA 传送时，即可通过请求信号线 DREQ 向 DMAC 提出申请。经过判优且无屏蔽时，DMAC 通过 HRQ 向 CPU 的 HOLD 提出请求，申请占用总线。

2)DMA 响应

CPU 在每个总线周期结束时检测 HOLD 是否有效，当 HOLD 有效且总线锁定信号 LOCK 无效时，CPU 响应请求。此时 CPU 交出三总线控制权，并通过 HLDA 线回答 DMAC，

随即 DMAC 掌握三总线控制权成为系统的主控者。

3）DMA 传送

DMAC 成系统主控者后，一方面通过 DACK 信号线回答提出 DMA 申请的外设；另一方面分别向内存和被响应外设发送地址信息和读写信息，控制数据按初始化设定的要求通过 DB 直接进行传送（不经过 CPU）。

4）DMA 结束

当数据传送完后，DMAC 产生一个"过程结束"（$\overline{\text{EOP}}$）信号通知外设，外设随即撤销 DREQ 信号，进而引起 HRQ、HOLD 和 HLDA、DACK 信号无效。DMAC 向 CPU 交回三总线控制权。至此 DMA 传送结束。

DMAC 在系统中具有两种工作状态：主动态和被动态，也就是在系统中处于主控器和被控器两种不同地位。

在**主动态**时，DMAC 控制系统总线（AB、DB、CB）向存储器和外设发送地址信息和读写信息，控制数据传送。DMA 写操作时，它发出 $\overline{\text{IOR}}$ 和 $\overline{\text{MEMW}}$ 信号，数据由外设传到存储器；DMA 读操作时，它发出 $\overline{\text{MEMR}}$ 和 $\overline{\text{IOW}}$ 信号，数据从存储器传到外设。

在**被动态**时，DMAC 与系统中其他部件一样，接受 CPU 的访问和初始化编程。

用于控制 DMA 传送的专用集成电路芯片类型很多，功能也很强，如 Z-80DMA、Intel 8237、8257 以及近几年出现的 82C206、82380 等。下面我们以 8237A 为例介绍 DMAC 的工作原理及使用方法。

10.4.2 可编程 DMA 控制器 8237A-5

1. 8237A-5 DMA 控制器的特点

（1）有 4 个独立的通道，可控制 4 个 I/O 设备进行 DMA 传送。

（2）每个通道均有 64KB 寻址与计数能力（即地址线 16 根，计数器为 16 位）。

（3）可以用级联方式扩充更多的通道。

（4）能在 I/O 设备与系统存储器以及系统存储器与存储器之间直接传送数据。

（5）数据传送率可达 1.6MB/s（时钟频率为 5MHz 时）。

（6）具有 3 种传送模式：**单一、成组**和**查询**，4 种传送类型：**DMA 读、DMA 写、存储器传存储器**和**校验**。

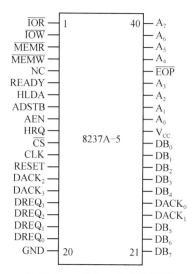

2. 8237A-5 的外部特性

8237A-5 DMA 控制器的引脚如图 10-7 所示。由于系统工作在 DMA 方式时，它具有接管和控制微机系统总线的功能，即作为主控者（主态）；而在非 DMA 工作时，它又与其他器件一样，受 CPU 的控制和指挥，即又作为受控者（从态）。故其外部引脚设置也具有特色，如它的 I/O 读写线（$\overline{\text{IOR}}$、$\overline{\text{IOW}}$）和地址线（$A_0 \sim A_3$）是双向的，另外，还设置了存储器读写线（$\overline{\text{MEMR}}$、$\overline{\text{MEMW}}$）和 16 位地址

图 10-7　8237A-5 外部引脚图

输出线($DB_0 \sim DB_7$、$A_0 \sim A_7$)。这些都是其他 I/O 接口芯片所没有的。其各引脚功能如下：

$DREQ_0 \sim DREQ_3$：外设对 4 个独立通道 0~3 的 DMA 服务请求，由申请 DMA 传送的设备发出，可以是高或低电平有效，由程序选定。它们的优先级按 $DREQ_0$ 最高、$DREQ_3$ 最低的顺序排列。

$DACK_0 \sim DACK_3$：8237 控制器发给 I/O 设备的 DMA 应答信号，有效电平可高可低，由编程选定，在 PC 系列中将 DACK 编程为低电平有效。系统允许多个 DREQ 信号同时有效，即可由几个外设同时提出 DMA 申请，但在同一个时间，8237A 只能有一个回答信号 DACK 有效来为其服务。这一点类似于中断请求/中断服务的情况。

HRQ：总线请求，高电平有效，是由 8237A 控制器向 CPU 发出的要求接管系统总线的请求。

HLDA：总线应答，高电平有效，由 CPU 发给 8237A 控制器，它有效时，表示 CPU 已让出总线。

$\overline{IOR}$、$\overline{IOW}$：I/O 读、写信号，是双向的。8237A 作为主态工作时，它们是输出，在 DMAC 控制下，对 I/O 设备进行读/写；作为从态工作时，它们是输入，由 CPU 向 DMAC 写命令、初始参数或读回状态。

$\overline{MEMR}$、$\overline{MEMW}$：存储器读、写信号，单向输出。只有当 8237A 为主态工作时，才由它发出，控制向存储器读或写数据。

$\overline{CS}$：片选线，该脚为低时，允许 CPU 与 DMAC 交换信息，在被动态时由地址总线经译码电路产生。

$A_0 \sim A_3$：4 根最低地址线，双向三态。从态时为输入，作为 CPU 对 8237A 进行初始化时，访问芯片内部寄存器与计数器寻址之用；主态时为输出，作为访问内存地址的最低 4 位。

$A_4 \sim A_7$：4 根地址线，单向。当 8237A 为主态时，输出访问内存地址中低 8 位的高 4 位地址信息。

$DB_0 \sim DB_7$：双向三态双功能线。从态时，为数据线，作为 CPU 对 8237A 进行读/写操作的数据输入输出线。主态时，地址和数据线分时共用。若为地址线，则作为访问内存地址的高 8 位地址线；若作为数据线则传送数据。另外，在存储器到存储器传送方式时，$DB_0 \sim DB_7$ 还作为数据的输入输出端。

可见，8237A-5 只能提供 16 位地址线：$A_0 \sim A_7$(低 8 位)、$DB_0 \sim DB_7$(高 8 位)。实际使用时应配上相应的页面寻址电路。

ADSTB：地址选通，输出，是 16 位地址的高 8 位锁存器的输入选通，即当 $DB_0 \sim DB_7$ 作为高 8 位地址线时，ADSTB 是把这 8 位地址锁存到地址锁存器的输入选通信号。高电平允许输入，低电平锁存。

AEN：地址允许，输出，是高 8 位地址锁存器输出允许信号。高电平允许地址锁存器输出，低电平禁止输出。AEN 还用来在 DMA 传送时禁止其他系统总线驱动器占用系统总线。

READY：准备就绪，输入，高电平有效。慢速 I/O 设备或存储器，若要求在 S_3 和 S_4 状态之间插入 S_w，即需要加入等待周期，迫使 READY 处于低电平。一旦等待周期满足要求，该信号电位变高，表示准备好。

$\overline{EOP}$：过程结束，双向。在 DMA 传送时，每传送一字节，字节计数寄存器减 1，直至为 0 时，产生计数终止信号 $\overline{EOP}$ 负脉冲输出，表示传送结束，通知 I/O 设备。若从外部在此端加负脉冲，则迫使 DMA 中止，强迫结束传送。不论采用内部终止或外部终止，当 $\overline{EOP}$ 信号有效时，即终止 DMA 传送并复位内部寄存器。

CLK：时钟输入线，这个时钟信号控制了 8237 内部的操作和数据传送速度，对标准的 8237 其频率为 3MHz，8237A-5 可达 5MHz。

RESET：复位信号，输入，高电平有效。当 RESET 信号有效时，清除命令、状态、请求和临时寄存器；并使高/低触发器复位，使屏蔽触发器所有通道置位(即屏蔽所有通道)。复位后 8237 处于空闲状态。

3. 8237A 内部寄存器及编程命令

8237A 的内部逻辑框图，包括定时和控制逻辑、命令控制逻辑、优先级控制逻辑以及寄存器组、地址/数据缓冲器等部分，如图 10-8 所示。

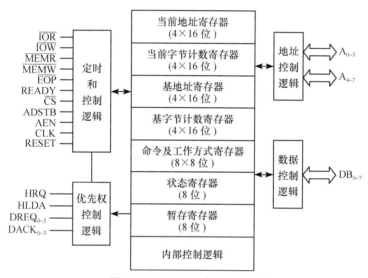

图 10-8　8237A-5 内部逻辑框图

8237A 内部有 4 个独立通道，每个通道都有各自的 4 个寄存器(基地址、当前地址、基值字节计数、当前字节计数)，另外还有 4 个通道共用的工作方式寄存器、命令寄存器、状态寄存器、屏蔽寄存器、DMA 服务请求寄存器以及暂存寄存器等。通过对这些寄存器的编程，可实现 8237A 的 3 种基本传送方式、4 种 DMA 传送类型、两种工作时序、两种优先级排队、自动预置传送地址和字节数以及实现存储器与存储器之间的传送等一系列操作功能。

从图 10-8 中的 4 根地址输入线 $A_0 \sim A_3$ 可知，8237A 内部有 16 个端口可供 CPU 访问，记作 DMA+0～DMA+15。在 PC/XT 中，8237A 占用的 I/O 端口地址为 00H～0FH，各寄存器的口地址分配如表 10-1 所示。更多的关于 8237 内部寄存器及编程命令的内容、PC/XT 中 DMA 电路内容可参见扩展阅读。

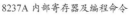

8237A 内部寄存器及编程命令　　　　PC 机的 DMA 电路简介

表 10-1　PC/XT 的 8237A 寄存器口地址

端口	通道	I/O 口地址	寄存器	
			读（$\overline{IOR}$）	写（$\overline{IOW}$）
DMA+0	0	00	读通道 0 当前地址寄存器	写通道 0 基地址与当前地址寄存器
DMA+1	0	01	读通道 0 当前字节计数寄存器	写通道 0 基字节计数与当前字节计数寄存器
DMA+2	1	02	读通道 1 当前地址寄存器	写通道 1 基地址与当前地址寄存器
DMA+3	1	03	读通道 1 当前字节计数寄存器	写通道 1 基字节计数与当前字节计数寄存器
DMA+4	1	04	读通道 2 当前地址寄存器	写通道 2 基地址与当前地址寄存器
DMA+5	2	05	读通道 2 当前字节计数寄存器	写通道 2 基字节计数与当前字节计数寄存器
DMA+6	3	06	读通道 3 当前地址寄存器	写通道 3 基地址与当前地址寄存器
DMA+7	3	07	读通道 3 当前字节计数寄存器	写通道 3 基字节计数与当前字节计数寄存器
DMA+8	公用	08	读状态寄存器	写命令寄存器
DMA+9		09	—	写请求寄存器
DMA+10		0A	—	写单个屏蔽位的屏蔽寄存器
DMA+11		0B	—	写工作方式寄存器
DMA+12		0C	—	写清除先/后触发器命令
DMA+13		0D	读暂存寄存器	写总清命令
DMA+14		0E	—	写清 4 个屏蔽位的屏蔽寄存器命令
DMA+15		0F	—	写置 4 个屏蔽位的屏蔽寄存器

4. DMA 控制器的工作时序

DMA 控制器 8237A 的两种工作状态，从时间顺序来看，可看成两个操作周期：**DMA 空闲周期**（被动工作方式）和 **DMA 有效周期**（主动工作方式），其中还有一个从空闲周期到有效周期的过渡阶段。

8237A 有 7 种状态周期 SI、S_0、S_1、S_2、S_3、S_4 及 S_W。每种状态包含一个完整的时钟周期，如图 10-9 所示。下面结合时序图来分析 DMA 控制器的工作过程。

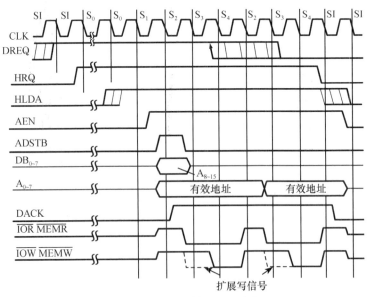

图 10-9　8237A 的 DMA 时序

1) DMA 空闲周期 SI

8237A 在上电之后未编程之前，或已编程但还没有 DMA 请求时，进入空闲周期 SI，即 DMA 控制器处于被动工作方式。此时，控制器一方面检测它的输入引脚 DREQ，查看是否有外设请求 DMA 服务；同时，还对 $\overline{CS}$ 端进行采样，检测 CPU 是否要对 DMA 控制器进行初始化编程或从它读取信息。当发现 $\overline{CS}$ 为有效(低电平)时，且无外设提出 DMA 请求，即 DREQ 为无效(低电平)时，则为 CPU 对 DMAC 进行编程，此时 CPU 向 8237A 的寄存器写入各种命令、参数。

2) 过渡状态 S_0

8237A 编程完毕后，若检测到 DREQ 请求有效，则表示有外设要求 DMA 传送，此时，DMAC 即向 CPU 发出总线请求信号 HRQ。DMAC 向 CPU 发出 HRQ 信号之后，DMAC 的时序从 SI 状态跳出进入 S_0 状态，并重复执行 S_0 状态，直到收到 CPU 的应答信号 HLDA 后，才结束 S_0 状态，进入 S_1 状态，开始 DMA 传送。可见 S_0 是 8237A 送出 HRQ 信号到它收到有效的 HLDA 信号之间的状态周期，这是 DMA 控制器从被动工作方式到主动工作方式的过渡阶段。

3) DMA 有效周期

在 CPU 的回答信号 HLDA 到达后，8237A 进入 DMA 有效周期，开始传送数据。一个完整的 DMA 传送周期包括 S_1、S_2、S_3 和 S_4 四个状态。如果存储器或外设的速度跟不上，可在 S_3 和 S_4 之间插入等待状态周期 S_w。

(1) S_1：更新高 8 位地址。DMA 控制器 8237A 在 S_1 状态发出地址允许信号 AEN，允许在 S_1 期间，8237A 把高 8 位地址 $A_8 \sim A_{15}$ 送到数据总线 $DB_0 \sim DB_7$ 上，并发地址选通信号 ADSTB，ADSTB 的下降沿(S_2 内)把地址信息锁存到锁存器中。S_1 是只在地址的低 8 位有向高 8 位进位或借位时才出现的状态周期，也就是当需要对地址锁存器中的 $A_8 \sim A_{15}$ 内容进行更新时，才去执行 S_1 状态周期；否则，省去 S_1 状态周期。可见，可能在 256 次传送中只有一个 DMA 周期中有 S_1。图 10-9 中表示连续传送 2 字节的 DMA 传送时序。从图中可以看到，在第二字节传送时，由于高 8 位地址未变，所以没有 S_1 状态周期。

(2) S_2：在 S_2 状态周期中，要完成两件事。一是输出 16 位地址列 RAM，其中高 8 位地址由数据线 $DB_0 \sim DB_7$ 输出，用 ADSTB 下降沿锁存，低 8 位地址由地址线 $A_0 \sim A_7$ 输出。若在没有 S_1 的 DMA 周期中，高 8 位地址没有发生变动，则输出未变动的原来的高 8 位地址及修改后的低 8 位地址。二是 S_2 状态周期还向申请 DMA 传送的外设发出请求回答信号 DACK(代替对 I/O 设备的寻址，因地址线已被访问 RAM 占用)，数据传送即将开始，随后发读命令。

(3) S_3：读周期。在此状态，发出 $\overline{MEMR}$ (DMA 读)或 $\overline{IOR}$ (DMA 写)读命令。这时，把从内存或 I/O 接口读取的 8 位数据放到数据线 $DB_0 \sim DB_7$ 上等待写周期到来。若采用提前写(扩展写)，则在 S_3 中同时发出 $\overline{MEMW}$ (DMA 写)或 $\overline{IOW}$ (DMA 读)写命令，即把写命令提前到与读命令同时从 S_3 开始，或者说，写命令和读命令一样扩展为两个时钟周期。若采用压缩时序，则去掉 S_3 状态，将读命令宽度压缩到写命令的宽度，即读周期和写周期同为 S_4。因此，在成组传送不更新高 8 位地址的情况下，一次 DMA 传送可压缩到两个时钟周期(S_2 和 S_4)，这可获得更高的数据吞吐量。

(4) S_4：写周期。在此状态，发出 $\overline{IOW}$ (DMA 读)或 $\overline{MEMW}$ (DMA 写)命令。此时，把读周期之后保持在数据线 $DB_0 \sim DB_7$ 上的数据字节写到 RAM 或 I/O 接口，到此，完成了

一字节的 DMA 传送。正是由于读周期之后所得到的数据并不送入 DMA 控制器内部保存，而是保持在数据线 $DB_0 \sim DB_7$ 上，所以，写周期一开始，即可快速地从数据线上直接写到 RAM 或 I/O 接口，这就是高速 DMA 传送提供直接通道的真正含义。

思考题与习题

10.1　什么叫中断？什么叫中断源？一般有几类中断？请简述一个可屏蔽中断完整的处理过程。

10.2　什么叫矢量中断？8259A 如何提供中断类型号？

10.3　不可屏蔽中断 NMI 有何特点？可屏蔽中断 INTR 有何特点？

10.4　中断向量表用来存放什么内容？它占多大存储空间？在内存中存放的位置由什么来确定？

10.5　8086/8088 有几类中断源？各类中断源有何特点？

10.6　8086/8088 如何处理中断源提出的中断申请？

10.7　8259A 在系统中起何作用？它如何起到这些作用？

10.8　8086/8088 在得到中断矢量(中断类型号)后，如何找到中断服务程序地址？请举例说明。

10.9　采用 DMA 方式为什么能实现高速传送？

10.10　DMAC 在微机系统中起什么作用？它有哪两种工作状态？其工作特点如何？

10.11　简述 DMA 方式传送的一般过程。8237A 在微机系统中起什么作用？简述 8237A 的性能特点。

第 11 章　模拟量输入输出接口

11.1　概　　述

数字/模拟转换器（DAC）和**模拟/数字转换器**（ADC）接口称为模拟量输入输出接口，模拟量输入输出接口技术是数字技术的一个重要基础，在微机应用系统中占有重要地位。

我们知道，在各种自动测量、采集和控制系统中遇到的变量，大多是模拟量，即时间上和幅值上都连续变化的物理量。例如，在工业控制、电测技术和智能仪器仪表等场合，输入系统的信息绝大多数是模拟量。按其属性，模拟量可分为**电量**和**非电量**两类。对于如温度、压力、流量、速度、位移等众多的非电量，采用相应的传感元件或器件可以转换为电量。

而微型计算机只能对以二进制数字形式表示的信息进行运算和处理，运算和处理的结果也只能是这种数字量。为了使微机能够对这些模拟量进行处理，首先必须采用模数转换技术将模拟量转换成数字量。这个过程称为**模拟/数字转换，**完成这种转换的装置则称为模/数转换器（analog to digital converter），简称为 A/D 转换器或 ADC。

同样，在微机控制系统中，由于各种执行部件所要求的控制信号一般也都是模拟电压或电流，所以微机的输出控制信息往往必须先由数字量转换成模拟电量后，才能驱动执行部件完成相应的操作，以实现所需的控制。这种转换过程称为**数字/模拟转换，**而实现这种转换的装置则称为数/模转换器（digital to analog converter），简称为 D/A 转换器或 DAC。由此可见 A/D 转换和 D/A 转换互为逆过程。

图 11-1 给出的是一个实时计算机控制系统的构成示意图。图中传感器是一个能够把现场的各种模拟量转换成电量模拟信号的转换装置，但一般传感器不能提供足够的模拟信号幅度，所以经过了运算放大器后再进入 A/D 转换器。同样，D/A 转换器输出的模拟信号一般也不足以驱动系统的执行部件，所以要在 D/A 放大器和执行部件之间加入放大环节，

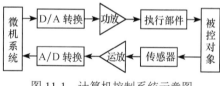

图 11-1　计算机控制系统示意图

以提供给执行部件足够的驱动能力。从图可看出 A/D 和 D/A 转换是将数字计算机应用于生产过程、科学试验和军事系统以实现更有效的自动控制的必不可少的环节，因此如何实现 A/D、D/A 转换器与计算机的接口，也就成为计算机控制系统设计中一项十分重要的工作。

11.2　模拟量输入输出接口设计

11.2.1　基本原理

1. 数模转换器（DAC）的基本原理

DAC 是把数字量转换成模拟量的线性电路器件，已做成集成芯片，它的主要功能是将

二进制数字信号转换成模拟信号(电压或电流)。数字量是由一位一位的数位构成的，每一数位都有一个确定的权，如 8 位二进制数的最高位 D_7 的权为 $2^7=128$，$D_7=1$ 就表示具有了 128 这个值。为了把一个数字量变为模拟量，必须把每一位的代码按其权值转换为对应的模拟量，再把每一位对应的模拟量相加，这样得到的总模拟量便对应于给定的数据。

在实际应用中，通常由 T 型(R, $2R$)电阻网络和运算放大器构成 D/A 转换器，如图 11-2 所示。由于使用 T 型电阻网络来代替单一的权电阻支路，整个网络只需要 R 和 $2R$ 两种电阻，工艺上容易实现。在集成电路中，由于所有的元件都做在同一芯片上，所以，电阻的特性容易做到一致，误差问题也可以得到较好的解决。

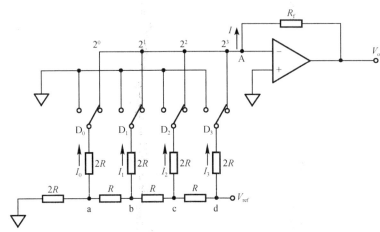

图 11-2 T 型网络 DAC

在图 11-2 中，对每一个开关 $D_i(i=0, 1, 2, 3)$ 来说，其动端不是接地，便是接运算放大器的虚地，可以认为它们的电位相同，都为"地"。因而开关动端的位置不影响参考电源 V_{ref} 的总电流和各支路的电流，但是只有动端和右边的节点相接时，才能给运算放大器的输入端提供电流。图中 T 型电阻解码网络，节点 a 的左边为两个 $2R$ 的电阻并联，它们的等效电阻为 R，节点 b 的左边也是两个 $2R$ 的电阻并联，等效电阻也是 R，依次类推，最后的 d 点等效于一个电阻 R 连接在标准参考电压 V_{ref} 上。根据分压原理很容易得出 d 点、c 点、b 点、a 点的电位分别为 V_{ref}、$\frac{1}{2}V_{ref}$、$\frac{1}{4}V_{ref}$、$\frac{1}{8}V_{ref}$。已知各点的电位，则各支路电流分别为

$$I_3 = \frac{V_d}{2R} = \frac{V_{ref}}{2R}$$

$$I_2 = \frac{V_c}{2R} = \frac{V_{ref}}{4R}$$

$$I_1 = \frac{V_b}{2R} = \frac{V_{ref}}{8R}$$

$$I_0 = \frac{V_a}{2R} = \frac{V_{ref}}{16R}$$

设 $D_i=0$ 时，对应开关动端接向左端(地)，$D_i=1$ 时，对应开关动端接向右端(虚地)，也就是加法电路的相加点 A，这时 A 点电流 I 为

$$I = I_3 + I_2 + I_1 + I_0 = \frac{V_{\text{ref}}}{2R}\left(\frac{D_3}{2^0} + \frac{D_2}{2^1} + \frac{D_1}{2^2} + \frac{D_0}{2^3}\right)$$

$$V_o = -IR_f = -\frac{R_f}{2R}V_{\text{ref}}\left(\frac{D_3}{2^0} + \frac{D_2}{2^1} + \frac{D_1}{2^2} + \frac{D_0}{2^3}\right)$$

即

$$V_o = -\frac{R_f}{2^4 R}V_{\text{ref}}\sum_{i=0}^{3} 2^i D_i$$

同理，当二进制位数为 n 时有

$$V_o = -\frac{R_f}{2^n R}V_{\text{ref}}\sum_{i=0}^{n-1} 2^i D_i$$

其中，D_i=0 或 1，表示二进制数各位的值。

上式表明，输入数字量被转换成模拟电压 V_o，输出电压 V_o 除了和输入的二进制数有关外，还和运算放大器的反馈电阻 R_f 和标准参考电压 V_{ref} 有关，它们之间存在一定的比例关系，其比例系数为 $\frac{R_f V_{\text{ref}}}{2^n R}$。通常，电阻 R 在设计 DAC 时已经确定，所以一般不可改变，而在应用时，取不同的标准参考电压 V_{ref} 和反馈电阻 R_f 可以调节输出电压的范围和满刻度量程等。

2. A/D 转换的方法和原理

实现模/数转换的方法很多，在实际计算机应用系统中常见的有**逐次逼近式、双积分式、并行比较式**等几种方法。在此简述逐次逼近式和并行比较式的原理。

1）逐次逼近式 ADC

逐次逼近式 A/D 转换器是目前应用得较多的一种 ADC。如图 11-3 所示，逐次逼近式 ADC 在转换时，使用 DAC 的输出电压来驱动比较器的反相端，并用一个逐次逼近寄存器存放转换出来的数字量，转换结束时，将数字量送到缓冲寄存器中。

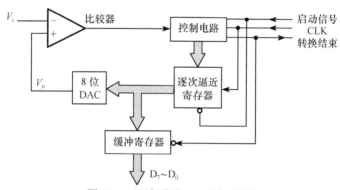

图 11-3　逐次逼近 ADC 原理框图

A/D 转换的工作过程如下：当启动信号由高电平变为低电平时，逐次逼近寄存器清 0，这时 DAC 的输出电压 V_o 也为 0。当启动信号变为高电平时，转换开始，逼近寄存器开始计数。

逐次逼近法的基本原理，首先是将逐次逼近寄存器最高位置 1，即当第一个时钟脉冲来到时，控制电路把最高位置 1 送到逐次逼近寄存器，使它的输出为 10000000。这个数字送入 DAC，使 DAC 的输出电压 V_o 为满量程的 $\frac{128}{255}$。这时，如果 $V_o > V_i$，比较器输出为低电平，使控制电路据此清除逐次逼近寄存器中的最高位，逐次逼近寄存器内容变为00000000；如果 $V_o \leq V_i$，则比较器输出高电平，控制电路使最高位的 1 保留下来，逐次逼近寄存器内容保持为10000000。下一个时钟脉冲使次低位 D_6 为 1，如果原最高位被保留，逐次逼近寄存器的值变为11000000，DAC 的输出电压 V_o 为满量程的 $\frac{192}{255}$，并再次与 V_i 作比较。如果 $V_o > V_i$，比较器输出的低电平使 D_6 复位；如果 $V_o \leq V_i$，比较器输出的高电平，将保留次高位 D_6 为 1。再下一个时钟脉冲又对 D_5 置"1"，然后根据对 V_o 和 V_i 的比较，决定保留还是清除 D_5 位上的 1，……重复这一过程，直到 $D_0=1$，再与输入 V_i 比较。经过 N 次比较后，逐次逼近寄存器中得到的值就是转换后的数据。因此逐次逼近法也常称为二分搜索法或对半搜索法。

转换结束后，控制电路送出一个低电平作为结束信号，这个信号的下降沿将逐次逼近寄存器的数字量送入缓冲寄存器，从而得到数字量的输出。一般来说，N 位逐次逼近式 ADC 的转换速度是比较快的。

上述工作过程可用图 11-4 形象表示出来(以 3 位 ADC 为例)。由图可见，3 位 ADC 转换一个数需要 4 拍，即 4 个时钟脉冲。一般来说，n 位 ADC 转换一个数需要 $n+1$ 个时钟脉冲。如果知道时钟脉冲频率，就不难求出这种转换器的转换时间。要说明的是，若把将转换结果送入输出缓冲锁存器这个时钟也算在内，则需要 $n+2$ 个时钟脉冲。

逐次逼近式 ADC 的转换速度、精度都可以做得较高，且控制电路不算很复杂。但它是对瞬时值进行转换的，所以对常态干扰抑制能力差，适用于要求转换速度较高的情况。

2) 并行比较式 ADC

在各种模数转换器中，逐次逼近式 ADC 应用得较多，它属于串行编码，从最高位到最低位，一位一位地逼近转换，在一些要求 A/D 转换速度很高的应用中，逐次逼近式 ADC 仍显得转换速度不够。为了提高转换速度，可以采用并行编码的 ADC。图 11-5 给出了三位并行比较式 ADC 的原理。

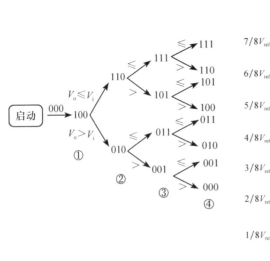

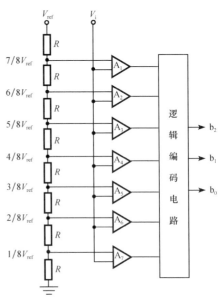

图 11-4　逐次逼近式 ADC 工作过程示意图　　图 11-5　三位并行比较式 ADC

图 11-5 中待转换电压 V_i 同时通过 A_1~A_7 七个比较器与七个基准电压进行比较，而这七个基准电压是由参考电压 V_{ref} 经八个分压电阻产生的，其值自上往下分别为 $\frac{7}{8}V_{ref}$、$\frac{6}{8}V_{ref}$、$\frac{5}{8}V_{ref}$、$\frac{4}{8}V_{ref}$、$\frac{3}{8}V_{ref}$、$\frac{2}{8}V_{ref}$、$\frac{1}{8}V_{ref}$。当 V_i 大于比较器的基准电压时，相应比较器给出逻辑"1"状态，否则给出逻辑"0"状态，七个比较器 A_1~A_7 的输出再经逻辑编码电路的转换，即可得到对应的三位二进制 ADC 数据。

由上面的讨论可以看出，这种并行比较式 ADC 只进行一次比较，其 A/D 转换速度可以很高，一般均在每秒若干兆次以上(转换时间 $\ll 1\mu s$)。并行比较式 ADC 的精度主要受各比较器和基准电压的限制，另外，n 位 ADC 共需要比较器 2^n-1 个，分压电阻共 2^n 个，这样，当 ADC 位数 n 较大时，所用的比较器、分压电阻数量急剧增加，而且后面的编码电路也越来越复杂。一种折中的办法是采用并行编码与串行编码相结合的办法，可获得速度较高又较为简单的 ADC，如图 11-6 所示的 8 位 ADC。

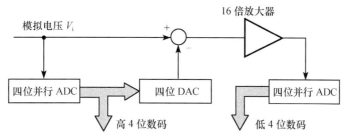

图 11-6　四位并行二级串行 ADC 原理框图

图 11-6 中采用了两个 4 位并行 ADC 和一个 4 位 DAC 组成串并行编码 ADC。第一个 4 位并行 ADC 得到 A/D 转换的高 4 位数码，再经 DAC 后，与 V_i 相差，经 16 倍放大器放大后，由第二个 4 位并行 ADC 得到 A/D 转换的低 4 位数码，高低 4 位组合后即得到 8 位 A/D 转换数码。通过分析可以看出，串并行编码 ADC 在速度方面比完全并行编码的 ADC 低些，精度也差些，但所需的器件数量可大为减少。

并行比较式 ADC 的转换速度可以达到每秒一亿次以上，但其精度一般不易做得很高，价格也较为昂贵，常用在要求转换速度特别高的场合，如雷达信号处理、枪炮弹的飞行、炸药爆炸瞬态过程的数据采集等应用系统。

除此以外，还有双积分式 ADC 转换器，此类 A/D 转换器抗干扰能力强，转换精度高，但速度较慢，主要用在数字式测试仪表、温度测量等方面。各类 ADC 的数码输出，均可以实现原码、反码和补码形式的输出。这里不再赘述。

11.2.2 转换器主要参数指标

1. 分辨率

分辨率表示 ADC/DAC 对微小模拟信号的分辨能力。对于 DAC，其分辨率指 D/A 转换器所能分辨最小量化信号的能力，这是对微小输入量变化的敏感程度的描述。对于 n 位二进制 D/A 转换器，其分辨能力为满量程输出电压的 $1/2^n$。对于 ADC，其分辨率表示 A/D

转换器能够分辨最小量化信号的能力，与数据位有关，位数越多，分辨率越高。对于 n 位二进制的 A/D 转换器来说，其分辨最小量化信号的能力为 2^n，因此其分辨率为 2^n。但习惯上采用位数来表示分辨率，如 8 位、10 位、12 位、16 位等。

例如，一个输出位数为 8 位的 DAC，若转换后的电压满量程(满度)是 5V，则它能分辨的最小电压为 5V/256≈20mV。对于能够实现 n 位转换的 A/D 转换器而言，它能分辨的最小量化信号能力为 2^n，所以它的分辨率为 2^n。例如，对于 12 位的 A/D 转换器，它的分辨率为 2^{12}。

2. 精度

该参数用于表明 A/D、D/A 转换器的精确程度，它是指实际输出电压与理论值之间的误差，即每个输出电压接近理想值的程度，它与标准电源的精度和解码网络电阻的精度有关。

在 DAC 参数手册中，精度特性常以三种形式给出：满量程电压 VFS 的百分数、最低有效位 LSB 的分数形式或二进制位数的形式。例如：

(1)精度为±0.1%指的是：最大误差为 VFS 的±0.1%，如 VFS 为 5V，则最大误差为±5mV。

(2)n 位 DAC 的精度为 $\pm\dfrac{1}{2}$ LSB 指的是：最大误差为 $\pm\dfrac{1}{2}\times\dfrac{1}{2^n}V_{\mathrm{FS}}=\pm\dfrac{1}{2^{n+1}}V_{\mathrm{FS}}$。

(3)精度为 m 位指的是：最大误差为 $\pm\dfrac{1}{2^m}V_{\mathrm{FS}}$。

对于 ADC，由于存在**量化误差**(A/D 转换是将连续的模拟量转换为离散的数字量，对一定范围连续变化的模拟量只能反映成同一个数字量)，对应于同一个数字量，其模拟量输入不是一个固定的值，而是在一定范围内的值，因此，对于一个已知数字量的输入模拟量，以模拟量输入范围的中间值为准。A/D 转换的精度通常用数字量的最低有效位(LSB)来表示。

在 A/D 转换器产品说明中，常以**相对精度**和**绝对精度**来分。在一个 A/D 转换器中，任何数码所对应的实际模拟电压与其理想的电压值之差并不是一个常数，这个差值的最大值为绝对精度；而相对精度则通常是指把绝对精度表示为满刻度模拟电压的百分数。

3. 转换时间

对于一个理想的 D/A 或 A/D 转换器，当数字信号从一个二进制数变到另一个二进制数时，其对应的模拟信号电压，应立即从原来的电压跳转到新电压，但在实际的 D/A、A/D 转换器中，电路中的电容、电感或开关电路会引起电路的时间延迟。

转换时间是指模拟量转换为数字量(ADC)或数字量转换为模拟量(DAC)所花的时间。

D/A 转换时间通常定义为：当数据的变化量为满刻度时，输出模拟量达到终值的 $\pm\dfrac{1}{2}$ LSB 时所需的时间。电流型 D/A 转换器转换很快，一般在几纳秒至几百纳秒，而电压型转换器的转换时间则主要取决于其输出运算放大器的响应时间。

A/D 转换时间通常定义为：完成一次转换所需要的时间。转换率为转换时间的倒数，因此，转换率也表明了 A/D 转换的速度。

4. 线性度

对于 D/A 转换器，理想的输出电压，应严格正比于输入的数字量，故理想的转换特性是线性的。但因开关内阻和网络电阻偏差等因素的影响，实际输出特性并不是理想线性的。把实际转换特性偏离理想转换特性的最大值称为**线性误差**，有时又将它与满度值之比称为**线性度**。

对于 A/D 转换器，线性度是指转换器实际的转移函数与理想直线的最大偏移。注意，线性度不包括量化误差、偏移误差与满刻度误差。

另外，除了上述几种基本参数之外，在一些 D/A 和 A/D 转换器芯片参数手册中还有一些其他参数，如温度系数、馈送误差、电源抑制比、电源敏感度等，一般来说，那些参数所带来的影响已基本上包含在上述主要的参数(特别是精度参数)中。

11.2.3 转换器选择要点

选择 D/A、A/D 转换芯片时，主要考虑芯片的性能、结构及应用特性。在性能上必须满足应用系统对 D/A、A/D 转换器的技术要求，在结构和应用特性上应满足接口方便、外围电路简单、价格低廉等要求。在 D/A、A/D 接口设计的实际应用中，用户在选择时应根据实际系统的技术要求，主要考虑 D/A、A/D 转换器的分辨率、转换精度和转换时间等几个性能参数。

1. D/A 转换器选择要点

D/A 转换芯片的主要结构及应用特性的选择主要表现为芯片内部结构的配置状况，这些配置状况对 D/A 转换接口电路设计会带来很大影响，主要有以下几个方面。

1) 数字输入特性

数字输入特性包括接收数的码制、数据格式以及逻辑电平等。目前，批量生产的 D/A 转换芯片一般都只能接收普通二进制数字代码。因此，当输入数字代码为偏置码或 2 的补码等双极性数码时，应外接适当的偏置电路后才能实现。输入数据一般为并行码，对于芯片内部配置有移位寄存器的 D/A 转换器，可以接收串行码输入。

对于不同的 D/A 芯片，输入逻辑电平要求不同。对于固定阈值电平的 D/A 转换器一般只能和 TTL 或低压 CMOS 电路相连，而有些逻辑电平可以改变的 D/A 转换器能满足与 TTL、高低压 CMOS、PMOS 等各种器件直接相连的要求。不过应当注意，这些器件往往为此设置了"逻辑电平控制"或者"阈值电平控制端"，用户应按照手册规定，通过外电路给这一端以合适的电平才能工作。

2) 模拟量输出特性

目前多数 D/A 转换器件均属电流输出器件。手册上通常给出在规定的输入参考电压及参考电阻之下的满量程(全 1)输出电流 I。另外还给出最大输出短路电流以及输出电压允许范围。

对于输出特性具有电流源性质的 D/A 转换器(如 DAC-08)，用**输出电压允许范围**来表示由输出电路(包括简单电阻负载或者运算放大器电路)造成的输出端电压的可变动范围。只要输出端电压在输出电压允许的范围内，输出电流和输入数字之间即可保持正确的转换关系，而与输出端的电压大小无关。

对于输出特性为非电流源特性的 D/A 转换器，如 AD7520、AD1090 等，无输出电压允许范围指标，电流输出端应保持公共端电位或虚地，否则将破坏其转换关系。

3）锁存特性及转换控制

D/A 转换器对数字量输入是否具有锁存功能将直接影响与 CPU 的接口设计。如果 D/A 转换器没有输入锁存器，通过 CPU 数据总线传送数字量时，必须外加锁存器，否则只能通过具有输出锁存功能的 I/O 口给 D/A 转换器送入数字量。另外，有些 D/A 转换器并不对锁存输入的数字量立即进行 D/A 转换，而是只有在外部施加了转换控制信号后才开始转换和输出。具有这种输入锁存及转换控制功能的 D/A 转换器(如 DAC0832)，在 CPU 分时控制多路 D/A 输出时，可以做到多路 D/A 转换的同步输出。

4）参考源

D/A 转换中，参考电压源是唯一影响输出结果的模拟参量，是 D/A 转换接口中的重要电路，对接口电路的工作性能、电路的结构有很大影响。使用内部带有低漂移精密参考电压源的 D/A 转换器不仅能保证有较好的转换精度，而且可以简化接口电路。

2. A/D 转换器选择要点

无论是摄像机、有线电视机顶盒、扫描仪还是复印机，A/D 转换器(ADC)都是这些现代电子设备中的关键元件，它们是模拟信号和数字处理之间的接口，所以常常决定着系统的性能。

1）分辨率和速度

A/D 转换器首先可以用两个参数来描述：分辨率和速度。分辨率以位(bit)来表示，n 位 A/D 转换器将模拟信号分为 2^n 个级，产生 2^n 个单独的数字输出编码。A/D 转换器所需要的分辨率取决于系统的**信噪比**(SNR)和动态范围要求。

高速 A/D 转换器的速度通常以每秒几百万次采样(Msamples/s)来表示。这就是采样速率，或模拟信号可以在什么样的速率下连续转换为数字形式。对大多数应用来说，采样速率应是 A/D 转换器输入信号最高频率的 3～4 倍。

2）误差参数

分辨率确实表示了 A/D 转换器可以产生的数字输出编码的数量，但它并未标出这些编码是否真的对应正确的输入电压。例如，微分非线性度(differential nonlinearity，DNL)、积分非线性度(integral nonlinearity，INL)、偏差和满标度误差等误差参数描述了输出编码响应输入电压的精确程度。

注意，来自不同厂家的具有类似器件号(其引脚配置也很可能相似)的 A/D 转换器的性能却不一定相同。仅通过阅读不同厂商的数据表来选择 A/D 转换器不一定合适。应当在实验室对它们进行测试。

一些厂商(如美国国家半导体公司等)提供 A/D 转换器评估板，允许设计工程师评估转换器的动态性能。国家半导体公司的评估板带有软件，使设计者可利用计算机或不用计算机更容易地评估 A/D 转换器的动态性能。 如果选择了错误的 A/D 转换器，那么往往很难或不可能满足系统要求。选择符合系统需要性能的 A/D 转换器十分重要。

11.2.4 D/A 转换器与微机系统的连接

由于 CPU 的输出数据在数据总线上出现的时间很短暂，一般只有几个时钟周期，因此，

D/A 转换器接口的主要任务是要解决 CPU 与 DAC 之间的数据缓冲问题。

另外，当 CPU 的数据总线宽度与 DAC 的分辨率不一致时，**数据需要分两次传送**。由于一般 DAC 的转换速度都高于 CPU 执行程序指令的速度，故 CPU 向 DAC 传送数字量时，通常不必查询 DAC 的状态是否准备好，只要两次传送数据之间的间隔不小于 DAC 的转换时间，都能得到正确的结果。因此，CPU 对 DAC 的数据传送通常采用无条件传送方式。

尽管 D/A 转换器的种类繁多，型号各异，速度与精度差别甚大，但它们与微型计算机连接时的接口形式不外乎三种：

(1) D/A 转换器直接与 CPU 相连。

(2) 利用外加三态缓冲器或数据寄存器与 CPU 相连。

(3) 利用并行 I/O 接口芯片与 CPU 相连。

选择 DAC 与微型计算机连接时的接口方式，主要取决于 DAC 内部是否设有数据输入锁存器，若有，则可采用第一种接口形式直接与 CPU 连接；若无，则采用第二或第三种接口形式，需外加锁存器来保存 CPU 的输出数据。

但要说明的是，当 CPU 的数据总线宽度小于 D/A 转换器的分辨率时，即使 D/A 转换器内部带有数据缓冲器，也要采用第二种接口形式，并且是**两级缓冲**，以消除由于两次传送数据而产生的尖锋（毛刺）。

另外，在系统中，D/A 转换器也是一种微机的外围设备。因此，在实际使用中，无论 D/A 转换器的内部是否带有数据锁存器，都经常利用并行 I/O 接口芯片与 CPU 相连。这样，在时序配合和驱动能力上都容易和 CPU 一致，使设计简化和调试方便，并增加系统的可靠性。

1. 无数据输入锁存器的 DAC 的使用

一个 D/A 转换芯片的输入端出现了待转换数据后，经转换所需的延迟（转换时间），在输出端应该出现与待转换数据相对应的电流或电压。对于没有输入寄存器的 D/A 转换器而言，随着输入数据的变化，输出电流或输出电压也随之变化。同理，当输入数据消失后，输出电流或电压也随之消失。CPU 的速度一般都远远高于外部设备的速度，因此，在计算机输出中均要求锁存。然而不带数据输入锁存器的 D/A 芯片没有锁存功能，所以，就要求在 D/A 转换器的前面加上一个数据锁存器和系统总线相连。常用的输入锁存器有 74LS273（八 D 触发器）、74LS373 等。

图 11-7 给出的是一个以 74LS273 为数据输入锁存器的 D/A 转换器连接图。图中，74LS273 和 D/A 转换器组成一个带数据输入寄存器的 D/A 转换器。当 CPU 利用输出指令输出一个数据时，只要选通 74LS273 即可把数据送入锁存器，从而提供给 D/A 转换器，此时，在 D/A 转换器输出端得到相应的电压信号。

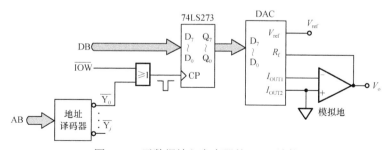

图 11-7　无数据输入寄存器的 DAC 连接

如果系统的 D/A 转换器是 12 位,而 CPU 的数据总线为 8 位,这时仅用一个 8 位的数据锁存器就不够了,至少要用两个锁存器和总线相连。工作时,CPU 通过两条输出指令分别向两个锁存器所对应的端口地址中输出数据,就可以完成 12 位 D/A 转换器的输入。线路连接方法如图 11-8 所示,图中译码器的具体接法决定了锁存器对应的端口地址。

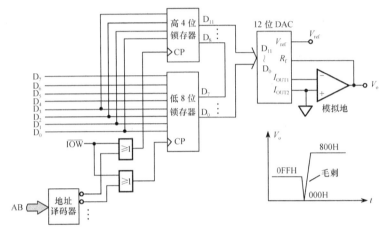

图 11-8   12 位 D/A 转换器与 8 位总线的连接

在图 11-8 所示电路中,CPU 要两次执行输出指令,DAC 才得到所需要的电流或模拟量输出。但在第一次执行输出指令后,DAC 就得到了一个局部输入,由此输出端会得到一个局部的实际上并不需要的模拟量输出,因而会产生一个干扰输出(**毛刺**),显然这是不希望的。

为此往往用两级数据锁存结构来解决以上这一问题,相应连接电路如图 11-9 所示。工作时 CPU 先用两条输出指令把 12 位 DAC 数据送到第 1 级数据锁存器,然后通过第三条输出指令把 12 位 DAC 数据同时送到第二级数据锁存器,从而就保证了 DAC 一次得到 12 位待转换的数据,避免了 DAC 数据局部输入可能产生的"毛刺"问题。

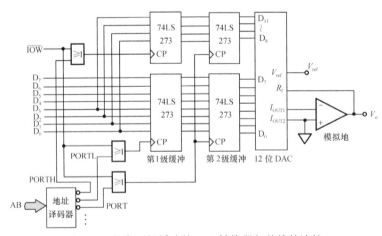

图 11-9   具有两级缓冲的 D/A 转换器与总线的连接

可以想到,由于第二级数据锁存器并没有和数据总线相连,所以第三条输出指令仅仅是使第二级锁存器得到一个选通信号,使得第一级锁存器的输出数据打入第二级锁存器,送给 D/A 转换器。具体程序段如下:

```
       MOV    AL, DATAL
       OUT    PORTL, AL        ; 低 8 位数据送第一级锁存器
       MOV    AL, DATAH
       OUT    PORTH, AL        ; 高 4 位数据送第一级锁存器
       OUT    PORT, AL         ; 使 12 位 DAC 数据同时进入第二级锁存器
```
可以看出，这个 12 位的 D/A 转换器接口电路共占用了 3 个 I/O 端口。当然，这个电路还可以进一步简化，使具有两级缓冲的 D/A 转换器接口仅占用两个 I/O 端口，这个问题留给读者自己思考。

2. 有数据输入寄存器的 DAC 的使用

这类 D/A 转换器，实际上是将外围寄存器集成在同一个芯片中，当主机位数等于 DAC 芯片位数时，在使用时就可以直接将 DAC 与数据总线相连。当主机位数大于 DAC 芯片位数时，若 DAC 带有单级锁存器，加一级锁存器，若 DAC 带有两级锁存器，直接连接。

下面以 DAC0832 为例介绍这类 DAC 芯片的使用方法。

DAC0832 芯片是一种具有两个输入数据寄存器的 8 位 DAC，可以寄存来自 CPU 数据总线的数据信息。它内部有一个 T 型电阻网络，用来实现 D/A 转换，属电流型芯片，需外接运算放大器才能得到模拟电压输出。

1) 主要性能参数

(1) 分辨率：8 位。

(2) 转换时间：1μs。

(3) 满刻度误差：±1LSB。

(4) 单电源：+5～+15V。

(5) 基准电压：-10～+10V。

(6) 输入数据具有双缓冲功能。

(7) 数据输入电平与 TTL 电平兼容。

2) 内部结构与外部引脚

如图 11-10 所示，DAC0832 共有如下 20 条引脚信号线。

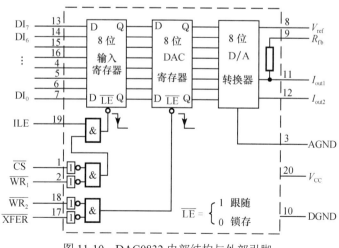

图 11-10 DAC0832 内部结构与外部引脚

$DI_0 \sim DI_7$——数字量输入端，可直接与 CPU 数据总线相连。

I_{out1}——模拟电流输出端，常接运算放大器反向输入端，随 DAC 中数据的变化而变化。

I_{out2}——模拟电流输出端，I_{out2} 为一个常数和 I_{out1} 的差，即有 $I_{out1}+I_{out2}=$常数。

$\overline{CS}$——片选信号，低电平有效。和允许输入锁存信号 ILE 一起决定 $\overline{WR_1}$ 是否起作用。

ILE —— 允许输入锁存，用于输入寄存器控制。

$\overline{WR_1}$——写信号 1，低电平有效。作为第一级锁存信号将输入数据锁存到输入寄存器中，$\overline{WR_1}$ 必须和 $\overline{CS}$，ILE 同时有效。

$\overline{WR_2}$——写信号 2，低电平有效。将锁存在输入寄存器中的数据送到 DAC 寄存器中进行锁存，此时，传送控制信号 $\overline{XFER}$ 必须有效。

$\overline{XFER}$——传送控制信号，低电平有效，用来控制 $\overline{WR_2}$。

R_{fb}——反馈电阻引出端，芯片内部此端和 I_{out1} 端之间已接有一个电阻 R_{fb}，其值为 15kΩ。所以，R_{fb} 端可以直接接到外部运算放大器的输出端。

V_{ref} —— 基准电压输入端，此端可接正的参考电压，也可接负的参考电压，范围为-10～+10V，要指出的是，此电压越稳定，模拟输出精度越高。

V_{CC}——电源电压，+5～+15V。

AGND——模拟地。

DGND —— 数字地。

从图 11-10 中可以看到，在 DAC0832 中有二级锁存器，第一级锁存器称为输入寄存器，第二级锁存器称为 DAC 寄存器。当 ILE 为高电平，$\overline{CS}$ 和 $\overline{WR_1}$ 为低电平时，$\overline{LE}$ 为高电平，这时输入寄存器的输出跟随输入而变化(称为**透明方式**)。此后，当 $\overline{WR_1}$ 由低电平变高时，$\overline{LE}$ 跳变为低电平，将数据锁存到输入寄存器中，这时，输入寄存器的输出端不再跟随外部数据的变化而变化。对于第二级锁存器来说，$\overline{XFER}$ 和 $\overline{WR_2}$ 同时为低电平时，$\overline{LE}$ 为高电平，这时 8 位 DAC 寄存器的输出跟随输入而变化。此后当 $\overline{WR_2}$ 由低电平变高时，相应 $\overline{LE}$ 跳变为低电平，即将输入锁存器中的数据锁存到 DAC 寄存器中。

8 位 D/A 转换器对 DAC 寄存器的输出进行转换，输出与数字量成一定比例的模拟量电流。当 V_{CC}、V_{ref} 在工作范围内(但 V_{ref} 幅值不应低于 5V)设定后，I_{out1} 与数字量 D(无符号整数)有如下关系：

$$I_{out1} = \frac{D}{256} \times \frac{V_{ref}}{3R}$$

其中，R 为 5kΩ；当 DAC 寄存器中为全 1 时($D=255$)，引脚 I_{out1} 输出电流最大，为 $\frac{255}{256} \times \frac{V_{ref}}{3R}$，即满刻度值；当 DAC 寄存器中为全 0 时，$I_{out1}$ 为 0。而且 I_{out1} 电流方向随 V_{ref} 极性而改变。

DAC0832 直接得到的转换输出信号是模拟电流 I_{out1} 和 I_{out2}($I_{out1}+I_{out2}=$常数)。为得到电压输出，通常应加接一个运算放大器，如图 11-11 所示。这时得到的输出电压 V_o 是单极性，极性与 V_{ref} 相反：

$$V_o = -\frac{D}{256} \times \frac{V_{ref}}{3R} \times R_{fb}$$

将 $R=5$kΩ，$R_{fb}=15$kΩ 代入，即得

$$V_o = -\frac{D}{256} \times V_{ref}$$

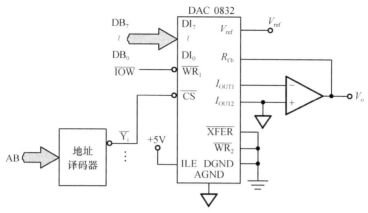

图 11-11 DAC0832 外部连接图

可见模拟输出电压 V_o 的大小与输入数字量 D 的大小成正比。当 D 从 00H 至 FFH 变化时，V_o 在 $0 \sim \left(-\dfrac{2^8-1}{256} \times V_{ref}\right)$ 变化。若 $V_{ref}=+5V$ 则 1LSB=0.02V，这时的满刻度输出电压则为-4.98V。

DAC0832 有两级数据寄存器，根据实际应用的需要可采用两种工作方式，即**单缓冲**工作方式和**双缓冲**工作方式。

在如图 11-11 所示的 DAC 外部连接图中，采用了单缓冲工作方式，仅使用输入寄存器作 DAC 数据锁存，而 DAC 寄存器则工作在透明方式，即 $\overline{WR_2}$ 和 $\overline{XFER}$ 都为低电平。当 $\overline{WR_1}$ 来一个负脉冲时，就可完成一次变换。当然，单缓冲方式也可以将输入寄存器置为透明方式(将 $\overline{CS}$ 和 $\overline{WR_1}$ 置为低电平)，而用 DAC 寄存器作 DAC 数据锁存。

当实际应用系统有多个模拟输出通道，并且需要多个模拟输出通道能同时刷新(改变)时，这时就可以采用 DAC0832 的双缓冲工作方式。在用双缓冲方式工作时，两级数据寄存器相应有两个不同的端口地址，需要有两级写操作，为此需要两个地址译码信号分别接到 $\overline{CS}$ 端和 $\overline{XFER}$ 端，且各通道 DAC 的 $\overline{XFER}$ 连接在一起，使所有 DAC 的第二级锁存器共用一个端口地址，以实现多路 DAC 的同步转换。至于 $\overline{WR_1}$、$\overline{WR_2}$，则可以一起接到 CPU 的 $\overline{IOW}$ 信号。

在许多应用系统中，尤其是计算机控制系统中常常需要双极性的模拟电压输出，这时，通常可在输出端再加一级运算放大器作为偏移电路，如图 11-12 所示。作为偏移电路的运算放大器 A_2 是个反相比例求和电路，使 A_1 的输出电压 V_o' 的两倍与参考电压 V_{ref} 求和，即有

$$V_o = -\left(\frac{2R}{R}V_o' + \frac{2R}{2R}V_{ref}\right) = -(2V_o' + V_{ref})$$

$$= -\left(2 \times \frac{-D}{256} \times V_{ref} + V_{ref}\right) = \frac{D}{128} \times V_{ref} - V_{ref}$$

$$= \frac{D-128}{128} \times V_{ref}$$

从前面的分析知道，V_o' 的极性与 V_{ref} 相反，大小与 8 位输入数字量 D 成正比。若 V_{ref} 为正，则当 $D>128(80H)$ 时，$V_o>0$；当 $D<128(80H)$ 时，$V_o<0$；而当 $D=128(80H)$ 时，$V_o=0$。通常通过调整 V_{ref} 和 R 阻值，把 D=FFH 对应的输出电压调到正满刻度值(即最高电

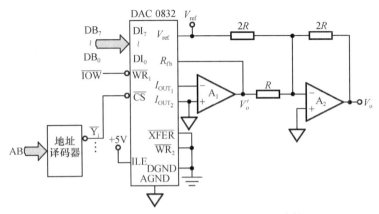

图 11-12　双极性电压输出的 DAC 外部连接

压值（$\frac{127}{128} \times V_{ref}$，比 V_{ref} 小 $\frac{V_{ref}}{128}$），而把 $D=0$ 对应的电压调到负满刻度值（即最低电压值$-V_{ref}$），把 $D=80H$ 对应的电压调到零。

上述有关单极性输出变双极性输出的规律和方法，不仅适用于 DAC0832，对其他各种 DAC 也同样适用。就是说，在单极性 DAC 的基础上，只要在输出端加一个由求和运算放大器组成的偏移电路，使在求和点上加入一个能抵消半个单极性满量程电流的偏移电流，即可变成偏移码的双极性 DAC。

3. D/A 转换接口程序设计

DAC 广泛应用于计算机**函数波形发生器**、计算机绘图、图形显示以及与 ADC 相配合的工业计算机自动控制系统中。

完成 D/A 转换输出的程序设计十分简单，图 11-11 中电路需配置相应的软件才能实现 D/A 转换。下面的程序段是将存放在 2000H 单元中的待转换 DAC 数据送出，完成一次相应的 D/A 转换。

```
MOV BX, 2000H
MOV AL, [BX]        ; 数据送 AL 中
MOV DX, PORTA       ; 设 PORTA 为 DAC 的端口号
OUT DX, AL          ; 进行 D/A 转换
```

利用 D/A 转换器输出模拟量与输入数字量成比例的关系，若适当改变输入数字量的变化规律，则能产生各种各样的模拟量输出，因此可用 DAC 来产生任意波形，如矩形波、三角波、锯齿波、梯形波以及正弦波等，特别是用普通电路（如 RC、LC 振荡电路）难以产生的超低频和非周期波形。

图 11-13 给出了函数波形发生器 D/A 转换接口程序的一般程序流程。

下面的程序段利用如图 11-14 所示的 DAC0832 与 ISA 总线的接口电路，输出正向锯齿波。

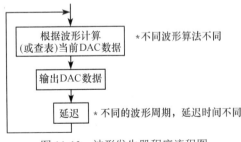

图 11-13　波形发生器程序流程图

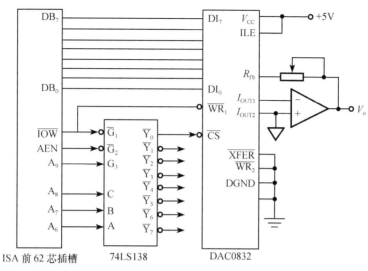

图 11-14   DAC 0832 与 ISA 总线连接电路

```
            MOV    DX，200H           ；200H 为 DAC 端口地址
            MOV    AL，0FFH           ；赋初值
LOOPOUT：INC    AL
            OUT    DX，AL             ；向 DAC 送数据
            CALL DELAY               ；调用延迟子程序
            JMP         LOOPOUT
DELAY PROC：MOV    CX，DATA         ；往 CX 中送延迟常数
            LOOP        DELAY
            RET
```

　　调整延迟常数，可以改变锯齿波的周期。如果要得到一个负向锯齿波，只要将程序中的 INC AL 改为 DEC AL 即可。另外，只要把正向与负向锯齿波结合起来就能很容易产生三角波的输出。

　　函数波形发生器 D/A 转换接口一般设计过程如下：

　　(1)由系统精度、分辨率要求确定 DAC 精度和位数，选定 DAC。

　　(2)按输出要求设计接口电路。

　　(3)确定参考电压和输出方式(单极性或双极性)。

　　(4)波形产生算法选择。

　　(5)程序设计。

11.2.5   A/D 转换器与微机系统的连接

　　随着超大规模集成电路技术日新月异的发展，集成 A/D 转换器也迅速得到了发展，品种繁多、性能各异的能满足不同要求的集成 A/D 转换器不断涌现。大多数集成 A/D 转换芯片内部包含有 D/A 转换器、比较器、逐次逼近寄存器、控制电路和数据输出缓冲寄存器。使用时，只要连接供电电源、输入模拟信号、往控制端加一个启动信号，A/D 转换器就开始工作。A/D 转换结束时，芯片在一个引脚会给出转换结束信号，通知 CPU 此时可用输入指令读取转换的数据。

A/D 转换芯片的型号很多，但是，不管哪种型号的 A/D 转换芯片，对外引脚基本上是类似的，一般 A/D 转换芯片的引脚涉及这样几种信号：模拟输入信号、数据输出信号、启动转换信号和转换结束信号。A/D 芯片和系统连接时，就要考虑这些信号的连接问题。

1. 输入模拟电压的连接

A/D 转换芯片的模拟输入电压往往既可以是单端的，也可以是差动的，属于这种类型的 A/D 芯片常用 $V_{IN}(-)$、$V_{IN}(+)$ 或 $IN(-)$、$IN(+)$ 一类符号表明模拟输入端。此时，如用单端输入的正信号，则把 $V_{IN}(-)$ 接地，输入模拟信号加到 $V_{IN}(+)$ 端；如用单端输入的负信号，则把 $V_{IN}(+)$ 接地，信号加到 $V_{IN}(-)$ 端；如果用差动输入，则模拟信号加在 $V_{IN}(+)$ 和 $V_{IN}(-)$ 端之间。

2. 数据输出线和系统总线的连接

A/D 转换芯片一般有两种输出方式。

一种方式是输出端具有可控的三态输出门，如 ADC0809，这种芯片的输出端可以直接和系统总线相连，由读信号控制三态门。当 A/D 转换结束后，CPU 通过执行一条输入指令，产生读信号，将数据从 A/D 转换器读出。

另一种方式是 A/D 转换器内部有三态门，但这种三态门不受外界信号的控制，而是由 A/D 转换电路在转换结束时自动接通的。例如，ADC570 就是这样的芯片，此外，还有某些 A/D 转换器根本就没有三态输出门电路。在这种情况下，A/D 转换芯片的数据输出线就不能直接和系统数据总线相接，而必须通过附加的三态门作为缓冲器连接系统数据总线，实现数据传输。

8 位以上的 A/D 转换器和系统连接时，还要考虑 A/D 输出数位和总线数值的对应关系问题。

第一种情况是系统总线数位多于 A/D 输出数位，这种情况连接很简单，即把 A/D 输出数据按位对应与数据总线连接。第二种情况是 A/D 输出数位多于系统总线数位，这种情况下要用读/写控制逻辑将数据按字节分时读出。这时，CPU 可以用两条输入指令，分两次读出转换的数据。以上两种情况下均要考虑 A/D 转换芯片是否有三态输出功能，若没有可控的三态输出，则还需外加三态门作为缓冲器和系统总线相接。

3. 启动信号的供给

A/D 转换器要求的启动信号有两种形式，一种是电平启动信号，一种是脉冲启动信号。电平启动信号的芯片如 AD570、AD571、AD572 等，对这类 ADC 芯片，要求在整个转换过程中启动信号均要保持有效，如果中途电平信号失效，将导致转换停止而得到错误的结果。因此，通常要通过并行接口或 D 触发器来提供有效的电平信号。

而另一些 ADC 芯片则要求用脉冲信号来启动 A/D 转换，如 ADC0804、ADC0809、ADC1210 等，对于这类 ADC 芯片，通常用 CPU 执行输出指令时发出的片选信号和写信号产生一个选通脉冲来启动 A/D 转换。

4. 转换结束信号及 CPU 读取转换数据的方式

A/D 转换结束时，A/D 芯片会输出一个转换结束的状态信号，通知 CPU 读取转换的数据。CPU 通常采用四种方式和 A/D 转换器进行联络，从而实现对转换数据的读取。

1)程序查询方式

如图 11-15(a)所示，这种方式下，在 CPU 启动 A/D 转换后，CPU 不断用输入指令读取相应状态端口的信息，并不断查询 ADC 的结束信号 EOC，一旦发现有效，则认为 ADC 完成转换，可用输入指令读取数据。图中，启动 A/D 转换和读取 A/D 转换数据共用一个 I/O 端口，而 A/D 转换状态信息的读取则采用另外一个端口(仅占其中一位)。

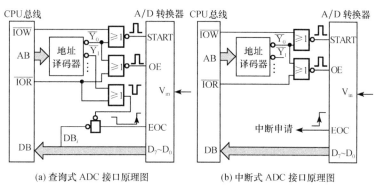

(a) 查询式 ADC 接口原理图　　(b) 中断式 ADC 接口原理图

图 11-15　ADC 接口原理

2)中断方式

如图 11-15(b)所示，用这种方式时，把转换结束信号作为中断请求信号送入中断控制器的中断请求输入端。实际上，有些 ADC 芯片正是用 $\overline{\text{INTR}}$ 来标明转换结束信号端的。

3)固定延迟程序方式(同步方式)

用这种方式，要预先掌握完成一次 A/D 转换所需的时间，然后在 CPU 发出启动命令后，执行一个与 ADC 转换时间相同或稍大于转换时间的固定延迟程序，此程序执行完后，A/D 转换也正好结束，于是 CPU 可读取数据。

4)采用 DMA 方式

此方式常用于高速 A/D 变换。A/D 变换的速度超过 CPU 的控制速度后，CPU 无法再对 ADC 进行控制，这时可采用硬件逻辑电路来完成对 ADC 的控制。所谓转换结束信号已不是一次 A/D 变换结束的信号，而是一批 A/D 转换的数据在硬件逻辑的控制下，存入高速缓存器后，通知系统 DMA 控制器而发出的 DMA 请求信号，然后系统进入 DMA 周期，在高速缓存区与系统 RAM 间进行 DMA 数据传送。

对于以上几种 A/D 转换数据的读取方式，如果 A/D 转换的时间比较长，或 CPU 还要处理其他问题，那么使用中断方式效率是比较高的。因为启动 A/D 后，在 A/D 转换期间，CPU 可以处理其他问题，转换完数据后通过中断，CPU 才处理读取数据问题。如果 A/D 转换时间很短，中断方式就失去了优越性，因为响应中断、保护现场、恢复现场和退出中断等这一系列的处理所花费的时间和 A/D 转换时间相当，所以，此时可考虑用其他三种方式之一来实现转换数据的读取。

5)地线的连接

实际使用 ADC 时，有一个问题必须特别引起注意，这就是正确处理地线的连接问题。在数字量和模拟量并存的系统中，存在两类电路芯片。一类是模拟电路，如 D/A 转换电阻网络电路、运放等。另一类是数字电路，如 CPU、译码器、门电路等。有时这两类电路在一个芯片内共存，如 ADC 和 DAC 的内部既有数字电路也有模拟电路。这两类芯片要用两组独立的电源供电，在连线时，把所有的"**模拟地**"连在一起，另把所有"**数字地**"连在一起。要特别注意，这两种"地"不应彼此相混地连接在一起。最后，作为系统参考地，用一个共地点把模拟地和数字地连接起来，以免构成地线回路引起数字信号通过数字地线干扰模拟信号。以上考虑适合各种模拟电路和数字电路共存的系统，同样适用 DAC 的应用。

5. 典型 8 位 A/D 转换芯片：ADC0809

下面以 ADC0809 为例介绍 ADC 芯片的使用方法。

(1)主要技术指标和特性。

① 分辨率为 8 位；

② 总的不可调误差在±1/2LSB～±1LSB 范围内；

③ 转换速度取决于芯片的时钟频率，时钟频率范围为 10～1280kHz，典型值为 CLK=640kHz，这时，转换时间为 100μs(64 个时钟周期)；

④ 具有锁存控制的 8 通道多路开关；

⑤ ADC 输出具有三态缓冲控制；

⑥ 单一 5V 电源供电，此时模拟电压输入范围为 0～5V；

⑦ 不必进行零点和满度调节；

⑧ 输出与 TTL 兼容；

⑨ 工作温度范围在 40～85℃。

(2)内部结构和引脚功能。

ADC0809 芯片的结构如图 11-16 所示，片内带有 8 通道的模拟多路开关和通道寻址逻辑，可控制选择 8 个模拟量中的一个，片内具有多路开关的地址译码和锁存电路、比较器、256R T 型电阻网络、树状电子开关、逐次逼近寄存器 SAR、控制与时序电路等。A/D 转换采用逐次逼近技术，由 CLK 信号控制内部电路的工作，由 START 信号控制转换开始。转换后的数字信号在内部锁存，通过三态缓冲器传至输出端，故数据输出端可以直接连至数据总线。

ADC0809 是一个具有 28 引脚的双列直插式的芯片，各引脚信号如图 11-17 所示，其功能定义如下：

① IN_0～IN_7——8 路模拟输入端，通过 3 根地址译码线 ADD_C、ADD_B、ADD_A 来选通一路。

② D_0～D_7——转换后的 8 位数据输出端，为三态可控输出，故 ADC0809 可直接和微处理器数据线连接。8 位排列顺序是 D_7 为最高位，D_0 为最低位。

③ ADD_C、ADD_B、ADD_A——模拟通道选择地址信号，ADD_A 为低位，ADD_C 为高位。

④ ALE——地址锁存允许信号，高电平有效。当此信号有效时，ADD_C、ADD_B、ADD_A 三位地址信号被锁存，译码选通对应模拟通道。在使用时，该信号常和 START 信号连在一起，以便同时锁存通道地址和启动 A/D 转换。

⑤ START——转换启动信号，正脉冲有效。加于该端的脉冲的上升沿使逐次逼近寄存器清零，下降沿开始 A/D 转换。如果正在进行转换时又接到新的启动脉冲，则原来的转换进程被中止，重新从头开始转换。

⑥ EOC——转换结束信号，高电平有效。该信号在 A/D 转换过程中为低电平，其余

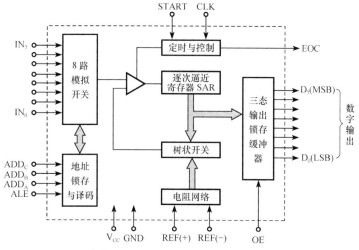

图 11-16 ADC0809 内部结构框图

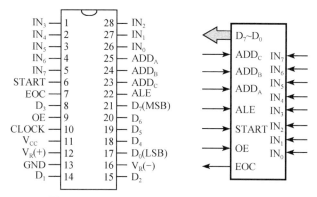

图 11-17 ADC0809 外部引脚和逻辑示意图

时间为高电平。该信号可作为被 CPU 查询的状态信号,也可作为对 CPU 的中断请求信号。在需要对某个模拟量不断采样、转换的情况下,EOC 也可作为启动信号反馈接到 START 端,但在刚加电时需由外部电路第一次启动。

⑦ OE——输出允许信号,高电平有效。当微处理器送出该信号时,ADC0809 的输出三态门被打开,使转换结果通过数据总线被读走。在中断工作方式下,该信号常常是 CPU 发出的中断请求响应信号。

⑧ VR(+)、VR(-)——正、负参考电压输入端,用于提供片内 DAC 电阻网络的基准电压。在单极性输入时,VR(+)=5V,VR(-)=0V;双极性输入时,VR(+)、VR(-)分别接正、负极性的参考电压。

(3)工作时序和使用说明。

ADC0809 的工作时序如图 11-18 所示。当通道选择地址有效时,ALE 信号将地址锁存,这时转换启动信号紧随 ALE 之后(或与 ALE 同时)出现。START 的上升沿将逐次逼近寄存器 SAR 复位,在该上升沿之后的 2μs 加 8 个时钟周期内,EOC 信号将变低电平,以指示转换操作正在进行中,直到 A/D 转换完成后 EOC 再变为高电平。微处理器确认 EOC 变为高电平后,可立即给出 OE 信号,打开三态门,读取转换结果。

模拟输入通道的选择可以相对于转换开始操作独立地进行,但不能在转换过程中进行。

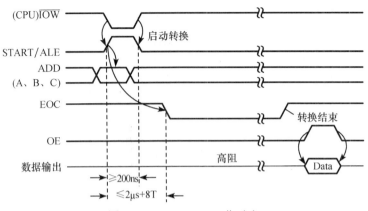

图 11-18　ADC0809 工作时序

我们通常把通道选择和启动转换结合起来完成，这样可以用一条写指令既选择模拟通道又启动转换。在与微机接口时，输入通道的选择可有两种方法，一种是通过数据总线选择，如图 11-19(a)所示，将通道选择信号 ADD_C、ADD_B、ADD_A 分别连在系统数据总线上，这时 8 个模拟输入通道的端口地址是相同的，而利用启动 A/D 芯片的输出指令的输出数据来实现对某一模拟通道的选择。

例如，需要选择第 7 模拟通道进行 A/D 转换，可用下面两条指令实现。

```
MOV AL, 7
OUT PORT, AL
```

其中，PORT 是 ADC0809 对应的通道端口地址。显然，8 个模拟输入通道的端口地址都是 PORT。第二条指令实现两个功能，一是启动 ADC0809 转换工作，二是把数字 7 通过数据总线传给 ADD_C、ADD_B 和 ADD_A，选择第 7 路的模拟输入进行 A/D 转换。

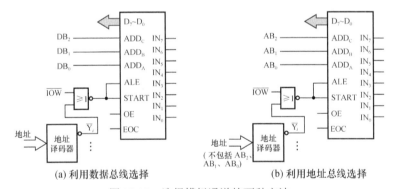

图 11-19　选择模拟通道的两种方法

另外一种输入通道的选择方法是通过地址总线选择，如图 11-19(b)所示，将通道选择信号 ADD_C、ADD_B、ADD_A 连在系统的地址总线的最低三位(AB_2、AB_1、AB_0)上，显然，这时 8 个模拟输入通道各有不同的端口地址。

6. ADC0809 和 CPU 的接口设计举例

图 11-20 为应用 ADC0809 采用状态查询方式实现 A/D 转换的原理图。从图中可看出，输入通道的选择是通过数据总线来实现的，各通道的启动端口地址和转换数据输入端口地

址同为 380H，A/D 转换状态端口地址为 381H。若要求把 8 路模拟量顺序采集至地址为 2500H 开始的内存缓冲区，有关程序段如下：

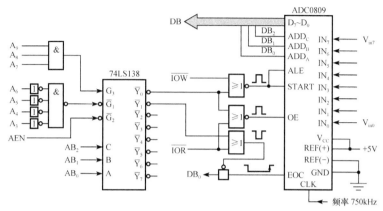

图 11-20 ADC0809 应用举例

```
START:  MOV   DI, 2500H      ; 设定输入缓冲区指针
        MOV   DX, 380H       ; 380H 为 A/D 转换启动/数据端口地址
        XOR   AL, AL         ; AL＝0，从 0 号通道开始
AGAIN:  OUT   DX, AL         ; 启动 1 路模拟量转换(Y̅₀、IOW̅有效)
        PUSH  AX             ; 保存 AX 内容(通道号)
        CALL  DELAY          ; 延迟(略)
        MOV   DX, 381H       ; 381H 为 A/D 转换状态端口地址
WT:     IN    AL, DX         ; 读 A/D 转换状态(Y̅₁、IOR̅有效)
        AND   AL, 01H        ; 检查 D₀=1?
        JZ    WT             ; EOC 为 0，则等待 A/D 转换结束
        MOV   DX, 380H       ; 380H 为 A/D 转换启动/数据端口地址
        IN    AL, DX         ; 读 A/D 转换数据(Y̅₀、IOR̅有效)
        MOV   [DI], AL       ; 将数据存入内存
        INC   DI             ; 修改内存单元指针
        POP   AX             ; 改变模拟通道
        INC   AL
        CMP   AL, 8          ; 8 个模拟通道采集完否
        JNZ   AGAIN          ; 未采集完，则转 AGAIN 继续采集
        ……                  ; 已采集完成，则进行后续处理
```

思考题与习题

11.1 D/A 转换器有哪些技术指标？什么因素影响这些指标？

11.2 D/A 转换器接口的任务是什么？它与微机系统连接时，一般有哪几种接口形式？

11.3 DAC0832 有双缓冲、单缓冲和直通三种工作方式，试说明它们在硬件接口和软件接口方面的不同点，以及分别适用于什么应用场合。

11.4 某 8 位 D/A 变换器芯片，其输出为 0～+5V。当 CPU 分别送出 8FH、4FH、2FH 时，其对应的输出电压各为多少？

11.5 用图 11-14 的电路，编写一个能输出频率为 10Hz 的三角波的程序(波形见习题图 11-1)。

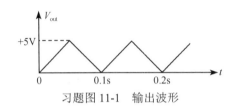

习题图 11-1　输出波形

11.6 用 DAC0832 设计一个锯齿波发生器(幅度为±5V)，画出接口电路，指出各端口地址，若要求波形周期为 150ms，编写相应程序。

11.7 用两片 DAC0832 设计两路模拟输出电路，一路要求 0～-5V 单极性输出，另一路要求-5～+5V 双极性输出，两路信号需同步输出并转换。试画出有关接口电路(包括 DAC 电压输出电路)，并写出两路信号 D/A 输出的有关程序或指令，写明有关端口地址。设
接口信号有：$D_0 \sim D_7$，$A_0 \sim A_7$，$\overline{RD}$，$\overline{WR}$，IO/$\overline{M}$，$\overline{IOR}$，$\overline{IOW}$。

11.8 DAC 分辨率和微机系统数据总线宽度相同或高于系统数据总线的宽度时，其连接方法有什么不同？

11.9 A/D 转换器接口电路一般应完成哪些任务？其接口形式有哪几种？

11.10 在实际应用中，ADC 的分辨率、内部有无输出锁存器以及启动转换方式等，对接口电路有什么要求？

11.11 A/D 转换器与 CPU 之间采用查询方式和采用中断方式时，接口电路有什么不同？

11.12 设被测温度变化范围为 0～100℃，如果要求测量误差不超过 0.1℃，应选用分辨率为多少位的 ADC(设 ADC 的分辨率和精度的位数一样)？

11.13 试采用 8255A 电路与 ADC0809 来设计一个能实现 8 路 A/D 转换的接口电路及程序。

11.14 设有 8 路(0～5V)模拟量输入信号，要求每次从 0 号通道开始，顺序将 8 个通道输入的模拟量转换成数字量，存放到微机规定的内部单元中。每路 A/D 转换结束时通过 8259A 向 8088 CPU 请求中断。

(1)画出该模拟输入接口电路；

(2)编写出实现上述数据采集功能的流程和汇编语言程序。

11.15 试利用 8255A 和 ADC0809 设计一个 A/D 转换接口卡，8255A 的地址为 02C0H～02C3H，由系统板上的 8254 定时器 0 控制，每隔 5s 采样一遍 ADC0809 的 8 路模拟输入，并将采集的数字量显示于 CRT 屏幕上(数字量为 00H 时显示 0V，数字量为 FFH 时显示 5V)。

参 考 文 献

顾滨，2001. 80x86 微型计算机组成、原理及接口. 北京：机械工业出版社.

顾晖，陈越，梁惺彦，2015. 微机原理与接口技术-基于 8086 和 Proteus 仿真. 北京：电子工业出版社.

何小海，刘嘉勇，严华，等，2003. 微型计算机原理与接口技术. 成都：四川大学出版社.

洪永强，2004. 微机原理与接口技术. 北京：科学出版社.

黄玉清，刘双虎，杨胜波，2015. 微机原理与接口技术. 2 版. 北京：电子工业出版社.

贾智平，石冰，1999. 微机原理与接口技术. 北京：中国水利水电出版社.

雷丽文，朱晓华，蔡征宇，等，1997. 微机原理与接口技术. 北京：电子工业出版社.

李伯成，2005. 微型计算机原理及接口技术. 北京：清华大学出版社.

李继灿，2013. 新编 16/32 位微型计算机原理及应用. 5 版. 北京：清华大学出版社.

李继灿，朱彪，2011. 微机原理与接口技术. 北京：清华大学出版社.

李鹏，2014. 微机原理及应用. 北京：电子工业出版社.

李永忠，2013. 微机原理与接口技术. 北京：电子工业出版社.

刘乐善，李畅，刘学清，1996. 微型计算机接口技术及应用. 武汉：华中科技大学出版社.

刘乐善，欧阳星明，刘学清，2000. 微型计算机接口技术及应用. 武汉：华中科技大学出版社.

刘立康，黄力宇，胡力山，等，2010. 微机原理与接口技术. 北京：电子工业出版社.

马维华，2005. 微机原理与接口技术——80X86 到 Pentuim X. 北京：科学出版社.

马维华，奚抗生，易仲芳，等，2000. 从 80x86 到 Pentium III微型计算机及接口技术. 北京：科学出版社.

马兴录，宋延强，曲英杰，2015. 32 位微机原理与应用. 北京：清华大学出版社.

牟琦，2013. 微机原理与接口技术. 2 版. 北京：清华大学出版社.

倪继烈，刘新民，2000. 微机原理与接口技术. 成都：电子科技大学出版社.

潘名莲，惠林，王灿，1995. 微机原理与应用. 成都：电子科技大学出版社.

王正智，1998. 8086/8088 宏汇编语言程序设计教程. 北京：电子工业出版社.

吴宁，2000. 80x86/Pentium 微型计算机原理及应用. 北京：电子工业出版社.

谢瑞和，等，2005. 微型计算机原理与接口技术基础教程. 北京：科学出版社.

徐晨，陈继红，王春明，等，2004. 微机原理及应用. 北京：高等教育出版社.

姚燕南，薛钧义，2000. 微型计算机原理. 4 版. 西安：西安电子科技大学出版社.

姚志华，伍子怡，1999. 芯片组的秘密. 现代计算机，(9)：17-28.

易先清，莫松海，喻晓峰，等，2001. 微型计算机原理及应用. 北京：电子工业出版社.

余春暄，左国玉，等，2015. 80x86/Pentium 微机原理及接口技术. 3 版. 北京：机械工业出版社.

俞承芳，虞惠华，杨翠微，2005. 微机系统与接口实验. 上海：复旦大学出版社.

周明德，1998. 微型机算机系统原理及应用. 3 版. 北京：清华大学出版社.

周新，1999. 主板的秘密. 现代计算机，(9)：38-39.

附　录　8086/8088 指令系统表（部分）

助记符	操作数	目的码	字节	时　钟	O	D	I	T	S	Z	A	P	C	操　作
								状态						
ADC	mem/reg1, mem/reg2	000100d/w mod reg r/m (DISP) (DISP)	2，3 或 4	reg-reg：3 mem-reg：9+EA reg-mem：16+EA	↑				↑	↑	↑	↑	↑	[mem/reg1]←[mem/reg1]+[mem/reg2]+[C] 由 mem/reg2 所指定的存储单元或寄存器中的 8 位或 16 位内容和进位位加到由 mem/reg1 所指定的存储单元或者寄存器中的 8 位或者 16 位内容中去
ADC	mem/reg, data	100000sw mod 010 r/m (DISP) (DISP) kk jj(如果 w=01)	3，4，5 或 6	reg：4 mem：17+EA	↑				↑	↑	↑	↑	↑	[mem/reg]←[mem/reg]+data+[C] 8 位或 16 位立即数和进位位加到 mem/reg 所指定的存储单元或寄存器中的 8 位或 16 位内容中去
ADC	ac, data	0001010w kk jj(如果 w=01)	2 或 3	4	↑				↑	↑	↑	↑	↑	[ac]←[ac]+data+[C] 8 位或 16 位立即数和进位加到 AL（8 位操作）或 AX（16 位操作）寄存器内容中去
ADD	ac, data	0000010w kk jj(如果 w=1)	2 或 3	4	↑				↑	↑	↑	↑	↑	[ac]←[ac]+data 8 位或 16 位立即数加到 AL（8 位操作）或者 AX（16 位操作）寄存器内容中去
ADD	mem/reg, data	100000sw mod 000 r/m (DISP) (DISP) kk jj(如果 sw=01)	3，4 或 5	reg：4 mem：17+EA	↑				↑	↑	↑	↑	↑	[mem/reg]←[mem/reg]+data 8 位或者 16 位立即数加到由 mem/reg 所指定的存储单元或寄存器中的 8 位或 16 位内容中去
ADD	mem/reg1, mem/reg2	000000dw mod reg r/m (DISP) (DISP)	2，3 或 4	reg-reg：3 mem-reg：9+EA reg-mem：16+EA	↑				↑	↑	↑	↑	↑	[mem/reg1]←[mem/reg1]+[mem/reg2] 由 mem/reg2 所指定的存储单元或寄存器中的 8 位或 16 位数加到由 mem/reg1 所指定的存储单元或寄存器中的 8 位或 16 位内容中去
AND	mem/reg, Data	1000000w mod 100 r/m (DISP) (DISP) kk jj(如果 w=1)	3，4 5 或 6	reg：4 mem：17+EA	↑				↑	↑	·	↑	↑	[mem/reg]←[mem/reg]AND data mem/reg 指定的存储单元或寄存器中 8 位或 16 位的内容和立即数相与，其结果在 mem/reg 所指定的存储单元或寄存器中
AND	ac, data	0010010w kk jj(如果 w=1)	2 或 3	4	↑				↑	↑	·	↑	↑	[ac]←[ac]AND data AL(8 位操作)或 AX（16 位操作）寄存器内容和 8 位或 16 位立即数相与，其结果在 AL 或 AX 寄存器中
AND	mem/reg1, mem/reg2	001000dw mod reg r/m (DISP) (DISP)	2，3 或 4	reg-reg：3 mem-reg：9+EA reg-mem：16+EA	↑				↑	↑	·	↑	↑	[mem/reg1] ← [mem/reg1]AND [mem/reg2] 由 mem/reg2 指定的存储单元或寄存器中的 8 位或 16 位内容和由 mem/reg1 所指定的存储单元或寄存器的内容相与，其结果在 mem/reg1 所指定的存储单元或寄存器中

助记符	操作数	目的码	字节	时　钟	O	D	I	T	S	Z	A	P	C	操　作
									状态					
CMP	mem/reg1, mem/reg2	001110dw mod reg r/m (DISP) (DISP)	2, 3 或 4	reg-reg：3 mem-reg： 9+EA reg-mem： 9+EA	↑				↑	↑	↑	↑	↑	[mem/reg1]−[mem/reg2] 由 mem/reg1 所指定的存储单元或寄存器中的 8 位或 16 位内容减去由 mem/reg2 所指定的存储单元或寄存器中的 8 位或 16 位内容，用其结果置位标志，然后丢弃结果
CMP	mem/reg, data	100000sw mod 111 r/m (DISP) (DISP) kk jj(如果 sw=01)	3,4 5 或 6	reg：4 mem： 10+EA	↑				↑	↑	↑	↑	↑	[mem/reg]−data 由 mem/reg 所指定的存储单元或寄存器中的 8 位或 16 位内容减去 8 位或 16 位立即数，用其结果置位标志，然后丢弃结果
CMP	ac,data	0011110w kk jj(如果 w=1)	2 或 3	4	↑				↑	↑	↑	↑	↑	[ac]←data AL(8 位操作)或 AX(16 位操作)寄存器中的内容减去 8 位或 16 位立即数，用其结果置位标志，然后丢弃结果
CMPS		1010011w	1	22 9+22	↑				↑	↑	↑	↑	↑	[[SI]]←[[DI]]，[SI]←[SI]±DELTA [DI]←[DI]±DELTA 由 SI 寄存器寻址的存储器单元中的 8 位或 16 位数减去由 DI 寄存器寻址的存储器单元中的 8 位或 16 位数，用其结果置位标志，然后丢弃结果。SI 和 DI 中的内容是加还是减 DELTA，取决于方向标志值。如果 w=0，则 DELTA 是 1；如果 w=1，则 DELTA 是 2
IN	ac，DX	1110110w	1	8										[ac]←[PORTDX] 将 DX 寄存器内容所指定的 I/O 端口中的内容输入到 AL 寄存器中(8 位操作)或 AX 寄存器中（16 位操作）
IN	ac,port	1110010w kk	2	10										[ac]←[port] 指令的第二个字节所指定的 I/O 端口中的内容输入到 AL 寄存器(8 位操作)或 AX 寄存器（16 位操作中）
JAE	disp	73 kk	2	4/16										如果[C]=0，则[PC]←[PC]+disp 如果进位标志是 0，则相对转移
JNC	disp	与 JAE 相同												
JNB	disp	与 JAE 相同												
JB	disp	72 kk	2	4/16										如果[C]=1，则[PC]←[PC]+disp 如果进位标志是 1，则相对转移
JC	disp	与 JB 相同												
JNAE	disp	与 JB 相同												
JBE	disp	76 kk	2	4/16										如果([C]OR[Z])=1，则[PC]←[PC]+disp；如果进位标志或者零标志是 1，则相对转移
JNA	disp	与 JBE 相同												
JCXZ	disp	E3 kk	2	6/18										如果 [CX]=0，则 [PC]←[PC]+disp；如果 CX 寄存器内容是 0，则相对转移
JE	disp	74 kk	2	4/16										如果[Z]=1，则[PC]←[PC]+disp；如果零标志是 1，则相对转移
JZ	disp	与 JE 相同												

助记符	操作数	目的码	字节	时　钟	O	D	I	T	S	Z	A	P	C	操　作
JG	disp	7F kk	2	4/16										如果（[Z]=0∧[S]=[O]）=1，则[PC]←[PC]+disp；如果零标志是零而且符号标志等于溢出标志，则相对转移
MOV	mem/reg1, mem/reg2	100010dw mod reg r/m (DISP) (DISP)	2,3 或 4	reg-reg:2 mem-reg: 8+EA reg-mem: 9+EA										[mem/reg1]←[mem/reg2]，由 mem/reg2 所指定的存储单元或寄存器中的 8 位数据或 16 位数据传送到由 mem/reg1 所指定的存储单元或寄存器中
MOV	mem/reg, data	1100011w mod 000 r/m (DISP) (DISP) kk jj(如果 w=1)	3,4 5 或 6	10+EA										[mem/reg]←data 传送 8 位或 16 位立即数到由 mem/reg 所指定的存储单元或寄存器中
MOV	reg,data	1011w reg kk jj(如果 w=1)	2 或 3	4										[reg]←data 传送 8 位或 16 位立即数到由 reg 所指定的寄存器中
MOV	ac,mem	1010000w kk jj	3	10										[ac]←[mem] 由 mem 指定的存储单元中的数据传送到 AL（8 位操作）或 AX（16 位操作）寄存器中
MOV	mem,ac	1010001w kk jj	3	10										[mem]←[ac] AL（8 位操作）或 AX（16 位操作）寄存器中的数据传送到由 mem 指定的存储单元中
MOV	mem/reg, segreg	8C mod 0sr r/m (DISP) (DISP)	2,3 或 4	reg-reg:2 mem-reg: 9+EA										[mem/reg]←[segreg] 所选的分段寄存器的内容传送到指定的存储单元或寄存器中
MOV	segreg, mem/reg	8E mod 0sr r/m (DISP) (DISP)	2,3 或 4	reg-reg:2 mem-reg: 8+EA										[segreg]←[mem/reg] 由 mem/reg 所指定的存储单元或寄存器中的 16 位数据传送到所选择的分段寄存器中。如果 sr＝01，这个操作是不定的
MUL	reg (8-bit) reg (16-bit) mem (8-bit) mem (16-bit)	11110110 11100reg 11110111 11100reg 11110110 mod 100 r/m (DISP) (DISP) 11110111 mod 100 r/m (DISP) (DISP)	2 2 2,3 或 4 2,3 或 4	70→77 118→133 (76→83) +EA (124→139) +EA	↑				•	•	•	•	↑	如果 w=0，[AX]←[AL]*[mem/reg] 如果 w=1，[DX][AX]←[AX]*[mem/reg] 由 mem/reg 所指定的存储单元或寄存器中的 8 位或 16 位内容与 AL（8 位操作）或 AX（16 位操作）寄存器内容相乘，在 8×8 位操作数的情况下，相乘的结果放在 AX 寄存器中。在 16×16 位操作数的情况下，相乘的结果放在 AX 寄存器中（高 16 位）以及 AX 寄存器中（低 16 位）
POP	reg	01011reg	1	8										[reg]←[[SP]]，[SP]←[SP]+2 将栈顶上的 16 位内容传送到所指定的寄存器中，SP 加 2
POP	segreg	000sr111	1	8										[reg]←[[SP]]，[SP]←[SP]2 将栈顶上的 16 位内容传送到所指定的分段寄存器中，SP 加 2，如果 sr=01，这个操作是无定义的

助记符	操作数	目的码	字节	时钟	O	D	I	T	S	Z	A	P	C	操作
POP	mem/reg	8F mod 000 r/m (DISP) (DISP)	2,3 或4	reg:8 mem: 17+EA										[mem/reg]←[[SP]], [SP]←[SP]2 将栈顶上的 16 位内容传送到由 mem/reg 所指定的存储单元或寄存器中，SP 加 2
POPF		9D	1	8	↑	↑	↑	↑	↑	↑	↑	↑	↑	[FLAGS]←[[SP]], [SP]←[SP]+2 将栈顶上的16位内容传送到标志寄存器中，SP 加 2
PUSH	mem/reg	FF mod 110 r/m (DISP)	2,3 或4	reg:11 mem: 16+EA										[SP]←[SP]−2, [[SP]]←[mem/reg] SP 减 2，将由 mem/reg 所指定的存储单元或寄存器中的16 位内容存入栈顶
PUSH	reg1	01010 reg	1	10										[SP]←[SP]−2, [[SP]]←[reg] SP 减 2，将由 reg 所指定的寄存器中16 位内容存入栈顶
PUSH	segreg	000sr110	1	10										[SP]←[SP]−2, [[SP]]←[segreg] SP 减 2，将指定的寄存器的16 位内容存入栈顶
PUSHF		9C	1	10										[SP]←[SP]−2, [[SP]]←[FLAGS] SP 减 2，将标志寄存器内容存入栈顶
SUB	mem/reg1, mem/reg2	001010dw mod reg r/m (DISP) (DISP)	2,3 或4	reg-reg:3 mem-reg: 9+EA reg-mem: 16+EA	↑				↑	↑	↑	↑	↑	[mem/reg1]←[mem/reg1]−[mem/reg2] 由 mem/reg1 所指定的存储单元或寄存器中的8位或16位数减去由 mem/reg2 所指定的存储单元或寄存器中的 8 位或16 位内容
SUB	mem/reg, data	100000sw mod 101 r/m (DISP) (DISP) kk jj(如果 sw=01)	3,4, 5 或 6	reg:4 mem: 17+EA	↑				↑	↑	↑	↑	↑	[mem/reg]←[mem/reg]−data 由 mem/reg 所指定的存储单元或寄存器中的8位或16位内容减去一个 8 位或16 位的立即数
SUB	ac, data	0010110w kk jj(如果 w=1)	2 或 3	4	↑				↑	↑	↑	↑	↑	[ac]←[ac]−data AL（8 位操作)或者 AX（16 位操作）寄存器中的内容减去一个 8 位或16 位的立即数

注：↑：运算结果影响标志位；•：运算结果不影响标志位。

8086/8088 指令系统表